# Dynamik von Schadstoffen –
# Umweltmodellierung mit CemoS

Springer-Verlag Berlin Heidelberg GmbH

S. Trapp, M. Matthies

# Dynamik von Schadstoffen – Umweltmodellierung mit CemoS

## Eine Einführung

Mit 35 Abbildungen und 11 Tabellen

 Springer

*Autoren:*
Dr. Stefan Trapp
Prof. Dr. Michael Matthies
Universität Osnabrück
Institut für Umweltsystemforschung
Artilleriestr. 34,
D-49069 Osnabrück

*CemoS wurde erstellt von:*

Guido Baumgarten, Bernhard Reiter, Sven Scheil, Stefan Schwartz, Jan-Oliver Wagner
unter Leitung von Prof. Dr. Michael Matthies und mit wissenschaftlicher Anleitung
von Dr. Stefan Trapp.

Institut für Umweltsystemforschung
Fachbereich Mathematik / Informatik
Universität Osnabrück
Artilleriestr. 34
D-49069 Osnabrück

Die Deutsche Bibliothek – CIP-Einheitsaufnahme
**Trapp, Stefan:** Dynamik von Schadstoffen – Umweltmodellierung mit CemoS: eine Einführung und CemoS, Chemical Exposure Model System; mit 11 Tabellen / S. Trapp; M. Matthies. – Berlin; Heidelberg; New York, Barcelona, Budapest; Hongkong; London; Mailand; Paris; Santa Clara; Singapur; Tokio: Springer, 1996

ISBN 978-3-642-79776-7          ISBN 978-3-642-79775-0 (eBook)
DOI 10.1007/978-3-642-79775-0

NE: Matthies, Michael



Satz: Graphische Werkstätten Lehne GmbH, Grevenbroich
SPIN: 10498373     52/3020 – 5 4 3 2 1 0 Gedruckt auf säurefreiem Papier

# Vorwort

‚Environmental Modelling‘ oder Abschätzung des Ausbreitungsverhaltens von Umweltschadstoffen wird zunehmend wichtiger und gefragter. Dennoch gibt es bislang kaum eine Möglichkeit, sich die zugrundeliegenden Modellvorstellungen anzueignen. Auf diesem Gebiet sind folglich auch vorwiegend ‚Autodidakten‘ tätig – was unter anderem zur Folge hat, daß es keine einheitliche Nomenklatur gibt. Dieses Buch wendet sich an alle, die Interesse an der Modellierung der Schadstoffausbreitung haben, aber bislang keinen Zugang finden konnten. Dies betrifft Systemwissenschaftler, Ökologen, Chemiker, Biologen, Mathematiker, Physiker, Bodenkundler, Meteorologen, Hydrologen, Geographen, Geoökologen, Ingenieure, allgemein Umweltwissenschaftler und Umweltschützer. Es werden Kenntnisse aus vielen Gebieten berührt, was man mit dem Modewort ‚interdisziplinär‘ benennen kann, angebrachter wäre jedoch multidisziplinär. Wir möchten den wissensdurstigen Leser jedoch an dieser Stelle nicht abschrecken: Dieses Buch soll ja gerade den Einstieg in die Umweltmodellierung erleichtern bzw. ermöglichen. Deshalb werden wir versuchen, Schritt für Schritt *und mit einem einheitlichen Konzept* die Modelle zu erläutern. Hierbei werden nicht die kompliziertesten, sondern lieber die einfacheren Modellbeispiele gewählt – trotz aller Komplexität der Materie. Deshalb ist dieses Buch auch keineswegs vollständig.

Um das Verständnis der Modelle zu gewährleisten, sind Beispiele sowie einfache bis schwere *Übungsaufgaben* zu jedem Kapitel angegeben, dazu einige spielerische Experimente. Wer ‚tiefer‘ einsteigen will, findet Literaturhinweise.

Dieses Buch entstand November 1992 bis Mai 1995 im Rahmen der Vorlesung ‚Ausgewählte Probleme der Modellerstellung und –anwendung‘ im Studienfach ‚Angewandte Systemwissenschaft‘ der Universität Osnabrück. Wir möchten allen Studenten recht herzlich danken für Anmerkungen und Verbesserungsvorschläge.

Von 1993 bis 1995 wurde das Programm zum Buch im Rahmen des Projekts ‚*CemoS*‘ (Chemical Exposure Model System Osnabrück) entwickelt. Das Projekt wurde durchgeführt von Guido Baumgarten, Bernhard Reiter, Sven Scheil, Stefan Schwartz und Jan-Oliver Wagner unter Leitung von Prof. Dr. Michael Matthies und mit wissenschaftlicher Anleitung von Dr. Stefan Trapp.

Osnabrück,
im Januar 1996                                                        Stefan Trapp

# Inhaltsangabe

# Verwendete Einheiten und ihre Abkürzung

Mengen:

kg:    Kilogramm
mg:   Milligramm
$\mu$g:    Mikrogramm = $10^{-6}$ Gramm
ng:    Nanogramm = $10^{-9}$ Gramm
pg:    Pikogramm = $10^{-12}$ Gramm
fg:    Femtogramm = $10^{-15}$ Gramm
mol:  Mol, Stoffmenge


Zeiten:

s:    Sekunde
d:    Tag
a:    Jahr


Konzentrationen:

Üblicherweise Menge/Volumen, z.B. $kg/m^3$; abweichend:

ppm:  parts per million = mg/kg
ppb:  parts per billion = $\mu$g/kg
ppt:  parts per trillion = ng/kg


Sonstiges:

J:    Joule = N·m, Einheit der Energie
Pa:   Pascal = $N/m^2$, Einheit des Druckes und der Fugazität
K:    Kelvin = °C + 273,15 , absolute Temperatur


Indizes

A:    Atmosphäre, auch Luft
B:    Boden
d:    Distribution ($K_d$-Wert)
d:    trocken (engl. *dry*)
E:    Abwasser (engl. *effluent*)
f:    Fraktion (Anteil)

F:       Fisch
g:       gasförmig
i,j,l,n: Laufindizes, Anzahl
l:       flüssig (engl. *liquid*)
L:       Blätter (engl. *leaves*)
M:       Matrix, z.B. feste Bestandteile von Boden und Sediment
O:       Oktanol
P:       Pflanze
p:       partikelgebunden
Pa:      Partikel (Schweb im Wasser, Aerosole in Luft)
R:       Wurzeln (engl. *roots*)
S:       Sediment
t:       Gesamt- (engl. *total*)
w:       naß (engl. *wet*)
V:       Volatilität (=Ausgasung)
W:       Wasser
Xy:      Xylem

# Verzeichnis der verwendeten Symbole

A:       Fläche ($m^2$)

*A*:       (System-)Matrix

$a_{ij}$:       Matrixelement Zeile i und Spalte j

$A_p$:       Aerosoloberfläche ($cm^2/cm^3$ Luft)

b:       Korrekturexponent für Unterschiede zwischen Lipiden und Oktanol; 1 (Fische), 0,95 (Blätter) 0,77 (Wurzeln)

B:       Breite (m), z.B. Flußbreite

BCF:       Biokonzentrationsfaktor, Konzentration in Biota zu Konzentration in Wasser.

C:       Konzentration, SI-Einheit $kg/m^3$; auch andere Einheiten, z.B. $mg/kg$

C(x,y,t): Konzentration abhängig von den Koordinaten x und y und der Zeit t

CR:       Courant-Zahl $= u\,\Delta t/\Delta x$; Maß für die Stabilität des Finite-Differenzen-Verfahrens

d:       Deposition ($kg\,m^{-2}\,s^{-1}$ oder $kg\,m^{-2}\,a^{-1}$) (Kapitel 8)

D:       Diffusions- oder Dispersionskoeffizient ($m^2\,s^{-1}$)

D:       Dosis $kg/a$ (Kapitel 8)

$D_{ij}$:       Transferkoeffizient im Mackay-Modell ($mol\,h^{-1}\,Pa^{-1}$) (Kapitel 5)

$D_L$:       longitudinaler Dispersionskoeffizient (in Fließrichtung) ($m^2\,s^{-1}$)

EL:       Evaporationsgrenze des Bodens ($m^3/m^3$) (Kapitel 7)

f:       Fugazität (Pa) (nur Kapitel 5)

f:       Fraktion, Anteil

f(x):       Funktion von x

F:       Korrekturfaktor für hohe Windgeschwindigkeit (Kapitel 6)

FC:       Feldkapazität des Bodens ($m^3/m^3$) (Kapitel 7)

g:       Leitwert (m/s), reziprok zum Widerstand r

h:       Flußtiefe (m)

H:       dimensionsbehaftete Henry-Konstante $Pa\,m^3\,mol^{-1}$

H:       effektive Schornsteinhöhe (m) (nur Kapitel 8)

i:       Inhalationsrate ($m^3/h$ oder $m^3/a$)

I:       Input eines Stoffes (kg/s)

J:       Stoffflußdichte (Stofffluß pro Einheitsfläche, $kg\,m^{-2}\,s^{-1}$)

k:       wird verwendet für Raten ($s^{-1}$) bei Austauschvorgängen

$k_l$:       Leitwert des wasserseitigen Grenzfilms beim Zweifilmemodell (m/s oder m/h)

$k_g$:       Leitwert des luftseitigen Grenzfilms beim Zweifilmemodell (m/s oder m/h)

K:          Verteilungskoeffizient zwischen zwei Phasen ($kg/m^3$ zu $kg/m^3$)
$K_{AW}$:   Verteilungskoeffizient Atmosphäre zu Wasser, dimensionslose Henry-Konstante
$K_{OC}$:   Verteilungskoeffizient organischer Kohlenstoff zu Wasser
$K_{gp}$:   Verteilungskoeffizient Gas zu Partikel
$K_{OW}$:   Verteilungskoeffizient Oktanol zu Wasser
$K_d$:      Verteilungskoeffizient zwischen Feststoff und Wasser ($g/g$ oder $cm^3/g$)
$K_V$:      Volatilitätsrate ($s^{-1}$ oder $h^{-1}$)
l:          Lipidgehalt (kg Lipid pro kg Biota)
L:          Länge (m)
m:          Masse (kg)
M:          molare Masse (g/mol)
n:          Stoffmenge (mol)
n:          Anzahl
n:          Freundlich-Exponent (Kapitel 4)
N:          Nettostofffluß (kg/s)
OC:         Gehalt an organischem Kohlenstoff (g OC / g trockenem Boden) (engl. *organic carbon*)
$[OH]^·$:   Konzentration von Sauerstoffradikalen in der Luft ($mol/cm^3$)
p:          Dampfdruck (Pa)
$p_s$:      Sättigungsdampfdruck (Pa)
P:          Niederschlag (engl. *precipitation*) (mm/d oder m/s)
q:          Filter- oder Darcygeschwindigkeit (m/d oder mm/d)
Q:          Volumenfluß, z.B. Wasser ($m^3/s$)
r:          Transferwiderstand (s/m), reziprok zum Leitwert g
R:          allgemeine Gaskonstante = 8,314 $J\ mol^{-1}\ K^{-1}$
S:          Löslichkeit in Wasser (engl. *solubility*) ($mol/m^3$)
S:          Sedimentation (mm/a) in Gl. 6.16
S(i):       gelöste Stoffmenge in der Bodenschicht i ($kg/m^2$) (Kapitel 7)
$S_{out,j}$:   aus der Bodensäule herausgesickerte Stoffmenge im Zeitschritt j ($kg/m^2$)
$S_{out,m}$:   aus der Bodensäule herausgesickerte Stoffmenge nach den Zeitschritten m ($kg/m^2$)
t:          Zeit (s)
$t_{1/2}$:  Halbwertszeit (s) = ln 2 / $\lambda$
T:          Temperatur (K oder °C)
TSCF:       Konzentrationsverhältnis zwischen Xylemsaft und Bodenlösung
u:          Fließgeschwindigkeit in x-Richtung (Wind oder Wasser) (m/s)
$u_*$:      Schergeschwindigkeit am Grund eines Fließgewässers (m/s)
**u**:      Eigenvektor einer Matrix
v:          Geschwindigkeit (engl.: *velocity*) (m/s), z. B. $v_{dep}$: Depositionsgeschwindigkeit; in Kapitel 6: Windgeschwindigkeit in 10 cm Höhe
V:          Volumen ($m^3$)
W:          Wassergehalt (g/g)
W(i):       Wassermenge in einer Bodenschicht i (m) (Kapitel 7)
$W_{out,j}$:   gesamte aus der Bodensäule herausgesickerte oder evaporierte Wassermenge im Zeitschritt j (m) (Kapitel 7)

$W_{out,m}$: gesamte aus der Bodensäule herausgesickerte oder evaporierte Wassermenge nach den Zeitschritten m (m) (Kapitel 7)

$W_p$: ‚Wash out ratio' für Partikel: Auswaschungseffizienz des Niederschlags

x: Ortskoordinate, Distanz (m); Gl. 4.5: Stoffmenge

X: Partikelgehalt im Wasser, außer Kap. 7 Konzentration je $m^3$ Phase

y: Ortskoordinate, transversal (m)

z: Ortskoordinate, vertikal (m)

Z: Fugazitätskapazität $(mol\ m^{-3}\ Pa^{-1})$

$\varepsilon$: (Gesamt–) Porosität (vol/vol)

$\Phi$: Anteil neutraler (nicht-dissoziierter) Spezies eines Stoffes

$\lambda$: Abbaurate, üblicherweise 1. Ordnung $(s^{-1})$; auch: Eigenwert einer Matrix

$\lambda_{OH}$: Abbau zweiter Ordnung durch OH-Radikale in der Luft $(cm^3\ mol^{-1}\ s^{-1})$

$\Theta$: volumetrischer Wassergehalt (vol/vol)

$\rho$: Dichte $(kg/m^3$, auch $g/cm^3)$

$\sigma_y$: Standardabweichung der Gaußschen Verteilungsfunktion in y-Richtung (m)

$\sigma_z$: Standardabweichung der Gaußschen Verteilungsfunktion in z-Richtung (m)

$\tau_r$: mittlere Aufenthaltszeit (s) = 1/Abnahmerate

# Kapitel 1:
# Warum Modellierung der Ausbreitung von Stoffen?

**Tatsachen:**

Mehr als 100 000 Chemikalien erhältlich auf dem europäischen Markt
Mehr als 4 000 Chemikalien mit mehr als 10 Tonnen Jahresproduktion
Mehr als 1 000 Chemikalien mit mehr als 1 000 Tonnen Jahresproduktion

2119 ‚neue' Stoffe in der EG (1982–1995)
926  Pestizid-Formulierungen (15. 4. 1991)
217  Pestizid-Wirkstoffe (1990)
129  Chemikalien als ‚wassergefährdend' eingestuft
???  Chemikalien gefährlich für  ???

## 1.1
## Einleitung

Jedes hergestellte (und verkaufte) Produkt wird entweder beim Gebrauch zerstört (wobei neue Stoffe entstehen) oder freigesetzt (Ausguß, Abluft...) oder landet irgendwann einmal auf dem Müll (im Wald, auf der Straße...). Bestenfalls landet ein Teil des Produktes wieder im Wirtschaftskreislauf (Recycling). Stoffe, die aus der ‚Technosphäre' entweichen, gelangen dabei fast immer in die ‚Biosphäre'.

Seit Beginn der Umweltdiskussion spielt deshalb die stofflich-chemische Belastung der Umwelt, die aus vielfältigen menschlichen Tätigkeiten resultiert, eine erhebliche Rolle. Sowohl die Veränderung natürlicher Stoffkreisläufe (Beispiel $CO_2$) als auch das Einbringen synthetischer Verbindungen (Beispiel PCB) oder von Verbrennungsprodukten (Beispiel PAK) bewirken eine Veränderung unserer natürlichen Umwelt. Neben der Emission von Massenstoffen in jährlichen Mengen von Millionen Tonnen sind Einträge von toxischen Spurenstoffen unter einem Kilogramm pro Jahr von Bedeutung. Über 100 000 verschiedene chemische Verbindungen wurden in der EG vermarktet, davon haben ca. 10 000 eine wirtschaftliche Bedeutung. Nur von einem kleinen Teil ist das Transport- und Transformationsverhalten in der Umwelt bekannt (GDCh 1988). 2 000 bis 3 000 Stoffe wurden allein in der Atmosphäre identifiziert, darunter auch Metaboliten der ursprünglich produzierten Stoffe (Graedel et al. 1986).

Umweltgefährlich sind nach dem Chemikaliengesetz § 3a „Stoffe und Zubereitungen, die selbst oder deren Umwandlungsprodukte geeignet sind, die Beschaffenheit des Naturhaushalts, von Wasser, Boden, Luft, Klima, Tieren, Pflanzen oder Mikroorganismen derart zu verändern, daß dadurch sofort oder später Gefahren für die Umwelt herbeigeführt werden können". Nach Pflanzenschutzgesetz § 6 dürfen „Pflanzenschutzmittel nicht angewandt werden, die schädliche Auswirkungen auf die Gesundheit von Mensch oder Tier oder auf Grundwasser sowie insbesondere auf den Naturhaushalt haben". Wenn Stoffe also in die Umwelt gelangen, dürfen sie nicht solche Konzentrationen erreichen, die zu nachteiligen Wirkungen (engl. *adverse effects*) führen. Die Konzentration am Wirkort wird auch als *Exposition* (engl. *exposure*) bezeichnet, ein Begriff, der aus der Toxikologie übernommen worden ist. Die Umweltgefährlichkeit (engl. *hazard*) kann daher als das Produkt aus (Umwelt–)Exposition und (öko–)toxikologischer Wirkung bezeichnet werden. Wenn die Wahrscheinlichkeit für das Auftreten eines Schadens eingeht, spricht man von Risiko (engl. *risk*)[1]. Gängige Verfahren der Stoffbewertung verwenden den Quotienten aus der „Predicted Environmental Concentration PEC" und der „Predicted No-Effect Concentration PNEC". Aus Modellrechnungen lassen sich neben der PEC weitere Informationen über Persistenz und Akkumulation gewinnen, die als Kriterien zur Stoffbewertung herangezogen werden können.

Zunehmend wurde in den vergangenen Jahren erkannt – ausgelöst durch die neuartigen Waldschäden, die Ozon- und Klimaproblematik, die Gewässer- und Bodenbelastungen etc. –, daß der Systemcharakter der Umwelt stärker einbezogen werden muß, um einen nachhaltigen, vorsorgenden Umweltschutz betreiben zu können. Erst durch das Zusammenwirken vieler interagierender Einzelprozesse sind die stofflich-chemischen Einwirkungen auf Umweltsysteme zu verstehen. Besondere Beachtung muß dabei den nicht oder schwer kontrollierbaren Stoffströmen in der Umwelt zukommen, deren Wirkungen wegen der oft langen Latenzzeiten bis zur Ausbildung manifester Schäden nicht rechtzeitig erkannt worden sind. Dabei müssen die unterschiedlichen räumlichen Maßstäbe und die Dynamik der Umweltbelastungen und -entlastungen besonders berücksichtigt werden.

Eine weitere Problematik ergibt sich aus der großen Anzahl potentiell umweltgefährlicher Stoffe, deren Eigenschaften und Wirkungen um Größenordnungen unterschiedlich sind. Hier sind wegen der großen Anzahl und des weiten Eigenschaftsspektrums vor allem die organischen Chemikalien zu nennen, die weit weniger untersucht worden sind als anorganische Spuren- und Massenstoffe. Oftmals fehlen selbst die Daten zu den grundlegenden physikalisch-chemischen Substanzeigenschaften. Insbesondere solche organischen Stoffe, die eine exemplarische Bedeutung für ein bestimmtes Umweltverhalten haben, sollten als Leit- oder Referenzstoffe dienen, um auf das Ausbreitungsverhalten weniger gut untersuchter Stoffe schließen zu können.

Der Wunsch nach verläßlichen Methoden, mit denen stoffliche Umweltbelastungen frühzeitig erkannt und damit Schäden vermieden werden können, hat zur Entwicklung von mathematischen Modellen geführt, die die Ausbreitung von Stoffen unter dem Einfluß von Umweltkräften in Teilbereichen adäquat beschreiben können.

Die Modellierung der Ausbreitung von Stoffen in Umweltsystemen unterschiedlicher Zusammensetzung bedient sich der Methoden der Systemanalyse, Modellbildung

---

[1] Risiko = Schaden mal Auftrittswahrscheinlichkeit

und Simulation dynamischer Systeme, wobei zwei unterschiedliche Methoden Anwendung finden:

- die *mechanistische* oder deduktive Methode, die auf den physikalischen, chemischen und biologischen Prozessen und Gesetzmäßigkeiten basiert,
- die *empirische* oder datenbasierte Methode, die gemessene oder beobachtete Größen oder Zeitreihen in Beziehung setzt.

Innerhalb der mechanistischen, prozeßbasierten Modellbildung werden unterschiedliche Ansätze betont, die auf verschiedene naturwissenschaftliche Disziplinen zurückgehen:

- der *strömungsmechanische* Ansatz betont die Prozesse der Ad / Konvektion und der Dispersion, ggf. in mehreren räumlichen Dimensionen, was auf partielle Differentialgleichungen führt, die i. d. R. numerisch gelöst werden müssen. Typische Beispiele sind die Modellierung und Simulation von Windfeldern oder von Grundwasserströmungen.
- der *reaktionskinetische* Ansatz, der die Phasenübergänge eines Stoffes und seine chemisch-biologischen Umwandlungen betont. Häufig werden die räumlich-zeitlichen Abhängigkeiten in Form von Kompartimenten abgebildet und mit Hilfe von gewöhnlichen Differentialgleichungen beschrieben. Typische Beispiele sind die multimedialen Modelle.

Der strömungsmechanische Ansatz hat seine Wurzeln in der Physik und wird seit langer Zeit in der Meteorologie und Hydrologie erfolgreich angewendet. Der reaktionskinetische Ansatz kommt aus der technischen und ökologischen Chemie und wird erst seit jüngerer Zeit verstärkt verfolgt. Die meisten Ausbreitungsmodelle beinhalten beide Ansätze, allerdings in unterschiedlicher Ausprägung und Detaillierung.

Die empirische Methode dient vor allem für die Modellbildung solcher Systeme, für die Transferübergänge nicht auf Prozesse zurückgeführt werden können, wohl aber Konzentrationsmeßreihen vorliegen, aus denen sich Transferfunktionen oder Konzentrationsfaktoren ableiten lassen. Ein typisches Beispiel ist die Bioakkumulation organischer lipophiler Chemikalien in aquatischen Organismen.

Überwiegend werden *deterministische* Modelle für die Simulation der Stoffausbreitung eingesetzt, die eine Kausalbeziehung zwischen einem Quellterm und der daraus resultierenden Konzentration in einem betroffenen Umweltausschnitt herstellen. *Stochastische* Methoden werden sowohl zur Simulation der Ausbreitung von Partikeln (Lagrange-Ansatz) als auch zur Ermittlung der Bandbreite von errechneten Konzentrationen oder Flüssen aufgrund von Unsicherheiten der eingehenden Parametern verwendet (Monte-Carlo-Methode).

Ausbreitungsmodelle wurden in den vergangenen Jahren für viele verschiedene Zwecke entwickelt und eingesetzt, z.B. für Genehmigungsverfahren von Anlagen gemäß Bundesimmissionsschutzgesetz, zur Folgenabschätzung von Unfällen und Katastrophen, zur Berechnung von Expositionskonzentrationen im Rahmen von Risikoabschätzungen, zur Bewertung neuer und alter Stoffe nach Chemikaliengesetz, zur Abschätzung des Gefährdungspotentials von Altlasten, schließlich zur Optimierung von Umweltmonitoringprogrammen und zur Ökobilanzierung. Diesen diagnostischen und bedingt-prognostischen Motivationen stehen wissenschaftliche gegenüber:

das Verständnis des Zusammenwirkens von Prozessen und die Bestimmung von Größen, die der direkten Messung nicht zugänglich sind (inverse Modellierung).

Oftmals werden die Erwartungen an die Leistungsfähigkeit von Ausbreitungsmodellen, z.B. zur Prognose, überschätzt. Modelle können den möglichen Rahmen bei plausiblen Annahmen aufzeigen und so zu einer rationalen Entscheidungsfindung beitragen. Da die Umwelt ein überaus komplexes (nichtlineares) offenes System mit extremer räumlicher und zeitlicher Variabilität ist, sind Simulationsmodelle, die die Umwelt naturgetreu abzubilden versuchen, nur eingeschränkt gültig. Bei der Modellierung sind Vereinfachungen, Vernachlässigungen und Parametrisierungen erforderlich, die von der Fragestellung, dem untersuchten Umweltsystem und der Datenverfügbarkeit und -qualität abhängen.

Die folgenden Modelle sollen dazu dienen, das prinzipielle Verhalten von Chemikalien in der Umwelt besser zu verstehen und die gewonnenen Erkenntnisse und Gesetzmäßigkeiten zu verallgemeinern. Daher werden ausschließlich solche Modelle besprochen, die auf kausal-deterministischen Gesetzmäßigkeiten beruhen und durch physikalische, chemische oder biologische Prozesse begründet sind. Die räumliche und zeitliche Variabilität der Umweltprozesse wird jedoch nur vereinfacht betrachtet.

## 1.2
## Schritte bei der Modellbildung

Die Abschätzung der Umweltexposition hat die folgenden Ziele (Matthies 1991):

- Konzentrationsverläufe in abiotischen und biotischen Umweltausschnitten zu ermitteln,
- ein besseres Verständnis der expositionsbestimmenden Prozesse zu erreichen und
- belastete Ökosysteme, Populationen oder Organismen zu erkennen.

Um diese Ziele zu erreichen, geht man bei der Modellbildung schrittweise vor:

1. *Festlegung der Aufgabenstellung.*

Am Beginn muß die Fragestellung klar definiert werden. Handelt es sich z.B. um kurzzeitige Belastungen mit hohen Konzentrationen (Störfall) oder um kontinuierliche Einleitungen? Der interessierende Umweltausschnitt (räumliche Begrenzung) muß festgelegt werden: Welche Komponenten sollen wie detailliert abgebildet werden? Welcher zeitliche Rahmen soll betrachtet werden, welches Eintragsmuster? Welcher Stoff oder welche Stoffgruppe soll modelliert werden?

2. *Ermittlung der physikalischen, chemischen und biologischen Prozesse, denen Stoffe in der Umwelt unterliegen.*

Hierzu gehören die physikalischen Transportvorgänge wie Ad- oder Konvektion, Diffusion und Dispersion. Dazu kommen chemische Reaktionen der Ad- und Desorption und der Umwandlung. Biologischer Abbau wandelt Stoffe in kleinere Bruchstücke u.U. bis zur Mineralisierung um. Andererseits können aber auch neue Stoffe mit anderem Verhalten und anderer Wirkung entstehen.

*3. Formulierung der mathematischen Gleichungen für die einzelnen Prozesse und Modellprogrammierung.*

Die als wichtig erkannten Prozesse müssen in die mathematische Sprache übersetzt werden. Dafür ist das Instrumentarium der Systemanalyse und -theorie hilfreich. Im allgemeinen wird man zu Differentialgleichungen kommen, in denen die Konzentrationen die Zustandsgrößen darstellen und die Prozesse die räumlich-zeitliche Änderung beschreiben. Bei der Programmierung ist u. U. eine Simulationsprache hilfreich.

*4. Bereitstellung der benötigten Datenbasis.*

Ausbreitungsmodelle benötigen Daten zu substanzspezifischen Eigenschaften wie Wasserlöslichkeit und zu umweltspezifischen Eigenschaften wie Fließgeschwindigkeit. Einige Modellparameter wie Sorption oder Photoabbau hängen sowohl von den Stoffeigenschaften als auch von den Umwelteigenschaften ab. Oft sind Modellparameter nicht direkt verfügbar, wie z.B. der Bioakkumulationsfaktor für Fisch, sondern müssen aus anderen Größen durch statistische Verfahren wie Regression abgeleitet werden.

*5. Sensitivitätsanalyse.*

Die Modellergebnisse hängen u. U. nur von wenigen Modellparametern ab. Diese lassen sich in einer Sensitivitätsanalyse ermitteln. Da die Ausbreitungsmodelle für eine möglichst große Zahl von Stoffen mit unterschiedlichen Eigenschaften dienen sollen, ist auch die Sensitivität der Modellrechnungen vom betrachteten Stoff abhängig. Daher gibt es keine allgemeine Sensitivität, sondern nur in Bezug auf den gewählten Stoff oder die gewählte Stoffgruppe.

*6. Verifizierung der Modellstruktur, gegebenenfalls Kalibrierung.*

Unter Verifizierung der Modellstruktur versteht man die Überprüfung der zugrunde liegenden Prozesse und deren Wechselwirkung. Gegebenenfalls kann die Modellstruktur mittels ausgewählter Leitchemikalien anhand von Messungen verifiziert und kalibriert werden. Dazu sind Messungen an Mikrokosmen häufig gut geeignet.

*7. Validierung.*

Der Vergleich unabhängig gemessener Konzentrationsreihen mit den Ergebnissen von Modellrechnungen wird als Validierung bezeichnet. Erst der erfolgreiche Nachweis der Gültigkeit von Modellrechnungen gibt das Vertrauen in die Prognosefähigkeit des Modells.

*8. Unsicherheitsanalysen.*

Die Unsicherheit der Modellergebnisse hängt sowohl von der Varianz der eingehenden Daten (statistischer Fehler) als auch von der vielleicht nicht adäquaten Modellstruktur ab (systematischer Fehler). Während der statistische Fehler meist einfach abgeschätzt oder durch stochastische Verfahren (Monte-Carlo) berechnet werden kann, ist dies für den systematischen Fehler sehr viel schwieriger. Meist müssen dann weitere Prozesse hinzugenommen werden, die zu einer Erhöhung des statistischen Fehlers führen können. Oft ist dieses Ergänzen der Modellstruktur nicht möglich, da die fehlenden Prozesse nicht adäquat beschrieben oder quantifiziert werden können.

*9. Entscheidung und Bericht.*

Die Modellierung dient der Beantwortung der Frage (Punkt 1). Oft ist aber keine eindeutige Antwort möglich, z.B. weil die Datenlage unsicher ist. Notwendig ist auf jeden Fall ein Bericht, der die Fragestellung und die Rechnungen festhält. Ohne Dokumentation und Weitergabe der Ergebnisse muß die gesamte Arbeit wiederholt werden, falls ähnliche Fragestellungen erneut auftauchen.

Die Prognosefähigkeit von Modellen nimmt zu, je genauer die zugrundeliegenden Mechanismen begründet und kausal-deterministisch beschrieben werden. Dem steht die Dynamik und Variabilität der steuernden Prozesse entgegen, die oft nur durch Vereinfachungen erfaßt werden können. Die Kunst des Modellierens besteht darin, ein Optimum zwischen Modellkonzept und Datendargebot zu finden, um die Fragestellung genügend genau beantworten zu können. Der Leitfaden dafür ist die Validierung im Sinne der Fragestellung, Randbedingungen sind die Datenverfügbarkeit und -qualität. Unter Prognosefähigkeit ist deshalb keineswegs nur die Genauigkeit der Voraussage allein gemeint, sondern vor allem auch die Möglichkeit, den Einfluß verschiedener Faktoren sowohl auf der Substanz- als auch auf der Umweltdatenseite zu studieren (*"Operationalisierung"*).

Wie oben als Zielsetzung formuliert, ist für die Beurteilung der Gefährlichkeit einer Chemikalie in der Umwelt ihre Konzentration am Wirkort wichtig. Ausbreitung und Verbleib eines Stoffes hängen natürlich ganz entscheidend davon ab, wie er in die Umwelt gelangt: Sei es gezielt bei der Anwendung wie bei Pflanzenschutzmitteln oder als Abfall, Abwasser oder Abluft aus industriell-gewerblicher Tätigkeit oder durch diffusen Eintrag bei umweltoffener Verwendung. Aber auch das primär betroffene Medium (Eintrittsmedium) ist wichtig für das weitere Verhalten eines Stoffes: In die Luft emittierte Substanzen werden sicherlich zunächst weiter verfrachtet als solche, die im Feststoffabfall einer Deponie zugeführt werden. Die Quantifizierung der Ausbreitung stellt also die kausale Verbindung zwischen Eintritt in die Umwelt und Konzentration am Wirkort her.

Eingesetzt werden können Expositionsmodelle unter anderem zur

- Abschätzung des Verbleibs freigesetzter Stoffe
- Abschätzung des Risikos durch freigesetzte Stoffe
- Unterstützung von Meßprogrammen
- Planung von Experimenten
- Planung von Maßnahmen, z.B. zur Sanierung
- Prioritätensetzung unter bereits zugelassenen und vermarkteten Chemikalien.

*Wichtig:* Ein Modell liefert eine Hypothese. Eine Überprüfung dieser kann mit einem Modell in der Regel nicht geführt werden. Üblicherweise arbeiten deshalb Modellierer mit Experimentierern Hand in Hand, oder:

*Modell und Experiment sind wie Henne und Ei.*

# Kapitel 2
# Kompartimentsysteme

Dieses Kapitel beschäftigt sich mit mathematischen Grundlagen der nachfolgend beschriebenen Modelle. Es ist für die Anwendung der Modelle nicht unbedingt erforderlich. Jedoch ist es die Basis für die Modellentwicklung.

## 2.1
## Kompartimente

Die Umwelt ist ein räumlich stark strukturiertes, sich zeitlich dauernd änderndes System aus abiotischen und biotischen Komponenten, die über Kräfte wie Wind, Wasserfluß, Gravitation, Ein- und Auswanderung von Pflanzen und Tieren u. a. in Wechselwirkung stehen. Um die Verteilung und Umwandlung von chemischen Stoffen in der Umwelt verstehen und quantifizieren zu können, muß man sich zwangsläufig ein vereinfachtes Bild der komplexen Umwelt machen: ein Modell.

Dieses sollte so aufgebaut sein, daß es die wesentlichen Strukturen und Prozesse abbildet und damit zu einem besseren Verständnis des Umweltverhaltens von Stoffen beiträgt. Eine vielfach erprobte Vorgehensweise für raum-zeitliche Systeme, wie hier die Umwelt, ist die Unterteilung in einzelne Kompartimente (engl. *compartment*), die in sich **homogen** sind und untereinander chemische Stoffe und Energie austauschen (Jacquez, 1972). Die detaillierte interne Struktur eines Kompartiments wird dabei bewußt vernachlässigt, um zu einem vereinfachten Abbild zu kommen.

Kompartiment*systeme* bestehen aus mehreren, miteinander vernetzten Kompartimenten (Abb. 2.1). Die Kästchen repräsentieren die Kompartimente, die Pfeile die Austausch- oder Flußgrößen. Abgeschlossene Kompartimentsysteme tauschen nur untereinander Materie oder Energie aus, offene stehen dagegen über Ein- und Austräge mit der Umgebung im Austausch.

Man erkennt den engen Bezug der Kompartimentsysteme zur Theorie dynamischer Systeme (z.B. Bossel 1992). Die Masse eines Stoffes in einem Kompartiment entspricht der Zustandsgröße, Austausch- oder Fließvorgänge den Wirkungen[2]. Kompartimentsysteme bilden also eine Untermenge der dynamischen Systeme. Demgemäß gelten die (mathematischen) Aussagen der Systemtheorie auch für Kompartimentsysteme, insbesondere kann der gesamte mathematische Apparat der Systemanalyse und -modellierung auf Kompartimentsysteme angewandt werden.

---

[2] Mit Wirkungen ist hier gegenseitige Beeinflussung (=Einwirkung), nicht toxische Wirkung gemeint.

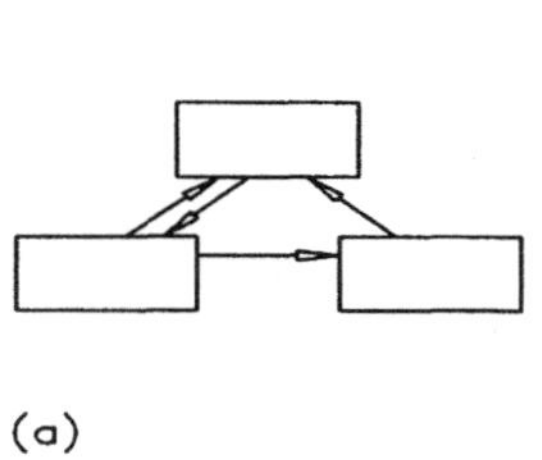

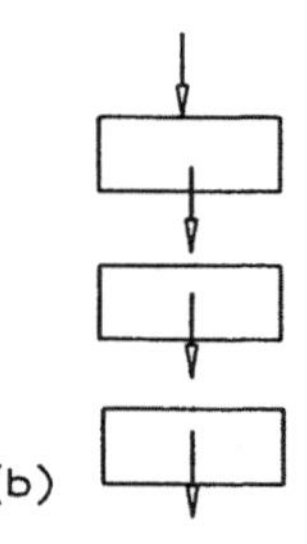

**Abb. 2.1** Abgeschlossenes (*a*) und offenes (*b*) System aus drei Kompartimenten.

(a)                                    (b)

Kompartimente haben eine definierte Geometrie, damit ein bestimmtes Volumen und über die Dichte auch eine Masse. Die Konzentration eines Inhaltsstoffes ergibt sich aus der Masse des chemischen Stoffes dividiert durch das Volumen des Kompartiments. Kompartimente werden deshalb oft auch als Box, Reservoir, Tank, Pool o. ä. bezeichnet, je nach untersuchtem System.

Wasser, Boden und Luft können als die drei wesentlichen Umweltkompartimente angesehen werden. Dabei wird für die Schadstoffmodellierung von den folgenden Voraussetzungen ausgegangen:

1. Umweltkompartimente lassen sich so abgrenzen, daß sie als Phasen oder Phasengemische im thermodynamischen Sinne identifiziert werden können (z. B. Wasser, Boden, Luft, Fisch).
2. Regeln und Gesetze des chemischen Gleichgewichts, der Kinetik etc. können auf Umweltsysteme angewandt werden.
3. Rückkopplungen zwischen Wirkungen auf Organismen und dem Verhalten der Chemikalien werden vernachlässigt.
4. Es werden nur Einzelstoffe und keine Gemische betrachtet und damit keine Wechselwirkungen zwischen Gemischkomponenten.
5. Es werden nur molekular-dispers gelöste Stoffe und keine eigenen Phasen des zu modellierenden Stoffes betrachtet.

Diese Annahmen sind keineswegs trivial. Boden besteht z. B. aus mineralischen und organischen Bestandteilen, aus Bodenlösung und darin gelösten Stoffen sowie aus mit $CO_2$ angereicherter Bodenluft. Bindungs- und Abbaureaktionen finden oft an Grenzflächen statt. Bei ausreichender Kenntnis der umweltphysikalischen und -chemischen sowie der biologischen Prozesse läßt sich aber meist eine Modellstruktur finden, die die Realität so gut abbildet, daß der Modellzweck erfüllt wird.

Einschränkend muß gesagt werden, daß prinzipiell eine *exakte* Beschreibung und damit Berechnung des Umweltverhaltens aus mehreren Gründen nicht möglich ist:

1. Die treibenden Kräfte in der Umwelt sind – anders als im chemischen Experiment – nicht steuerbar. Ihre Variabilität kann i. d. R. nicht genau erfaßt werden, so daß eine nicht vermeidbare Unsicherheit bleibt.
2. Die heterogene räumliche Struktur bedingt eine komplexe Ausprägung von Transport- und Umwandlungsprozessen.
3. Die zeitliche Dynamik der treibenden Umweltkräfte umfaßt mehrere Größenordnungen, die zeitliche Skalierung ist für die Umweltkompartimente daher höchst unterschiedlich.

Trotz zunehmender Verfeinerung der Modellstruktur und verbesserter Kenntnis der Prozesse bleibt immer eine erhebliche Unsicherheit bestehen. Wie bereits in der Einleitung dargelegt, wird die *Güte* eines Modells *nicht am Umfang* der Modellgleichungen und -parameter gemessen, sondern an der Erfüllung des Modellzwecks und dem *Gewinn an Erkenntnis*. Die Anzahl der Kompartimente sollte deshalb möglichst gering sein, die Austauschgrößen nur die wesentlichen Prozesse beinhalten und Modellergebnisse mit experimentellen Datensätzen verglichen werden können.

## 2.2
## Massenbilanz / lineare Differentialgleichungen

Die Grundlage für die Modellierung von Stoffflüssen ist das Gesetz von der Erhaltung der Masse (1. Hauptsatz der Thermodynamik). Bezogen auf ein Kompartiment heißt das: Die Änderung der Masse zur Zeit t, $\Delta m(t)$, im Zeitinterval $\Delta t$ in einem Kompartiment ist gleich Zufluß – Abfluß[3]:

$$\Delta m(t) = \{ \text{Zufluß} (t) - \text{Abfluß} (t) \} \cdot \Delta t \tag{2.1}$$

Zu- und Abfluß hängen dabei jeweils von der Zeit ab. Die daraus resultierende neue Masse zur Zeit $t = t_0 + \Delta t$ ist dann

$$m(t) = m_0 + \Delta m(t) = m_0 + \{ \text{Zufluß} (t) - \text{Abfluß} (t) \} \cdot \Delta t \tag{2.2}$$

Es folgt im Grenzübergang für in der Zeit kontinuierliche Prozesse

$$\lim_{\Delta t \to 0} \{ \Delta m(t) / \Delta t \} = dm(t) / dt = \text{Zufluß} - \text{Abfluß} \tag{2.3}$$

Wenn der Zufluß nicht von m(t) und der Abfluß proportional zu m(t) ist, d. h. donorkontrolliert ist, gilt

Zufluß = I(t) = zeitabhängiger Input (Masse / Zeit)
Abfluß = $- k \cdot m(t)$ mit k = Abflußrate (Zeit $^{-1}$)

$$\Delta m(t) / \Delta t = (m(t) - m_0) / \Delta t$$

und damit

$$\lim_{\Delta t \to 0} (\Delta m(t) / \Delta t) = dm(t) / dt = -k \cdot m(t) + I(t) \tag{2.4}$$

Da Konzentrationen und nicht Massen gemessen werden, wird oft umgerechnet. Mit *Konzentration = Masse m pro Volumen V* ergibt sich bei konstantem Volumen

$$dC(t) / dt = -k \cdot C(t) + I(t) / V \tag{2.5}$$

Die Gleichung (2.4) bzw. (2.5) ist eine *lineare Differentialgleichung 1. Ordnung* mit dem konstanten Koeffizienten k und einer externen Inputfunktion I(t). Die Lösung hängt vom Anfangswert $C(t_0) = C_0$ und der Inputfunktion I(t) ab. Die allgemeine Lösung des Anfangswertproblems mit der Integrationsvariablen t' lautet

---

[3] Ähnlich wie die Massenbilanz kann auch der *Gewinn* im ökonomischen Sinne betrachtet werden:
Gewinn = Ertrag – Kosten; $dDM / dt = \{ \text{Einnahmen} - \text{Ausgaben} \}$ je Zeitperiode

$$C(t) = C_0 \cdot e^{-k(t-t_0)} + 1/V \int_{t_0}^{t} e^{k(t'-t)} \, I(t') \, dt' \tag{2.6}$$

Wenn sich das Intergral in Gl. 2.6 nicht analytisch lösen läßt, muß ein numerisches Integrationsverfahren verwendet werden (siehe unten). Ohne Zufluß und mit $t_0 = 0$ ergibt sich eine *homogene lineare Differentialgleichung 1. Ordnung* mit der Lösung

$$C(t) = C_0 \cdot e^{-kt} \tag{2.7}$$

Der radioaktive Zerfall, chemische Reaktionen 1. Ordnung oder der biologische Abbau von organischen Stoffen (nicht immer) folgen dieser Gleichung. Die Halbwertszeit $t_{1/2}$ errechnet sich aus

$$t_{1/2} = \ln 2/k = 0{,}693 \cdot k^{-1} \tag{2.8}$$

Die mittlere Aufenthaltszeit $\tau_r$ (*residence time*) ist der Kehrwert der Abflußrate k:

$$\tau_r = k^{-1} = t_{1/2}/0{,}693 \tag{2.9}$$

Mit konstantem Zufluß $I(t) = I_0$ ergibt sich die Lösung der *inhomogenen linearen Differentialgleichung*

$$C(t) = C_0 \, e^{-kt} + I/(V\,k) \cdot (1 - e^{-kt}) \tag{2.10}$$

### Übungsbeispiel 2.1: Mischungskammer

Ein Stoff fließt mit dem (konstanten) Zufluß $I_0$ in eine Mischungskammer des Volumens V, wird dort homogen vermischt und verläßt mit der Rate k die Kammer.

Die Grundgleichung lautet (analog zu 2.5):

$$dC(t)/dt = -k \cdot C(t) + I_0/V \tag{2.11}$$

Die analytische Lösung lautet (mit $C_0 = 0$)

$$C(t) = I_0/(V\,k) \cdot (1 - e^{-kt}) \tag{2.12}$$

Die stationäre Konzentration bzw. Grenzkonzentration $C(t \to \infty) = I_0/(V\,k)$ hängt also vom Verhältnis des Zuflusses I zur Abflußrate k bei gegebem Volumen V ab.

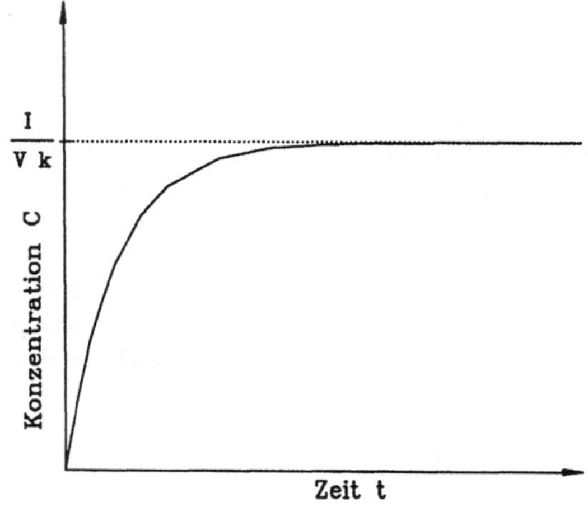


**Abb. 2.2** Zeitverlauf der Konzentration C(t) in der Mischungskammer.

## 2.3
## Kompartimentsysteme

Für Kompartimentsysteme, d. h. Zusammensetzungen von Kompartimenten, müssen zusätzlich zum Input (= Zufluß) und Output (= Abfluß) die Wechselwirkungen zwischen den Kompartimenten berücksichtigt werden.

Wir wollen nun ein Kompartimentsystem aus n linearen Differentialgleichungen (n Kompartimente) mit konstanten Koeffizienten betrachten. Mit $m_i$ werden ab nun die Massen $m_i(t)$ in den Kompartimenten bezeichnet. *Vektoren* werden im Fettdruck dargestellt.

Gleichungssystem (2.25):

$$dm_1/dt = a_{11}\, m_1 + a_{12}\, m_2 + \ldots + a_{1n}\, m_n + I_1(t)$$
$$dm_2/dt = a_{21}\, m_1 + a_{22}\, m_2 + \ldots + a_{2n}\, m_n + I_2(t)$$
$$dm_n/dt = a_{n1}\, m_1 + a_{12}\, m_2 + \ldots + a_{nn}\, m_n + I_n(t)$$

In Summenschreibweise für das i-te Kompartiment Gl (2.14):

$$dm_i/dt = \sum_{j=1,\, j \neq i}^{n} a_{ij}\, m_j + a_{ii}\, m_i + I_i(t)$$

Der 1. Term auf der rechten Seite ist der Austausch mit allen Kompartimenten j der Systemumwelt. Der 2. Term umfaßt alle Abflüsse aus dem i-ten Kompartiment (z. B. durch Abbau oder Zerfall, $a_{ii}$ ist deshalb negativ). Der 3. Term auf der rechten Seite stellt die externen Zuflüsse in das Kompartiment i dar.

In Matrixschreibweise (2.15):

$$\dot{m} = A\, m + I$$

$\dot{m}$ = Vektor der Differentialquotienten $dm_i/dt$ (Zustandsänderungen, hier Änderung der Masse in der Zeit)
$A$ = Kompartimental- oder Systemmatrix
$m$ = Vektor der Massen (= Zustandsvektor)
$I$ = Inputvektor

Die allgemeine Lösung eines solchen linearen *Differentialgleichungssystems* 1. Ordnung mit konstanten Koeffizienten und mit dem Anfangsvektor $C_0$ findet sich im Kapitel 2.3.3.

### 2.3.1
### Stationäre Lösungen

Stationarität bedeutet, daß das System keine zeitlichen Änderungen aufweist. Es befindet sich dann im Fließgleichgewicht, d. h. Zu- und Abfluß sind gleich. Der differentielle Term des Gleichungssystems ist also Null:

$$A\, m + I = 0 \tag{2.16}$$

Man hat ein lineares Gleichungssystem, das durch die üblichen Verfahren (z. B. Gaußsches Eliminationsverfahren) einfach zu lösen ist. Lineare Differentialgleichungssysteme streben für $t \to \infty$ gegen die stationäre Lösung.

### Übungsbeispiel 2.2: Aquarium

Betrachten wir das „Aquarium", ein 2-Kompartimentsystem, in Abb. 2.3:

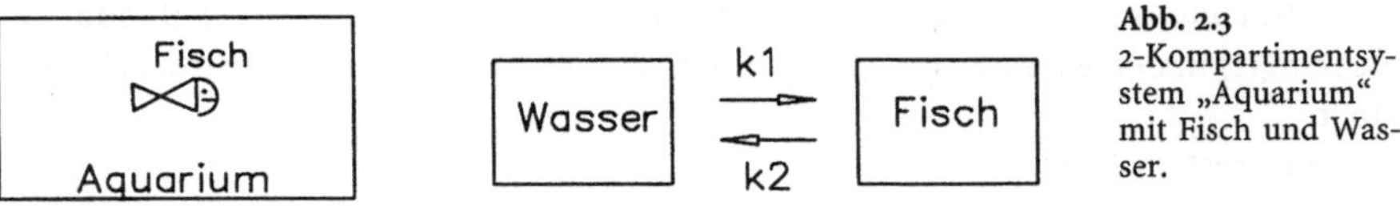


**Abb. 2.3**
2-Kompartimentsystem „Aquarium" mit Fisch und Wasser.

Der Fisch nimmt eine Substanz aus dem umgebenden Wasser mit der Rate $k_1$ auf und scheidet sie mit der Rate $k_2$ wieder aus. Es läßt sich wiederum eine Massenbilanz für die Mengen (oder Konzentrationen) aufstellen:

$$dm_W/dt = -k_1\, m_W + k_2\, m_F \tag{2.17a}$$

$$dm_F/dt = k_1\, m_W - k_2\, m_F \tag{2.17b}$$

Da wir annehmen, daß keine Substanz verloren geht, liegt ein geschlossenes System vor. Im stationären Zustand ($dm_F/dt = dm_W/dt = 0$) gilt für das Konzentrationsverhältnis zwischen Fisch und Wasser:

$$m_W/dt = -k_1\, m_W + k_2\, m_F = 0 \tag{2.18}$$
$$k_1\, m_W = k_2\, m_F$$
$$k_1/k_2 = m_F/m_W = V_F\, C_F/(V_W\, C_W)$$
$$k_1\, V_W/(k_2\, V_F) = k_1'/k_2' = C_F/C_W = \text{Biokonzentrationsfaktor BCF}$$

Das Konzentrationsverhältnis zur Zeit $t \to \infty$ wird also bestimmt durch das Verhältnis der Aufnahme- und Abgaberaten bei gegebenem Volumen. Dies wird häufig ausgenutzt, um experimentell den Biokonzentrationsfaktor BCF zu bestimmen. Hierzu wird nur die Konzentration im Wasser zu verschiedenen Zeitpunkten gemessen. Aus dem Konzentrationsverlauf bei anfänglich verschmutztem Wasser und sauberem Fisch wird die Aufnahmerate $k_1'$ errechnet. Setzt man den Fisch dann zurück in sauberes Wasser, kann man aus der Zunahme der Konzentration im sauberen Wasser die Rate $k_2'$ ermitteln.

### 2.3.2
### Lösung spezieller Kompartimentsysteme

In einfachen Fällen lassen sich Differentialgleichungssysteme durch mehrfache Integration direkt lösen.

### Übungsbeispiel 2.3: Durchfluß („Kaskade")

In einer Kaskade von 2 Tanks fließt eine Flüssigkeit.
   Die Massenbilanz ist also

$$dm_1/dt = -k_1\, m_1 \tag{2.19a}$$

$$dm_2/dt = k_1\, m_1 - k_2\, m_2 \tag{2.19b}$$

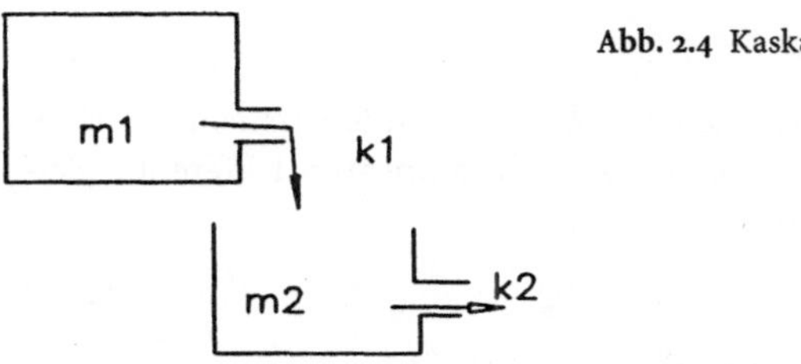



**Abb. 2.4** Kaskade.

Mit der Anfangsstoffmenge $m_1(0) = m_0$ und $m_2(0) = 0$ läßt sich $m_1$ unmittelbar angeben ($t_0 = 0$):

$$m_1 = m_0\, e^{-k_1\, t} \tag{2.20}$$

Für $m_2$ erhält man:

$$dm_2/dt = k_1\, m_0 \cdot e^{-k_1\, t} - k_2\, m_2 \tag{2.21}$$

Daraus folgt wiederum durch Integration die Lösung für $m_2$:

$$m_2 = k_1\, m_0/(k_2 - k_1) \cdot (e^{-k_1\, t} - e^{-k_2\, t}) \tag{2.22}$$

Für eine Kaskade der Länge 3 (= 3 Kompartimente) gilt dann:

$$m_3 = k_1\, k_2\, m_0 \left\{ \frac{e^{-k_1 t}}{(k_2-k_1)(k_3-k_1)} + \frac{e^{-k_2 t}}{(k_1-k_2)(k_3-k_2)} + \frac{e^{-k_3 t}}{(k_1-k_3)(k_2-k_3)} \right\} \tag{2.23}$$

und entsprechend für n linear hintereinander angeordnete unverzweigte Kompartimente:

$$m_n = \prod_{i=1}^{n-1} k_i \cdot m_0 \left\{ \sum_{i=1}^{n} \frac{e^{-k_i\, t}}{\prod\limits_{j=1, j \neq i}^{n} (k_j - k_i)} \right\} \tag{2.24}$$

### 2.3.3
**Lösungsverfahren für lineare Differentialgleichungssysteme**

Wir betrachten ein System linearer Differentialgleichungen der Form

$\dot{m} = A\,m + I$
$\dot{m}$ = Vektor der Differentialquotienten $dm_i/dt$ (Zustandsänderungen)
$A$ = Kompartimental- oder Systemmatrix
$m$ = Vektor der Massen (Zustandsvektor)
$I$ = Inputvektor

Das zugehörige homogene lineare Differentialgleichungssystem (homogen bedeutet: $I = 0$) hat nur dann eine nicht verschwindende Lösung, wenn gilt:

$$\det(A - \lambda\, E) = 0 \quad \text{(E ist die Einheitsmatrix)} \tag{2.25}$$

Die Eigenwerte $\lambda$ von $A$ sind die Wurzeln des ‚charakteristischen Polynoms'. Die Eigenvektoren $\mathbf{u}$ von $A$ sind die nichtverschwindenden Lösungen von

$$(A - \lambda \, E) \, \mathbf{u} = 0 \tag{2.26}$$

Hat die n mal n Matrix $A$ zu den Eigenwerten $\lambda_1 .. \lambda_n$ ($\lambda_1 .. \lambda_n$ müssen nicht verschieden sein) n Eigenvektoren, ist die allgemeine Lösung des linearen Differentialgleichungssystems (Braun 1983, Jacquez 1972):

$$\mathbf{m}(t) = c_1 \cdot e^{\lambda_1 t} \cdot \mathbf{u}_1 + c_2 \cdot e^{\lambda_2 t} \cdot \mathbf{u}_2 + \ldots + c_n \cdot e^{\lambda_n t} \cdot \mathbf{u}_n \tag{2.27}$$

Die Konstanten $c_i$ folgen aus den Anfangsbedingungen (t=0).

Hinweis: Auch im Fall vielfacher Eigenwerte lassen sich trotzdem immer Eigenvektoren finden, siehe dazu Braun (1983) S. 372 ff.

Ganz in Analogie zum eindimensionalen Fall (Gl. 2.5) lassen sich im inhomogenen Fall, d. h. mit Eingangsfunktion $I(t)$ für das Anfangsproblem $\mathbf{m}(t=0) = \mathbf{m}_0$ die Lösungen angeben:

$$\mathbf{m}(t) = e^{A \, t} \, \mathbf{m}_0 + \int_0^t e^{A \, (t-t')} \, I(t') \, dt' \tag{2.28}$$

Anstelle der skalaren Exponentialfunktion steht hier das Matrixexponential.

Die homogene Lösung ergibt sich, wenn $I(t) = 0$, also kein Zufluß stattfindet:

$$\mathbf{m}(t) = e^{A \, t} \, \mathbf{m}_0 \tag{2.29}$$

Bei konstantem Zufluß $I(t) = I_0$ läßt sich 2.28 integrieren und es ergibt sich die Lösung (analog zu 2.10):

$$\mathbf{m}(t) = e^{A \, t} \, \mathbf{m}_0 + I_0/V \tag{2.30}$$

Die Berechnung des Matrixexponentials $e^{A \, t}$ kann einschlägigen Lehrbüchern der Systemwissenschaft (Bossel 1992) oder über Differentialgleichungen (Braun 1983) entnommen werden. Für andere Inputvektoren (pulsförmig, periodisch) können Lösungen aus der Systemtheorie übernommen werden (Bossel 1992, Unbehauen 1990).


### Übungsbeispiel 2.4: Durchfluß („Kaskade"), Lösungsweg 2

Anhand des Übungsbeispieles 2.4 (Kaskade) soll das allgemeine Verfahren zur Lösung des homogenen linearen Differentialgleichungssystems verdeutlicht werden. Das Ausgangssystem für n=3 ist:

$$dm_1/dt = - k_1 \, m_1$$
$$dm_2/dt = + k_1 \, m_1 - k_2 \, m_2$$
$$dm_3/dt = + k_2 \, m_2 - k_3 \, m_3$$

In Matrixschreibweise:

$$\dot{\mathbf{m}} = A \, \mathbf{m}$$

$\dot{\mathbf{m}}$ = Vektor der Differentialquotienten $dm_i/dt$ (Massenänderungen)

$A$ = Kompartimental- oder Systemmatrix
$\mathbf{m}$ = Vektor Massen

$$\dot{m} = \left\{ \begin{array}{ccc} -k_1 & 0 & 0 \\ k_1 & -k_2 & 0 \\ 0 & k_2 & -k_3 \end{array} \right\} \ \mathbf{m}$$

Das zugehörige homogene lineare Differentialgleichungssystem hat nur dann eine nicht verschwindene Lösung, wenn gilt

$$\det|A - \lambda\,E| = 0$$

$$\det \left\{ \begin{array}{ccc} -k_1-\lambda & 0 & 0 \\ k_1 & -k_2-\lambda & 0 \\ 0 & k_2 & -k_3-\lambda \end{array} \right\} = 0$$

Die Determinante läßt sich für n=3 nach der Regel von *Sarrus* bestimmen (Bartsch 1979, S. 39):

$$\begin{aligned} \det = {} & a_{11}\,a_{22}\,a_{33} - a_{11}\,a_{23}\,a_{32} \\ & + a_{12}\,a_{23}\,a_{31} - a_{12}\,a_{21}\,a_{33} \\ & + a_{13}\,a_{21}\,a_{32} - a_{12}\,a_{22}\,a_{31} \end{aligned}$$

$$\det = (-k_1-\lambda)(-k_2-\lambda)(-k_3-\lambda)$$

Für die Bedingung det $= 0 = (-k_1-\lambda)(-k_2-\lambda)(-k_3-\lambda)$ folgt

$$\lambda_1 = -k_1,\ \lambda_2 = -k_2,\ \lambda_3 = -k_3$$

Die Eigenvektoren $\mathbf{u}$ von $A$ sind die nichtverschwindenden Lösungen von

$$(A - \lambda\,E)\,\mathbf{u} = 0 \text{ bzw. } \lambda\,\mathbf{u} = A\,\mathbf{u}$$

Ansatz mit erstem Eigenwert $\lambda_1$ für $u_1$:

$$\lambda_1 \cdot u_{11} = -k_1 \cdot u_{11} + 0 \cdot u_{12} + 0 \cdot u_{13}$$

$$\lambda_1 \cdot u_{12} = +k_1 \cdot u_{11} + (-k_2) \cdot u_{12} + 0 \cdot u_{13}$$

$$\lambda_1 \cdot u_{13} = 0 \cdot u_{11} + k_2 \cdot u_{12} + (-k_3) \cdot u_{13}$$

Mit $\lambda_1 = -k_1$ folgt:

$u_{11}$ = beliebig wählbar, sinnvoll = 1

$$u_{12} = k_1 / (k_2-k_1)$$

$$u_{13} = (k_1 \cdot k_2) / [(k_2-k_1) \cdot (k_3-k_1)]$$

Analog folgt mit $\lambda_2$ und $\lambda_3$ für $u_2$ und $u_3$:

$$u_{21} = 0;\ u_{22} = 1;\ u_{23} = k_2 / (k_3-k_2);$$

$$u_{31} = 0;\ u_{32} = 0;\ u_{33} = 1;$$

Eingesetzt in die allgemeine Lösung des linearen Differentialgleichungssystems

$$\mathbf{m}(t) = c_1 \cdot e^{\lambda_1 t} \cdot \mathbf{u}_1 + c_2 \cdot e^{\lambda_2 t} \cdot \mathbf{u}_2 + \ldots\ldots\, c_n \cdot e^{\lambda_n t} \cdot \mathbf{u}_n$$

ergeben sich

$$m_1(t) = c_1 \cdot e^{-k_1 t}$$

$$m_2(t) = c_1 \cdot e^{-k_1 t} k_1 / (k_2 - k_1) + c_2 \cdot e^{-k_2 t}$$

$$m_3(t) = c_1 \cdot e^{-k_1 t} \cdot (k_1 \cdot k_2) / [(k_2 - k_1) \cdot (k_3 - k_1)] + c_2 \cdot e^{-k_2 t} k_2 / (k_3 - k_2) + c_3 \cdot e^{-k_3 t}$$

Die Koeffizienten $c_i$ folgen aus den Anfangsbedingungen.

Mit $m_1(t=0) = m_0$, $m_2(t=0) = 0$ und $m_3(t=0) = 0$ ergibt sich

$$m_1(0) = c_1 \cdot e^{-k_1 t} = c_1 \cdot 1 = m_0; \; c_1 = m_0;$$

$$m_2(0) = c_1 \cdot k_1 / (k_2 - k_1) + c_2 = 0; \; c_2 = -m_0 \cdot k_1 / (k_2 - k_1)$$

$$m_3(0) = c_1 \cdot (k_1 \cdot k_2) / [(k_2 - k_1) \cdot (k_3 - k_1)] + c_2 \cdot k_2 / (k_3 - k_2) + c_3$$

Nach Einsetzen und Umformung ergibt sich

$$c_3 = m_0 \cdot k_1 \cdot k_2 / [(k_1 - k_3) \cdot (k_2 - k_3)]$$

Als Endgleichung ergibt sich

$$m_1 = m_0 \cdot e^{-k_1 t}$$

$$m_2 = k_1 \, m_0 / (k_2 - k_1) \cdot (e^{-k_1 t} - e^{-k_2 t})$$

$$m_3 = k_1 \, k_2 \, m_0 \left\{ \frac{e^{-k_1 t}}{(k_2 - k_1)(k_3 - k_1)} + \frac{e^{-k_2 t}}{(k_1 - k_2)(k_3 - k_2)} + \frac{e^{-k_3 t}}{(k_1 - k_3)(k_2 - k_3)} \right\}$$

identisch mit den Gleichungen 2.20 bis 2.24.


## 2.4
## Numerische Lösungsverfahren für gewöhnliche Differentialgleichungen

### 2.4.1
### Vor- und Nachteile numerischer Verfahren

Numerik ist ein Spezialgebiet der Mathematik und beschäftigt sich mit der *Lösung* von Gleichungen, d. h. mit dem Finden eines möglichst exakten Zahlenwertes. Die numerischen Methoden sind *iterativ*, d. h. es wird Schritt für Schritt vorgegangen. Dies ist „mit Hand" äußerst mühsam. Durch Verwendung von Rechenmaschinen (Computern) jedoch sind numerische Verfahren „hoffähig" geworden und werden vielfach angewandt.

Zunächst nochmals die Vor- und Nachteile analytischer Lösungsverfahren:

Analytische Lösungen haben gegenüber numerischen Lösungsverfahren die Vorteile der leichteren Handhabung, der einfacheren Rechnung, der Stabilität der Lösung und der Vermeidung der numerischen Fehler. Die resultierenden Computerprogramme können auch auf kleinen Rechnern laufen oder sogar mit Taschenrechner gelöst werden.

Nachteile: Nicht für alle Bedingungen lassen sich Lösungen finden. Variable Anfangs- und Randbedingungen können nur bis zu einem gewissen Grade berücksichtigt werden.

Bei numerischen Lösungsverfahren entfallen viele der Einschränkungen, die zur Gewinnung der analytischen Lösung erforderlich sind. Dies erlaubt natürlich verbesserte Modellbildung, allerdings nimmt der (Daten- und Rechen-) Aufwand beträchtlich zu. Ein sehr wichtiges Problem ist die Genauigkeit der numerischen Lösung: Möglicherweise ergibt ein numerisches Verfahren völlig irreale Werte !

Die Betrachtung der Numerik hier orientiert sich an der Didaktik, d. h. das Prinzip und etwas „Handwerkszeug" eines Modellierers wird aufgezeigt. Herleitungen, Beweise und Vertiefungen sowie höher entwickelte Verfahren müssen aus der Spezialliteratur zur Numerik gewonnen werden, soweit erforderlich.

Alle linearen Differentialgleichungen mit konstanten Koeffizienten und konstantem Input sind analytisch lösbar. Die in späteren Kapiteln vorgestellten Modelle werden nahezu alle analytisch gelöst. Der Sinn und Zweck liegt im allgemeinen Verständnis der Umweltsystemanalyse und nicht in der Simulation spezieller Fallbeispiele. Zudem sind analytische Lösungen für den Leser nachvollziehbar und nachrechenbar. Dies ist ein ganz erheblicher Vorteil für die Vertrauenswürdigkeit der Ergebnisse !

## 2.4.2
### Eulersches Einschrittverfahren

Das Eulersche Einschrittverfahren ist das einfachste aller numerischer Verfahren zur Lösung gewöhnlicher Differentialgleichungen (und keineswegs das genaueste !). Aufgrund der Anschaulichkeit ist es gut geeignet zur Vermittlung des Prinzips.

Beispiel: Reaktion erster Ordnung, ohne Zufluß (Gl. 2.5)

$$dC/dt = -kC$$

Man ersetzt den Differentialquotienten $dC/dt$ durch den Differenzenquotienten $\Delta C/\Delta t$. Laut Definition ist ja $dC/dt$ der Limes von $\Delta C/\Delta t$ für $\Delta t \to 0$. Es ergibt sich:

$$\Delta C(t)/\Delta t = - kC(t) \quad \text{und} \tag{2.31}$$

$$\Delta C(t) = -k\, C(t)Dt \tag{2.32}$$

Für $C(t+\Delta t)$ ergibt sich dann

$$C(t+\Delta t) = C(t) + \Delta C(t) = C(t) - k\, C(t)Dt \tag{2.33}$$

und von vorne:

$$C(t+\Delta t+\Delta t) = C(t+\Delta t) + \Delta C(t+\Delta t) = C(t+\Delta t) - k\, C(t+\Delta t)Dt \ldots$$

Kritisch ist bei diesem Lösungsverfahren die Wahl der Schrittweite. $\Delta t$ muß klein genug gewählt werden, so daß die lineare Approximation keine zu großen Abweichungen ergibt. Bei zu kleinem Zeitschritt können sich Rundungsfehler einschleichen (es wird ja entsprechend öfter iteriert). Leider gibt es beim Euler-Verfahren kein exaktes Kriterium zur Bestimmung des optimalen Zeitschrittes. Variiert man den Zeitschritt und ergibt sich keine Änderung des Ergebnisses, hat man meistens einen brauchbaren Zeitschritt gefunden. Probleme gibt es vor allem bei Kurvenformen mit raschen Änderungen (z. B. Spitzen, Knicke, Unstetigkeiten etc.). In diesem Fall muß $\Delta t$ sehr klein gewählt werden, was die Geduld und die Rechenmaschine strapaziert.

### 2.4.3
### Runge-Kutta-Verfahren (4.Ordnung)

Obwohl das Eulersche Einschrittverfahren so einfach und anschaulich ist, wird es selten genutzt. Als klassisches Verfahren findet hingegen das *Runge-Kutta*-Verfahren 4. Ordnung Verwendung (z. B. Wenzel 1987).

Beim Verfahren von Runge und Kutta werden zunächst *vier* Näherungen für $C(t+\Delta t)$ bzw. $y(x+\Delta x)$ hergestellt; dabei wird jeweils ein Teilstück weit gerechnet, und mit dem Ergebnis für diesen Teilschritt der nächste Teilschritt errechnet usw. Das Ergebnis für den Gesamtschritt wird dann aus den vier Teilschritten gewichtet ermittelt. In unserem Beispiel mit der Reaktionskinetik erster Ordnung sieht das dann so aus:

*Runge-Kutta-Verfahren* 4. Ordnung

erster Schritt

$$v1 = - k\ C \tag{2.34a}$$

zweiter Schritt

$$v2 = - k\ (C + 0.5\ \Delta t\ v1) \tag{2.34b}$$

dritter Schritt

$$v3 = - k\ (C + 0.5\ \Delta t\ v2) \tag{2.34c}$$

vierter Schritt

$$v4 = - k\ (C + 0.5\ \Delta t\ v3) \tag{2.34d}$$

und

$$\Delta C = \Delta t\ (v1 + 2\ v2 + 2\ v3 + v4)/6 \tag{2.35}$$

und analog zu 2.33:

$$C(t+\Delta t) = C(t) + \Delta C$$

und so weiter für die folgenden Zeitschritte ...

Beim Runge-Kutta-Verfahren gibt es ein Kriterium für die Zeitschrittwahl: Der absolute Betrag des Unterschieds zwischen v2 und v3 soll möglichst die Größenordnung von einigen Prozent des absoluten Betrages des Unterschiedes zwischen v1 und v2 nicht überschreiten, d. h. etwa

$$\text{testgröße} = |(v2 - v3)/(v1 - v2)| < 0.05 \tag{2.36}$$

Obige Lösung war ein Spezialfall. Allgemein gilt (Wenzel 1987):

Sei $y = y(x)$ eine Lösung der Anfangswertaufgabe
$dy/dx = f(x,y)$, $y(x_0) = y_0$

An gegebenen Stellen $x_1$, $x_2$, $x_3$... des Definitionsbereiches der Lösung $y(x)$ der Anfangswertaufgabe sollen *Näherungswerte* $y_1, y_2, y_3$... für die (exakten) Werte $y(x_1)$, $y(x_2)$, $y(x_3)$ ermittelt werden. Die Differenz $\Delta x_v = x_{v+1} - x_v$ ($v=0,1,2,...$) heißt *Schrittweite* h (auch Maschenweite).

Die vier Teillösungen seien bezeichnet mit $y^I_{v+1}$, $y^{II}_{v+1}$, $y^{III}_{v+1}$ und $y^{IV}_{v+1}$.

Es ist

$$y^I_{v+1} = y_v + h\, f(x_v, y_v) \tag{2.37a}$$

$$y^{II}_{v+1} = y_v + h\, f(x_v + h/2, \, 1/2(y_v + y^I_{v+1})) \tag{2.37b}$$

$$y^{III}_{v+1} = y_v + h\, f(x_v + h/2, \, 1/2(y_v + y^{II}_{v+1})) \tag{2.37c}$$

$$y^{IV}_{v+1} = y_v + h\, f(x_v + h, \, y^{III}_{v+1}) \tag{2.37d}$$

und

$$y_{v+1} = (y^I_{v+1} + 2\, y^{II}_{v+1} + 2\, y^{III}_{v+1} + y^{IV}_{v+1})/6 \tag{2.38}$$

Näheres sowie erweiterte Runge-Kutta-Verfahren entnehme man der Spezialliteratur zur Numerik von Differentialgleichungen.


### 2.4.4
### Vergleich von Euler-, Runge-Kutta-Verfahren und analytischer Lösung

Der Vergleich zwischen Euler-Verfahren, Runge-Kutta-Verfahren und analytischer Lösung ist am Beipiel der Aufgabe 2 in Tabelle 2.1 aufgelistet. Euler geht ganz schön in die Knie, Runge-Kutta weicht um weniger als ein Prozent ab. Euler-Methode und Runge-Kutta-Verfahren dienen der numerischen Lösung gewöhnlicher Differentialgleichungen. Das Runge-Kutta-Verfahren ist klar die bessere Lösung, wenngleich etwas aufwendiger.


**Tabelle 2.1** Abbau von Trichlorethen (siehe Aufgaben zu Kapitel 2)

| Zeit (Tage) | Euler | Runge-Kutta | Exakt |
|---|---|---|---|
| 50 | 50,0000 | 60,6771 | 60,6531 |
| 100 | 25,0000 | 36,8171 | 36,7879 |
| 150 | 12,5000 | 22,3395 | 22,3130 |
| 200 | 6,25000 | 13,5550 | 13,5335 |
| 250 | 3,12500 | 8,22477 | 8,20850 |
| 300 | 1,56250 | 4,99055 | 4,97871 |
| 350 | 0,78125 | 3,02812 | 3,01974 |

Ausgangskonzentration $C(0) = 100$ mg/l, Abbaurate $= 0,01$ d$^{-1}$ und Zeitschritt $\Delta t = 50$ Tage (sehr lang).
Testgröße $|(v2 - v3)/(v1 - v2)| = 0,25$ (Soll: $< 0,05$).

Es kann Fälle geben, in denen Euler der Runge-Kutta-Methode überlegen ist, und zwar (bei gekoppelten Gleichungen) im Fall ‚steifer‘ Matrizen, das heißt wenn die Koeffizienten der Matrix sehr unterschiedlich sind (z. B. zwischen 100 und $10^{-5}$). Diesen Fall hat man bei der Simulation von Umweltvorgängen, insbesondere bei der Betrachtung verschiedener Umweltmedien. Allerdings wird man optimalerweise ein anderes Verfahren, z. B. ein Prediktor-Korrektor-Verfahren mit variabler Schrittweite verwenden, oder aber den langsamen und den schnellen Prozeß bei der Modellierung entkoppeln.

## Aufgaben zu Kapitel 2

### Abbaukette

Trichlorethen ($C_2HCl_3$) ist ein Lösungsmittel. Es wurde weltweit in Millionen Tonnen hergestellt (Produktion abnehmend) und in der Metall- und Textilbranche u. a. verwendet. Leider bemerkte man zu spät, daß es durch Beton sickern kann. Nun gibt es Tausende von Altlasten (verschmutztes Grundwasser).

Tri wird abgebaut zu (cis und trans) Dichlorethen mit einer Bioabbaurate von $\lambda = 0{,}01$ $d^{-1}$, dieses mit einer Rate von $0{,}11$ $d^{-1}$ zu Vinylchlorid (krebserregend !) und dieses mit einer Rate von $0{,}002$ $d^{-1}$ zu Ethen (weitgehend harmlos) (alle Raten erster Ordnung).

$$\text{Tri} \xrightarrow{\lambda=0{,}01\ d^{-1}} \text{Di} \xrightarrow{\lambda=0{,}11\ d^{-1}} \text{VC} \xrightarrow{\lambda=0{,}002\ d^{-1}} \text{Ethen}$$

a) Wenn die Ausgangskonzentration von Tri 100 mg/l ist, wie ist dessen Konzentration nach einem Jahr?
b) Wie ist die Konzentration von Vinylchlorid nach einem Jahr?
   (Hinweis: vernachlässigen Sie den schnellen Zwischenschritt Dichlorethen).

# Kapitel 3
# Transport- und Transformationsprozesse

Bisher haben wir Wechselwirkungen in einem Kompartimentsystem als Zu- und Abflüsse bezeichnet, ohne näher auf die zugrunde liegenden physikalisch-chemischen Prozesse einzugehen. Unter Prozessen wollen wir alle Vorgänge verstehen, denen chemische Stoffe unterliegen können. In der Umwelt sind dies z. B. der Transport in einem Fließgewässer oder der Abbau durch Sonnenlicht. Im folgenden werden die grundlegenden Prozesse behandelt, die zu Massen- und damit Konzentrationsänderungen führen. Zuerst werden wir auf die physikalischen Transportprozesse der Diffusion, der Advektion (oder Konvektion) und der Dispersion eingehen. Daran schließen sich die abiotischen chemischen Reaktionsprozesse der Hydrolyse, Oxidation und Photolyse sowie biotischer Abbau und Metabolisierung an.

## 3.1
## Diffusion

Experiment: Man gebe vorsichtig einen Tropfen Tinte in ein Wasserglas. Zunächst ist der Tropfen deutlich abgegrenzt tiefblau. Nach einer relativ kurzen Zeit aber ist das Wasser gleichmäßig eingefärbt. Dies erfolgt durch die ungerichtete, zufällige Bewegung von Wasser wie Tinte in alle Richtungen. Dadurch ergibt sich ohne äußere Einwirkung eine Vermischung.

Die mikroskopische Wärmebewegung von Molekülen führt zur Durchmischung und damit makroskopisch zum Ausgleich von Konzentrationsunterschieden. Teilchen oder Moleküle strömen von Orten höherer zu Orten niederer Konzentration. Dieser Zusammenhang wurde von Fick 1855 mathematisch formuliert (*erstes Ficksches Gesetz*, Barrow 1977) und wird molekulare Diffusion genannt:

Im eindimensionalen Fall beträgt der Stofffluß $N_{diff}$ durch die Fläche A (m²) der Dicke $\Delta x$ (m) bei einem Konzentrationsunterschied $\Delta C$ (kg $\cdot$ m⁻³) :

$$N_{diff} = J_{diff} \cdot A = - A \cdot D \cdot \Delta C / \Delta x \tag{3.1}$$

$J_{diff}$ ist der Nettofluß des Stoffes durch die Einheitsfläche (kg $\cdot$ s⁻¹ $\cdot$ m⁻²), D ist der Diffusionskoeffizient (m²s⁻¹) und $\Delta C / \Delta x$ ist der Konzentrationsgradient (kg $\cdot$ m⁻³ $\cdot$ m⁻¹). Die treibende Kraft für die Diffusion sind Änderungen der Konzentration mit dem Ort. Das Minuszeichen rührt von der Konvention her, daß ein Fluß in positiver x-Richtung stattfindet, wenn der Konzentrationsgradient negativ ist.

Geltungsbereich: Das erste Ficksche Gesetz gilt nur bei

- isotropem Medium (d. h. Struktur des Mediums und Diffusionskoeffizient in alle Richtungen gleich)
- Fluß durch Diffusion normal zur Fläche
- konstantem Konzentrationsgradienten.

Der Diffusionskoeffizient D hat bei Gasen die Größenordnung $10^{-5}$ bis $10^{-4}$ $m^2 \cdot s^{-1}$, bei Flüssigkeiten um $10^{-9}$ $m^2 \cdot s^{-1}$ und bei Festkörpern um $10^{-14}$ $m^2 \cdot s^{-1}$. Man ersieht daraus, daß D primär vom Aggregatzustand abhängt und die Diffusion von Gasen am bedeutendsten ist (Barrow 1977). Die Diffusionsgeschwindigkeit ist proportional zur Temperatur und umgekehrt proportional zum Molekülvolumen. Dieses steht wiederum in Beziehung zur Wurzel der molaren Massen M. Das Verhältnis der Diffusionskoeffizienten zweier Substanzen im gleichen Medium ist daher angenähert (Tinsley 1979)

$$D_i / D_j \approx (M_j / M_i)^{0,5} \tag{3.2}$$

M ist die molare Masse (g/mol), i und j sind Indizes für zwei verschiedene Chemikalien. Damit kann ein unbekannter Diffusionskoeffizient in guter Näherung aus bekannten Werten berechnet werden (vgl. Kapitel 11.7, Abschätzung von Diffusionskoeffizienten, Gl. 11.13).

Der Quotient aus Diffusionskoeffizient und -weg ergibt den Leitwert g (m/s) (engl. *conductance*), der ein Maß für die Austauschgeschwindigkeit ist. Der Leitwert g ist reziprok zum Widerstand r (engl. *resistance*) (s/m) (Gates 1980):

$$D / \Delta x = 1/r = g \tag{3.3}$$

Müssen mehrere Widerstände beachtet werden, gelten für die Berechnung des Gesamtwiderstands dieselben Kirchhoffschen Gesetze wie für die Berechnung des elektrischen Widerstandes (Gates 1980). Bei einer Reihen- oder Serienanordnung folgen die Widerstände hintereinander, das heißt, der Stoff überwindet nacheinander jeden Widerstand, und der Gesamtwiderstand ist gleich der Summe der Einzelwiderstände. Sind die Widerstände parallel angeordnet, werden die Leitwerte addiert (Kuchling 1981):

Serielle Anordnung der Widerstände:

$$r_{gesamt} = r_1 + r_2 + \ldots + r_n \tag{3.4}$$

Parallele Anordnung der Widerstände:

$$g_{gesamt} = g_1 + g_2 + \ldots + g_n \quad \text{und} \tag{3.5}$$

$$r_{gesamt} = 1 / g_{gesamt} \tag{3.6}$$

## Zweites Ficksches Gesetz

Diffusion tritt nicht nur als diffusiver Austausch zwischen räumlich diskreten Systemen auf, sondern auch in räumlich kontinuierlichen Phasen wie Wasser oder Luft (z. B. beim Tintentropfen in Wasser). Wir wollen nun die räumliche Abhängigkeit explizit berücksichtigen, wobei vereinfacht (eindimensional) nur x als unabhängige

Ortsvariable eingeführt wird. Der Ausdruck $N_{diff}$ in Gl. 3.1 ist gleichbedeutend mit der Änderung der Masse im Zeitintervall $\Delta t$, also dem Differenzenquotienten $\Delta m / \Delta t$:

$$\Delta m / \Delta t = - A \cdot D \cdot \Delta C / \Delta x \tag{3.7}$$

Mit $C = m / V$ ist $C$ nun von $x$ und $t$ abhängig. Deshalb müssen die partiellen Differentialquotienten gebildet werden, und es ergibt sich das 1. Ficksche Gesetz in differentieller Form:

$$\partial C / \partial t = - A / V \cdot D \cdot \partial C / \partial x \tag{3.8}$$

Wenn nun der Konzentrationsgradient selber wiederum vom Ort $\Delta x = -V / A$ abhängt, d. h. $\Delta / \Delta x \cdot \Delta C / \Delta x$, folgt aus dem ersten Fickschen Gesetz

$$\partial C / \partial t = \Delta / \Delta x \, (D \cdot \partial C / \partial x) \tag{3.9}$$

und man erhält wiederum beim Übergang zum Differentialquotienten das *zweite Ficksche Gesetz*:

$$\partial C / \partial t = \partial / \partial x \, (D \, \partial C / \partial x) \tag{3.10}$$

und bei konstantem $D$

$$\partial C / \partial t = D \cdot \partial^2 C / \partial x^2 \tag{3.11}$$

Dabei wird vereinfachend angenommen, daß der Diffusionskoeffizient $D$ ortsunabhängig ist, was in der Umwelt, z. B. bei Temperaturunterschieden oder Salzgehaltsänderungen, allgemein bei anisotropem Medium, nicht immer der Fall ist. Für drei Dimensionen $x$, $y$ und $z$ lautet die Diffusionsgleichung (Crank 1970):

$$\frac{\partial C}{\partial t} = D_x \frac{\partial^2 C}{\partial x^2} + D_y \frac{\partial^2 C}{\partial y^2} + D_z \frac{\partial^2 C}{\partial z^2} \tag{3.12}$$

Hier bezeichnen $D_x$, $D_y$ und $D_z$ jeweils die Diffusionskoeffizienten für die drei räumlichen Koordinaten $x$, $y$ und $z$.

## 3.2
## Dispersion

Molekulare Diffusion taucht in allen Umweltmedien auf, z. B. in der Luft, in Wasser, und in Böden. **Diffusion ist eine Eigenschaft des Moleküls** (Wärmebewegung). Andere Mischungsprozesse lassen sich mit analogen Gleichungen beschreiben, obwohl ihre Ursache nicht die molekulare Diffusion ist. Durch Turbulenz des bewegten umgebenden Mediums (zufällige Geschwindigkeitsschwankungen in eine oder alle Richtungen) wird ein ähnlicher Durchmischungsprozeß erzeugt. Dieser wird **Dispersion** genannt. **Dispersion ist eine Eigenschaft des bewegten umgebenden Mediums** und von Moleküleigenschaften unabhängig. Dispersion ist oftmals um etliche Größenordnungen schneller als die reine Diffusion. Formal kann die Dispersion wie die molekulare Diffusion in Gl. 3.1 bzw. Gl. 3.13 beschrieben werden (Kinzelbach 1992):

$$N_{disp} = J_{disp} \cdot A = - D_{disp} \cdot A \cdot \Delta C / \Delta x \tag{3.13}$$

$$\partial C / \partial t = D_{disp} \cdot \partial^2 C / \partial x^2 \tag{3.14}$$

Hier tritt anstelle des molekularen Diffusionskoeffizienten der Dispersionskoeffizient $D_{disp}$ auf. Man kann sich die Analogie damit verständlich machen, daß durch turbulente Vermischung ein zunächst vorhandener Konzentrationsunterschied ausgeglichen wird. Vorraussetzung dafür ist jedoch – im Gegensatz zur molekularen Diffusion – ein bewegtes Medium (sonst tritt keine Turbulenz auf). Dispersion ist also immer mit einer Strömung verbunden. Daraus resultiert ein weiterer Unterschied zur Diffusion: Die Dispersion ist anisotrop. So ist der transversale Dispersionskoeffizient (senkrecht zur Fließrichtung) meist geringer als der longitudinale (in Fließrichtung). Das führt bei punktförmigen Einleitungen in Fließgewässer dazu, daß die Schadstoffahne oftmals lange erhalten bleibt (siehe dazu Kapitel 6). Bei Strömungen im porösen Medium (z. B. Boden oder Grundwasserleiter) resultiert die Dispersion aus den unterschiedlich langen Bahnlinien im Porenraum. In der Meteorologie spricht man wegen der Analogie der Dispersion zur Diffusion auch von „eddy diffusion". Der Dispersionskoeffizient ist i.A. eine **empirische Größe**. Er wird meist durch Kurvenanpassung und/oder durch Tracerversuche ermittelt.

## 3.3
## Advektion (Konvektion)

Durch die Bewegung des Mediums (Fließen, Strömen) wird ein darin enthaltener Stoff mittransportiert. Man spricht von Advektion (Beibewegung) oder Konvektion (Mitbewegung). Wir gehen wieder, wie bei der Diffusion, vom eindimensionalen Stofffluß N ($kg \cdot s^{-1}$) aus. Es fließe ein in Wasser gelöster Stoff der Konzentration C mit der Fließgeschwindigkeit (des Mediums) u ($m \cdot s^{-1}$) durch die Querschnittsfläche A (senkrecht zu u):

$$N_{adv} = J_{adv} \cdot A = A \cdot u \cdot C \tag{3.15}$$

Analog zur Diffusion kann der Stofffluß $N_{adv}$ durch die differentielle zeitliche Änderung der Konzentration ausgedrückt werden:

$$\partial C / \partial t = A / V \cdot u \cdot C \tag{3.16}$$

Falls C und u nicht konstant, sondern ortsabhängig im Intervall $\Delta x = -V/A$ sind, folgt

$$\partial C / \partial t = - \Delta / \Delta x \cdot (u \cdot C) \tag{3.17}$$

Bei einem räumlich kontinuierlichen Fließen kann der Differenzenquotient durch den Differentialquotient ersetzt werden und man erhält

$$\partial C / \partial t = - \partial(u \cdot C) / \partial x \tag{3.18}$$

Dies ist die *Kontinuitätsgleichung*, die auf der Massen- bzw. Energieerhaltung bei allen Strömungsvorgängen (Wärme, elektrischer Strom, Stofffluß) beruht.

In der Umwelt kann man oft näherungsweise, zumindest stückweise, von einer konstanten Fließgeschwindigkeit ausgehen, so daß sich Gl. 3.18 vereinfacht:

$$\partial C / \partial t = - u \cdot \partial C / \partial x \tag{3.19}$$

Diffusion (Dispersion) und Advektion sind universelle Vorgänge. Folglich treten sie auch in allen Umweltmedien auf. Ihre Beschreibung ist daher die Grundlage vieler Transportmodelle für Chemikalien in Wasser, Boden, Luft und Pflanze. Dies wird in den folgenden Kapiteln angewandt. Die Menge des Stoffes nimmt weder durch Advektion noch durch Diffusion bzw. Dispersion ab. Es handelt sich um reine Transportprozesse.

## 3.4
## Kombination von Diffusion, Dispersion und Advektion

Durch Kombination des diffusiven und dispersiven Transportterms mit dem advektiven Transportterm erhält man die **Diffusions / Dispersions-Advektionsgleichung**. Bei Betrachtung einer Dimension gilt mit D hier = Summe von Diffusions- und Dispersionskoeffizient:

$$\frac{\partial C}{\partial t} + u\,\frac{\partial C}{\partial x} = D\,\frac{\partial^2 C}{\partial x^2} \qquad (3.20)$$

### Basislösung der Diffusions-Advektionsgleichung

Der rechentechnische Vorteil der Kompartimentalisierung der Umwelt liegt darin, daß man keine räumlichen Abhängigkeiten zu berücksichtigen hat, denn man nimmt ja homogene Mischung der Kompartimente an. Dies führt dazu, daß man nur *zeitliche* Änderungen berücksichtigen muß. Es resultieren *gewöhnliche* Differentialgleichungen. Betrachtet man jedoch sowohl *zeitliche* als auch *räumliche* Änderungen, resultieren *partielle* Differentialgleichungen. Den Transport von Stoffen beschreibt allgemein die *Diffusions-Advektionsgleichung*.

Zur Lösung partieller Differentialgleichungen muß man nicht nur die *Anfangsbedingungen* (zeitlich), sondern auch die *Randbedingungen* (räumlich) beachten. Zur analytischen Lösung partieller Differentialgleichungen gibt es Techniken wie die *Separation der Variablen* oder die *Laplace-Transformation* (Crank 1970). Darauf soll hier nicht näher eingegangen werden. Es werden aber einige grundlegende (und später verwendete) Lösungen dargestellt.

Hier eine einfache Basislösung mit den Rand- und Anfangsbedingungen

- der (Diffusions-)Dispersionskoeffizient ist zeitlich und räumlich konstant,
- der Stoffeintrag $m_0$ (kg) erfolgt am Punkt x=0 zur Zeit t=0,
- der Flußquerschnitt A (m$^2$) ist konstant,
- die Fließgeschwindigkeit u (m/s) ist konstant.
- C ($\infty$,t) = 0 (keine räumliche Begrenzung)

$$C(x,t) = \frac{m_0/A}{(4\,\pi\,D\,t)^{1/2}}\ \exp - \frac{(x - u\,t)^2}{4\,D\,t} \qquad (3.21)$$

$m_0$ : Stoffeintrag (kg) zur Zeit t=0, A: Fließquerschnitt (m²), t: Fließzeit (s), x: Fließstrecke (m), u: Fließgeschwindigkeit (m · s⁻¹), D: Summe aus Diffusions- und Dispersionskoeffizient (m² · s⁻¹). Die Advektion drückt sich in einer Transformation der
Koordinate x mit der zurückgelegten Fließstrecke u · t aus.

Man erkennt die Ähnlichkeit zur *Normalverteilung* einer Zufallsvariablen (die Gleichung ist abgebildet auf den neuen 10 DM Scheinen). Eine stetige Zufallsvariable mit
der Wahrscheinlichkeitsdichte f(x) nennt man normalverteilt, wenn

$$f(x) = \frac{1}{\sigma\,(2\,\pi)^{1/2}}\ \exp - \frac{(x - \mu)^2}{2\,\sigma^2} \tag{3.22}$$

$\mu$ = Erwartungswert
$\sigma$ = Standardabweichung

Die Normalverteilung resultiert (bewiesen durch den zentralen Grenzwertsatz) aus
der Überlagerung n (n → ∞) unabhängiger zufälliger Ereignisse gleicher Größenordnung (Sachs 1992). Die Diffusion beruht auf der zufälligen richtungslosen Bewegung
von Molekülen, die resultierende Konzentrationsverteilung ist daher normalverteilt.

### Übungsbeispiel 3.1: Tankwagenunfall, Dispersion

Ein Tankwagen mit 10 Tonnen Fracht kippt in den Mittelrhein und zerbirst, d. h. $m_0$ =
10 000 kg. Der Rhein ist in diesem Bereich 333 m breit und ca. 3 Meter tief. Der
Fließquerschnitt A ist also 1 000 m². Die Dispersion entsteht aus unterschiedlicher
Fließgeschwindigkeit in der Mitte, an den Ufern, am Flußbett. Ein ungefährer Wert ist
500 m²/s (Erfahrungswert, ≫ molekulare Diffusion). Betrachten wir zunächst nur
die Dispersion (Fließgeschwindigkeit u = 0). Zu errechnen ist die Konzentration C an
verschiedenen Orten x zu verschiedener Zeit t. Das Ergebnis ist in Abbildung 3.1 gezeigt:

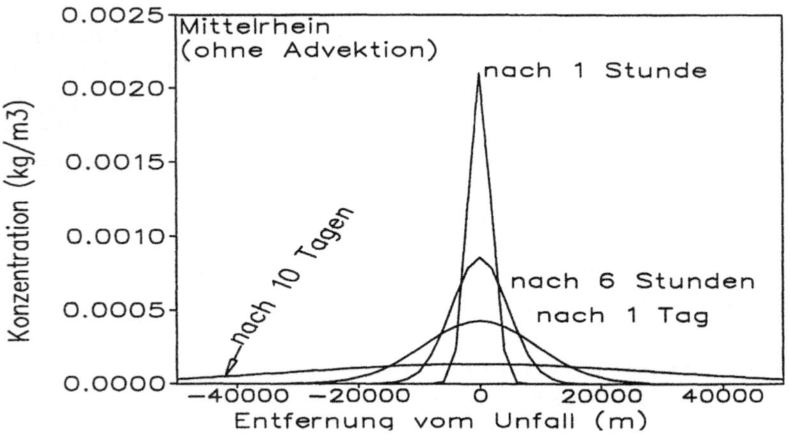


Abb. 3.1 Effekt der Dispersion

Der ‚Peak' verbreitert sich aufgrund der Dispersion. Die **Masse** bleibt unverändert, aber die **Spitzenkonzentration** nimmt ab. Dafür werden immer breitere Flußabschnitte betroffen. Das Beispiel ist natürlich fiktiv, denn ohne Fließen entsteht keine longitudinale Dispersion.

### Übungsbeispiel 3.2: Tankwagenunfall, Dispersion und Advektion

In Flüssen gibt es immer gleichzeitig Dispersion, Diffusion und Advektion. Da bei normalen Fließgeschwindigkeiten die Dispersion wesentlich größer als die Diffusion ist, kann letztere vernachlässigt werden; hingegen ist die Advektion sehr wichtig. Berücksichtigt man diese, bleibt die Lösung der Dispersions-Advektionsgleichung gleich, ebenso alle Randbedingungen und die Eingabeparameter, nur sei jetzt die Fließgeschwindigkeit $u = 1$ m / s. Es ergibt sich das Ergebnis in Abb. 3.2. Während das Wasser flußabwärts fließt, verbreitert sich der Schadstoffpeak wie gehabt. Gleichzeitig verschiebt sich aber durch die Advektion das Koordinatensystem. Wiederum bleibt die Masse M insgesamt erhalten, aber die Spitzenkonzentration nimmt ab *und wandert*. Folglich sind immer neue Flußabschnitte (flußabwärts) betroffen, und zwar von geringerer Spitzenkonzentration, dafür über einen längeren Zeitraum.

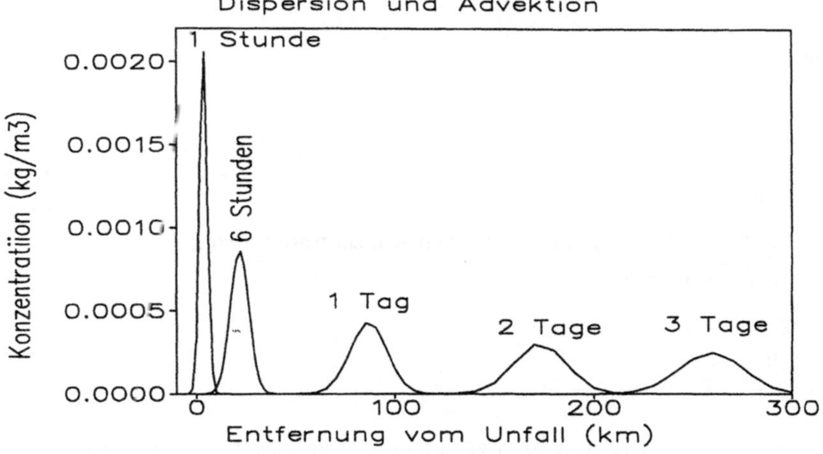


**Abb. 3.2.** Effekt von Dispersion und Advektion

## 3.5
## Reaktionen, Metabolisierung und Elimination

Verändert werden kann die Menge des Stoffes durch chemische / biochemische Reaktionen. Reaktionen in der Umwelt können z. B. sein:

- Hydrolyse (Reaktion mit Wasser)
- Photolyse (Reaktion mit Licht, auch UV, oder durch Lichtenergie erzeugte reaktive Radikale)

– Bioabbau (Reaktion mit Enzymen oder anderen biogenen Stoffen)
– Oxidation (Reaktion mit Sauerstoffradikalen oder Verbrennung)
– Metabolisierung (Änderung im Stoffwechsel, dabei u. U. keine Zerstörung des Stoffes)

Um den zeitlichen Verlauf von Reaktionen zu beschreiben, definiert man als Geschwindigkeit einer Reaktion die pro Zeiteinheit umgesetzte Konzentration eines Reaktionspartners. Gegeben sei eine Reaktion der Form

Reaktionspartner k + Reaktionspartner l → Produkte

mit den Konzentrationen $C_k$ bzw. $C_l$ der Reaktionspartner. Hängt die Reaktionsgeschwindigkeit nicht von den Konzentrationen der Reaktionspartner ab, dann liegt eine Reaktion **nullter Ordnung** vor. Hängt die Reaktionsgeschwindigkeit nur von der Konzentration eines Reaktionspartners $C_k$ ab, dann liegt eine Reaktion **erster Ordnung** vor. Liegt bei einer Reaktion ein Partner im Überschuß vor, dann ist die Reaktion häufig erster Ordnung. Reaktionen verlaufen nach **zweiter Ordnung**, wenn die Reaktionsgeschwindigkeit dem Produkt der Konzentrationen zweier Partner k und l proportional ist. Reaktionen zweiter Ordnung können auftreten, wenn zwei Reaktionspartner in gleichen Konzentrationen vorliegen. Reaktionen höherer Ordnung sind selten (Netter 1951).


**Gleichungen**

*0. Ordnung*

$$dC/dt = -\lambda^0 \tag{3.23}$$
$$C(t) = C_0 - \lambda^0\, t \tag{3.24}$$

$\lambda^0$: Reaktionsrate 0. Ordnung mit der Einheit Konzentration pro Zeit.
$C_0 = C\ (t=0)$ Anfangswert

*1. Ordnung*

$$dC/dt = -\lambda C \tag{3.25}$$
$$C(t) = C_0\, e^{-\lambda t} \tag{3.26}$$

$\lambda$: hier Reaktionsrate 1. Ordnung mit der Einheit 1/Zeit. Liegen mehrere Reaktionen erster Ordnung vor, kann man die Raten addieren:

$$\lambda_{gesamt} = \lambda_1 + \lambda_2 + \lambda_3 + \ldots + \lambda_n \tag{3.27}$$

*2. Ordnung*

$$dC_k/dt = -\lambda' \cdot C_k \cdot C_l \tag{3.28}$$

$\lambda'$ ist die Reaktionsrate zweiter Ordnung mit der Einheit 1/(Zeit · Konzentration).

*Pseudo-erster Ordnung*

Liegt eigentlich eine Reaktion höherer Ordnung vor, kann diese in eine Reaktion ‚pseudo‘-erster Ordnung überführt werden, indem man die Reaktionsrate zweiter Ordnung mit der Konzentration des Reaktanden multipliziert:

$$\lambda = -\lambda^\varsigma \cdot C_1 \qquad\qquad (3.33)$$

$C_1$ ist die Konzentration des Reaktanden.

*Michaelis-Menten-Kinetik*

Die Geschwindigkeit einer enzymatisch katalysierten Umsetzung v (Stoffmenge pro Zeiteinheit) ist außer von der Konzentration des Enzyms und des Substrats (C) von der Affinität des Enzyms zum Substrat ($K_m$) und seiner maximalen Geschwindigkeit ($v_{max}$) abhängig. Bei hohen Stoffkonzentrationen wird daher immer ein Sättigungseffekt auftreten. Dies beschreibt die *Michaelis-Menten*-Gleichung:

$$v = (v_{max} \cdot C)/(K_m + C) \qquad\qquad (3.30)$$

Dabei ist $K_m$ die sogenannte *Michaelis-Menten*-Konstante (Schlegel 1981). Sie gibt die Stoff- bzw. Substratkonzentration an, bei der die Enzymaktivität die halbe maximale Geschwindigkeit $v_{max}$ hat. Wenn $C \ll K_m$, dann ist die Umsetzungsgeschwindigkeit näherungsweise linear zu C (Reaktion erster Ordnung). Andererseits, wenn $C \gg K_m$, wird die Umsetzungsgeschwindigkeit maximal $v_{max}$, also unabhängig von C (Reaktion nullter Ordnung). Analog ist die Monod-Kinetik für mikrobiellen Abbau.

## 3.6
## Kombination von Dispersion, Advektion und Elimination

Gegeben seien die einfache analytische Lösung für die Advektions-Dispersionsgleichung sowie die analytische Lösung für den Abbau erster Ordnung. Die Gesamtgleichung für Elimination, Advektion und Dispersion erhält man durch Multiplikation beider Lösungen:

$$c(x,t) = \frac{m/A}{(4\,\pi\,D\,t)^{1/2}} \exp - \frac{(x - u\,t)^2}{4\,D\,t} \exp\,(-\lambda t) \qquad\qquad (3.31)$$

$c(x,t)$: Konzentration des Stoffes an Ort x zur Zeit t in $kg/m^3$

x  : Koordinate in Fließrichtung (m)
t  : Zeit nach der Einleitung (s)
m  : eingeleitete Menge (kg)
A  : Fließquerschnitt ($m^2$)
D  : Dispersionskoeffizient ($m^2/s$)
u  : Fließgeschwindigkeit in x-Richtung (m/s)
$\lambda$  : Reaktionsrate 1. Ordnung ($s^{-1}$)

Diese Gleichung ist nach wie vor sehr einfach zu programmieren.

### Übungsbeispiel 3.3: Tankerunfall mit Elimination

Die Berechnung für unseren Tanklastzug (mit $m_0 = 10\,000$ kg, A = 1 000 $m^2$, D = 500 $m^2 \cdot s^{-1}$, u = 1 $m \cdot s^{-1}$) unter der Annahme, daß die ins Wasser gelangte Chemikalie dort mit einer Halbwertszeit von 1 Tag eliminiert wird ($\lambda = 8 \cdot 10^{-6}\ s^{-1}$), zeigt Abb. 3.3:

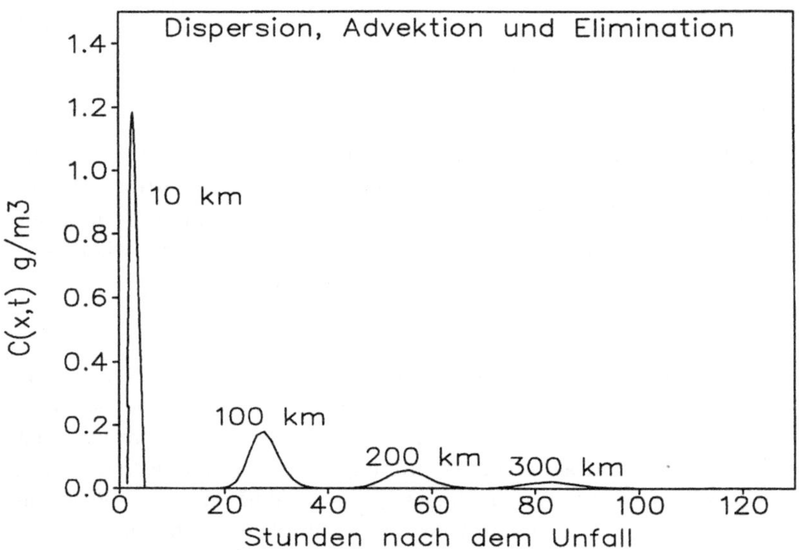


**Abb. 3.3.** Dispersion, Advektion und Elimination.

Die Schadstoffwelle wandert wieder den Fluß hinab, verbreitert sich *und dabei nimmt die Masse deutlich ab*. Nach 300 km (ca. 3,5 Tage) sind von den ursprünglichen 10 000 kg nur noch 890 kg übriggeblieben, denn $m(t) = m_0 \cdot e^{-\lambda t}$.

## 3.7
## Weitere Lösungen der Diffusions-Advektionsgleichung

### Belastete Schicht

Oft hat man eine räumlich belastete Schicht als Inputfunktion (z. B. im Boden). Diesen Fall kann man betrachten als räumliches Integral über mehrere Punktquellen (Crank, 1979, S. 14).

Sei die Ausgangskonzentration der Substanz in der Schicht von $-h < z < h$ gleich $C = C_0$, ansonsten $C = 0$. Für jedes ‚punktförmige' Element $\delta\zeta$ in diesem Bereich ist die Ausgangsstoffmenge $C_0 \cdot \delta\zeta$. Dann ist die Konzentration am Punkt P, Abstand $\zeta$ von diesem Element, zur Zeit t:

$$C = \frac{C_0\,\delta\zeta}{2(\pi D t)^{1/2}}\,\exp\{-\zeta^2/(4Dt)\}$$

Der Ansatz zur Lösung für eine belastete Schicht ist die Überlagerung der Lösung für viele Elemente $\delta\zeta$ bzw. das Integral über $d\zeta$:

$$C(z,t) = \frac{C_0}{2(\pi D t)^{1/2}} \int_{z-h}^{z+h} \exp\{-\zeta^2/(4Dt)\}\,d\zeta$$

mit $\eta = \zeta/(4Dt)^{1/2}$, $a = (z-h)/(4Dt)^{1/2}$ und $b = (z+h)/(4Dt)^{1/2}$ folgt:

$$C(z,t) = \frac{C_0}{\pi^{1/2}} \int_a^b \exp(-\eta^2)\, d\eta \qquad\qquad (3.32)$$

Dieses Integral ist direkt nicht lösbar.

Eine ‚Standardfunktion' der Mathematik ist die *error function* erf(z), die tabelliert ist und für die gute Näherungslösungen existieren. Sie ist definiert als:

$$\text{erf}(z) = \frac{2}{\pi^{1/2}} \int_0^z \exp(-\eta^2)\, d\eta \qquad\qquad (3.33)$$

Die Funktion hat die Eigenschaften
erf(−z) = − erf(z); 1 − erf(z) = erfc(z); erf(0) = 0; erf($\infty$) = 1;
erf(z) = *error function* (siehe Abramowitz und Stegun 1972)[4]
erfc(z): *complementary error function*

Eingesetzt ergibt sich die Lösung des Problems

$$C(z,t) = 1/2 \cdot C_0 \left\{ \text{erf(b)} - \text{erf(a)} \right\} \qquad\qquad (3.34)$$

$$= 1/2 \cdot C_0 \; \text{erf} \left\{ \frac{z+h}{(4Dt)^{1/2}} - \text{erf}\, \frac{z-h}{(4Dt)^{1/2}} \right\}$$

Einige weitere spezielle Lösungen finden sich bei den entsprechenden Modellen (Kapitel 6 bis 8)

## 3.8
## Numerische Lösung der Dispersions-Advektionsgleichung

Mit entsprechenden Verfahren können auch partielle Differentialgleichungen numerisch gelöst werden.

### 3.8.1
### Differenzenschema

Man unterteilt das ursprünglich kontinuierlich vorliegende Problem in Abschnitte. Innerhalb dieser Abschnitte bzw. an den Knoten wird ein homogener Wert angenommen (in unserem Fall: die Konzentration an den Knoten bestimmter Orte und Zeiten).

Berechnet werden die Differenzen zwischen den Knoten (Finite-Differenzen-Methode FDM). Man wandelt also wiederum ein Differential in eine Differenz um.

---

[4] Näherungslösung aus Abramowitz und Stegun (1972) für $0 \le z \le \infty$
  erf(z) = $1 - (a_1 b + a_2 b^2 + a_3 b^3) \cdot e^{-z^2} + \varepsilon(z)$
  $|\varepsilon(z)|$ = Betrag des Fehlers $\le 2{,}5 \cdot 10^{-5}$;
  b = 1 / (1 + pz); p = 0,47047; $a_1$ = 0,3480242; $a_2$ = −0,0958798; $a_3$ = 0,7478556

Beispiel: Ein natürlicher Flußlauf wird entsprechend den hydrologischen Variabilitäten in Segmente unterteilt. Diese Segmente sind von beliebiger Länge und mit beliebigen hydrologischen Eigenschaften. Weiter unterteilt werden die Segmente in Boxen (Abb. 3.4).

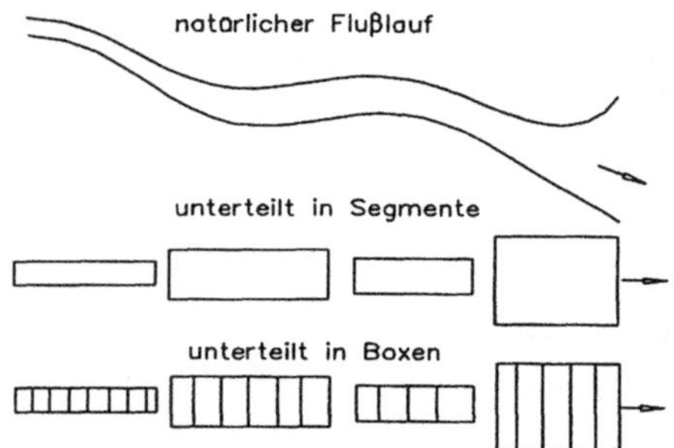


**Abb. 3.4.** Von der Kontinuität zur Box.

Es ergeben sich $\Delta x$ und $\Delta t$ Intervalle. Aus $C_{x,t}$ wird $C_{i,j}$ ; i ist der Index für das Ortssegment (Ortsschritt), j derjenige für die Zeitperiode (Zeitschritt). Die Ableitungen der Dispersions(Diffusions)-Advektionsgleichung (Gl. 3.20) werden durch die Differenzen ersetzt:

$$\frac{\partial C}{\partial t} \approx \frac{C_{i,j+1} - C_{i,j}}{\Delta t}$$

$$u \frac{\partial C}{\partial x} \approx u \frac{C_{i,j} - C_{i-1,j}}{\Delta x}$$

$$D \frac{\partial^2 C}{\partial x^2} \approx D \frac{(C_{i+1,j} - C_{i,j}) - (C_{i,j} - C_{i-1,j})}{(\Delta x)^2}$$

Die Gesamtgleichung lautet also

$$\frac{\partial C}{\partial t} \approx \frac{C_{i,j+1} - C_{i,j}}{\Delta t} =$$

$$D \frac{C_{i+1,j} - 2 C_{i,j} + C_{i-1,j}}{(\Delta x)^2}$$

$$- u \frac{C_{i,j} - C_{i-1,j}}{\cdot x}$$

$$(3.35)$$

Die Differenzen werden aufgelöst nach $C_{i,j+1}$. Die Konzentration zum Zeitpunkt j+1 (j=1,n) hängt also nur ab von Konzentrationen zur Zeit j. Das Verfahren ist *vorwärtsgerichtet*, es wird explizites Finite-Differenzen-Verfahren genannt. Die Konzentrationen von C(i,1), i=1,m, stellen die Anfangsbedingungen dar, der Konzentrationsvektor C(n+1,j) die untere Randbedingung.

Leider ist die Lösung sehr abhängig von der Wahl der Diskretisierung. Das Verfahren ist nur stabil (d. h. es oszilliert nicht) unter folgenden Bedingungen (Kinzelbach 1992):

1. Courant-Kriterium: Aufgrund des advektiven Flusses kann in der Zeitperiode $\Delta t$ nicht mehr aus einer Box herausfließen, als drin ist:

$$CR = \Delta t \cdot u / \Delta x \; < \; 1 \tag{3.36}$$
CR: Courant-Zahl

2. Neumann-Kriterium: Während eines Zeitschrittes können Konzentrationsgradienten zwischen zwei Boxen nicht aufgrund des dispersiven Flusses umgekehrt werden. Es folgt:

$$D \cdot \Delta t / (\Delta x)^2 \; \leq \; 1/2 \tag{3.37}$$

3. Kombination beider: Auch aufgrund der Summe von Dispersion und Advektion kann in der Zeitperiode $\Delta t$ nicht mehr aus einer Box herausfließen, als drin ist:

$$2 \cdot \Delta t \cdot D / (\Delta x)^2 + \Delta t \cdot u / \Delta x \; \leq \; 1 \tag{3.38}$$

Daraus folgt der maximale Zeitschritt $\Delta t$:

$$\Delta t \; \leq \; \Delta x / (2 \cdot D / \Delta x + u) \tag{3.39}$$

Eine weitere Einschränkung, wenn man Reaktionsterme in die Gleichung einbezieht, ist:

$$\Delta t \; \leq \; 1 / \lambda \text{ (hier nicht verwendet).}$$


### 3.8.2
### Berücksichtigung der numerischen Dispersion

Stabilität ist zwar eine Vorbedingung für die Konvergenz des Verfahrens, es bedeutet jedoch nicht, daß damit die richtige Lösung gefunden wird. Ein wichtiges Problem ist die *numerische Dispersion*.

Man betrachte nur die Advektionsgleichung (3.19):

$$\partial C / \partial t + u \, \partial C / \partial x = 0$$

Diese wird durch die Differenzenapproximation zu

$$\Delta C / \Delta t + u \, \Delta C / \Delta x = 0$$

Mit $\Delta C / \Delta x = (C_i - C_{i-1}) / \Delta x$ folgt die Konzentration $C_{i,j+1} = C_{i,j} + \Delta C$ für C an der Stelle x=i zur Zeit j+1:

$$C_{i,j+1} = C_{i,j} - u / \Delta x \, (C_{i,j} - C_{i-1,j}) \, \Delta t \tag{3.40}$$

In Worten: Die Konzentration bei x=i zum darauffolgenden Zeitschritt j+1 ist die Konzentration an dieser Stelle zur vorherigen Zeitperiode $C_{i,j}$ minus dem, was in dieser Zeitperiode aus diesem Segment herausgeflossen ist, plus dem, was aus dem oberen Segment i–1 in dieser Zeitperiode j hineingeflossen ist. Falls nun ein Schadstoffpaket zur Zeit t den Knoten (i,j) verläßt, wird es sich zur Zeit t + $\Delta t$ (mit $\Delta t < \Delta x \cdot u$) zwischen den Knoten (i,j+1) und (i+1,j+1) befinden. Aufgrund des Diskretisierungsverfahrens wird das Paket auf beide Knoten verteilt, obwohl es den zweiten noch gar nicht erreicht hat. Die entstehende Konzentrationsverteilung an den Knoten ähnelt der Dispersion.

Mit Hilfe einer Taylorreihen-Entwicklung läßt sich zeigen (Kinzelbach 1992, S.193/ 194), daß das Differenzenverfahren nicht die ursprüngliche Gleichung, sondern die um einen künstlichen Dispersionsterm vermehrte Gleichung löst:

$$\partial C / \partial t + u\, \partial C / \partial x = 1/2 \cdot (u \cdot \Delta x - u^2 \cdot \Delta t)\, \partial^2 C / \partial x^2$$

Die künstliche, numerische Dispersion kann man durch geeignete Wahl des Orts-Zeit-Gitters an die tatsächliche physikalische Dispersion anpassen, denn

$$D_n = 1/2 \cdot (u \cdot \Delta x - u^2 \cdot \Delta t) \tag{3.41}$$

Zur exakten Berechnung der Dispersions-Advektionsgleichung müßte man also diesen Betrag bei der Eingabe von der (longitudinalen) Dispersion $D_L$ abziehen.

Für kleine Werte von $\Delta x$ wird zwar die numerische Dispersion verschwindend gering, gleichzeitig steigt aber die Courant-Zahl an, ebenso das Neumann-Kriterium, und die Lösung wird instabil, d. h. das Gleichungssystem oszilliert zwischen $+\infty$ und $-\infty$.

*Trick*: Da wir die Dispersion in Gleichung 3.40 noch gar nicht drin haben, wählen wir $\Delta x$ genau so groß, daß $D_n$ gleich $D_L$:

$$\Delta x = 2\, D_L / u + u \Delta t \tag{3.42}$$

Ist CR genau 1, dann ist die Bewegung eines Flüssigkeitselements durch das Zeit-Orts-Gitter genau an den Knoten (den Box-Grenzen) zu beschreiben (CR = 1, d. h. $u \cdot \Delta t / \Delta x$ = 1, d. h. $u \cdot \Delta t = \Delta x$). Befindet sich dagegen ein Flüssigkeitselement, das zur Zeit t=j+1 die Stelle i erreicht hat, zur Zeit t=j an einem Zwischenpunkt Z, dann muß seine Konzentration dort aus den Konzentrationen an den zwei benachbarten Knoten berechnet werden.

Ist CR < 1, ist die Lösung stabil (Müller 1989). Ist CR gleich 1, ergibt sich die *exakte* Lösung, d. h. es tritt keine numerische Dispersion auf. Diese brauchen wir aber noch. Die Wahl von Zeit- und Ortsschritt ist also sehr wichtig für die Lösung. CR muß < 1 sein, damit das Lösungsverfahren konvergiert. Nun kann man den optimalen Zeitschritt berechnen. Wählt man CR = $u \cdot \Delta t / \Delta x$ = 3/4, folgt daraus

$$\Delta x = 4/3 \cdot u \cdot \Delta t \tag{3.43}$$

Weiterhin sei die beim vorwärtsgerichteten Iterationsverfahren auftretende numerische Dispersion $D_n$ gleich der tatsächlichen longitudinalen Dispersion $D_L$. Dazu muß Gl. 3.42 gelten. Es folgt für $\Delta t$:

$$\Delta t = 6 \cdot D_L / u^2 \tag{3.44}$$

und mit Gl. 3.44 eingesetzt in Gl. 3.43:

$$\Delta x = 8 \cdot D_L / u \tag{3.45}$$

Somit ist das Orts- und Zeitgitterintervall festgelegt. Für jeden Knotenpunkt i,j läßt sich die Massenbilanz aufstellen.

Natürlich kann $\Delta t$ oder $\Delta x$ vorab festgelegt werden und der jeweils andere Parameter unter Beachtung der Courant-Zahl berechnet werden.

Das resultierende Orts–Zeit-Gitter ist nicht für alle Probleme geeignet. Der minimale Ortsschritt $\Delta x$ für kleine $\Delta t$ ist 2 $D_L/u$. Für kleinskalige Simulationen (z. B. im Boden) ist daher das Verfahren oft nicht anwendbar. Es eignet sich aber z. B. für die Berechnung des Schadstofftransports in Fließgewässern. Wie sinnvoll oder nicht sinnvoll das explizite FDM-Verfahren ist, läßt sich am besten an einem Beispiel darstellen (Übungsbeispiel 3.4).

**Achtung**

Neben der Oszillation und der numerischen Dispersion gibt es noch weitere numerische Probleme, so z. B. das Überschießen (‚Overshooting‘ – der Durchfluß eines Stoffpaketes wird überschätzt) und Rundungsfehler. Fehler kann man bei numerischen Lösungen oftmals nur schwer erkennen, solange die Ergebnisse plausibel aussehen, denn man kann ja die Rechnung aufgrund der Vielzahl der Schritte nur äußerst mühsam nachvollziehen. Es empfiehlt sich deshalb dringend, immer vereinfachte Probleme analytisch zu lösen und mit der entsprechenden numerischen Lösung zu vergleichen. Nur so lassen sich Fehler entdecken und vermeiden. Allerdings lassen sich sehr viele Fragen eben nur mit numerischen Methoden beantworten, so daß man auf sie kaum verzichten kann.

**Übungsbeispiel 3.4: Alarm !**

Sonntag gegen 22:00 h ist ein Chemikalientanker bei Rhein-km 430 links (Ludwigshafen) mit einem Schlepper kollidiert. Eine Tonne Bromacil (ein Totalherbizid) ist sofort ausgelaufen. Wie hoch ist die Konzentration vor der niederländischen Grenze (km 830)?

Ungefähre mittlere Werte des Rheins: Breite 333,3 m, Tiefe 3 m, Fließgeschw. 1 m/s (Abfluß 1 000 m³/s), $D_L = 500$ m² · s⁻¹.

Mit CR = 0,75 folgt:
$$\Delta t = 6 \cdot D_L/u^2 = 6 \cdot 500 \text{ m}^2 \cdot \text{s}^{-1}/(1 \text{ m} \cdot \text{s}^{-1})^2 = 3\,000 \text{ s}$$
$$\Delta x = 8 \cdot D_L/u = 8 \cdot 500 \text{ m}^2 \cdot \text{s}^{-1}/1 \text{ m} \cdot \text{s}^{-1} = 4\,000 \text{ m}$$

Man hat also für 400 000 Meter 100 Boxen (m=100), und für die Fließzeit von 400 000/3 000 Sekunden = 134 Zeitperioden (n=134), also insgesamt m mal n = 13 400 Iterationen zu durchlaufen. Dies dauert auf einem 16 Megahertz getakteten AT (80286 Prozessor) weniger als eine Minute. Ein Problem stellt allerdings die Wahl der Inputfunktion dar: Man ist an das Orts-Zeit-Gitter gebunden.

Die Rechnung kann verglichen werden mit der analytischen Lösung. Beim Ergebnis ergibt sich nur eine sehr geringe Abweichung (Abb. 3.5).

Das Verfahren arbeitet also trotz seiner Einfachheit nicht schlecht und ist v.a. ausbaufähig (instationäre Verhältnisse von Input, Abfluß, Dispersion, Fließzeit usw. können ohne weiteres berücksichtigt werden, also die Variabilitäten eines Flußlaufs).

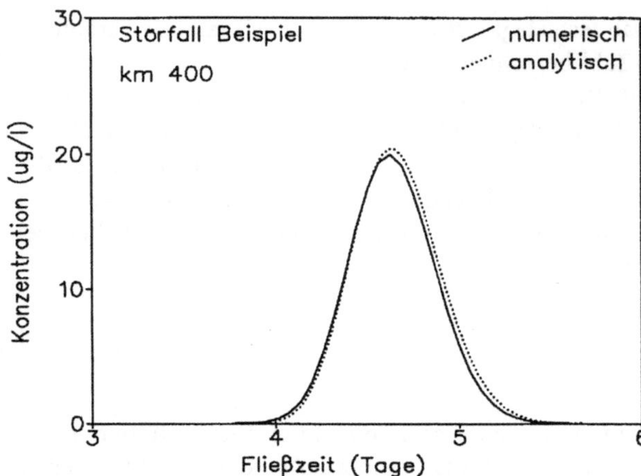



**Abb. 3.5.** Vergleich der analytischen mit der numerischen Lösung für einen Störfall am Rhein.

Dieses Beispiel diente nur zur Einführung in die Problematik. Weitere Verfahren und Probleme findet man in der recht umfangreichen Literatur, darunter Kinzelbach (1992), Forsythe und Wasow (1960), Mitchell und Griffiths (1980), Angel und Bellman (1972), Richter (1986) u. v. a.

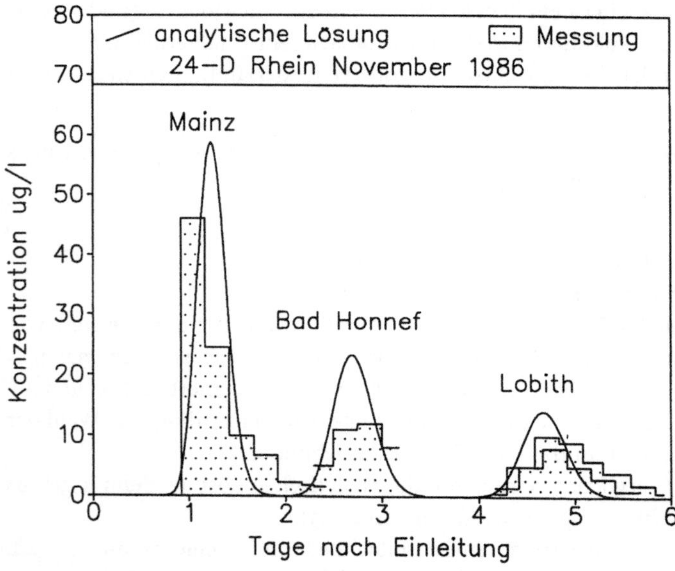



**Abb. 3.6.** Simulation des Störfalls 2,4-D.

**Anwendungsbeispiel: 2,4-Dichlorphenoxyessigsäure**

Am 21. November 1986 wurden bei einem Unfall in einem Zeitraum von sechs Stunden zwei Tonnen des Herbizids 2,4-D (2,4-Dichlorphenoxyessigsäure) in den Rhein bei Ludwigshafen eingeleitet (km 424) (Landesamt für Wasser und Abfall Nordrhein-Westfalen 1987). In der Europäischen Gemeinschaft darf die Konzentration von Pestiziden im Trinkwasser 0,1 $\mu$g/l nicht überschreiten. Aufgrund des Unfalls mußte die Trinkwassergewinnung durch Uferfiltration aus dem Rhein gestoppt werden. 2,4-D wurde in Mainz (km 505), Bad Honnef (km 640) und Lobith (km 859) gemessen, hier von deutscher Seite (Nordrhein-Westfalen) wie auch von holländischer Seite. Die Messungen unterscheiden sich etwas (IKSR 1987, Samenwerkende Rijn- en Maaswaterleidingbedrijven 1987).

Mit Hilfe ziemlich genauer Eingabedaten gelingt die Simulation der Schadstoffwelle auch mit dem einfachen Modell, siehe Abb. 3.6. Das Beispiel wurde entnommen aus Matthies et al. (1992).

**Aufgaben zu Kapitel 3**

3.1 *Alarm* ! Sonntag gegen 22:00 h ist ein Chemikalientanker bei Rhein-km 430 links (Ludwigshafen) mit einem Schlepper kollidiert. Eine Tonne Bromacil (ein Totalherbizid) ist sofort ausgelaufen. Wie hoch ist die Konzentration maximal bei Duisburg (km 780)?

Werte des Mittelrheins: Breite 333,3 m; Tiefe 3 m; Fließgeschw. 1 m/s; longitudinale Dispersion $D_L$ ca. 500 m$^2 \cdot$ s$^{-1}$, kein nennenswerter Abbau.

3.2 Bei den Aufräumungsarbeiten, Montag gegen 10:00 h, gelangen erneut 500 kg Bromacil in den Fluß. Welche Maximalkonzentration ergibt sich ungefähr bei Duisburg?

3.3 Bei vielen Computertypen bereiten große bzw. kleine Zahlen, speziell in der e-Funktion, Probleme.
a) Wann treten wahrscheinlich in Gleichung 3.21 Schwierigkeiten auf? Wie verhält sich *CemoS*? Testen Sie weitere Programme und Compiler.
b) Rufen Sie *CemoS* auf, wählen Sie das Modell SOIL an, geben Sie für die Wanderungsgeschwindigkeit den Wert von u ein (umrechnen in m/d) und für den gesamten Dispersionskoeffizienten den von $D_L$ (Einheit m$^2$/d). Inputfunktion: einmaliger Input. Berechnen Sie Aufgabe 3.1. Klappts?

# Kapitel 4
# Verteilung von Stoffen in der Umwelt

## 4.1
## Einteilung in Phasen

Unsere Umwelt ist, wie jeder bestätigen kann, äußerst vielfältig. Zur modellhaften Abbildung der Umwelt *hinsichtlich des Verbleibs von Umweltschadstoffen* sind Vereinfachungen unumgänglich. Man kann die Umwelt in verschiedene **Phasen** einteilen:

Experiment 1: Man nehme einen verschließbaren Glasbehälter und fülle diesen bis etwas weniger als zur Hälfte mit Wasser. Nach Verschließen des Glases hat man Wasser und Luft in diesem. Trotz eifrigem Schütteln wird es nicht gelingen, beide zu mischen (wie nicht anders zu erwarten). Wasser und Luft bilden verschiedene Phasen.

Experiment 2. Man öffne das Glasgefäß und gebe zum Wasser die gleiche Menge Spiritus (Ethylalkohol). Der Spiritus mischt sich ein, allenfalls durch Dichteunterschiede können sich vorübergehend Schlieren bilden. Alkohol und Wasser sind vollständig mischbar und bilden eine Phase.

Experiment 3: Man gebe etwas Speiseöl (z. B. Olivenöl) zum obigen Alkohol-Wasser-Gemisch zu. Bitte nicht Schütteln. Trotz gleicher Dichte *mischt sich das Öl nicht ein*, sondern formt eine schwebende Kugel.

Öl und Wasser bilden getrennte Phasen, allenfalls durch Zugabe von Detergenzien (Spülmittel) können sie vermischt werden. Selbst wenn man diese Mischung schüttelt (wobei des Ganze grau wird), trennt sich nach einiger Zeit wieder das Öl vom Wasser.

Experiment 4 (umweltschädigend, es sei denn, man hat eine Entsorgungsmöglichkeit für Petroleum / Öl-Gemische): Versuche, Petroleum (Dichte 0,81 g / cm³) mit Olivenöl zu mischen. Kein Problem, oder? An der Dichte liegt es also sicher nicht. Öl und Petroleum bilden eine gemeinsame Phase.

Eine weitere nichtmischbare Phase bildet in allen Experimenten das umgebende Glas.

*Folgerung:* Es gibt **verschiedene Phasen**, die ohne Hilfsmittel **nicht mischbar** sind.

*Einteilung der Phasen* in:

*Hydrophile Phasen* (Wasser, mit Wasser gut lösliche Stoffe und deren Gemische, Alkohole). Diese Phasen sind *polar.*

*Lipophile* Phasen (Fette, Öle, mit Fett und Ölen gut mischbare Stoffe...). Diese Phasen sind *unpolar* und *hydrophob*.

*Erklärung:*

Wasser $H_2O$ besitzt ein Dipolmoment, d. h. eine Ladungsverschiebung innerhalb des Moleküls. Die Wasserstoffatome sind partiell positiv geladen, das Sauerstoffmolekül negativ. Dadurch treten elektrische Wechselwirkungen auf, sogenannte *Wasserstoff-brücken*. Der vergleichsweise hohe Siedepunkt von Wasser (gegenüber $H_2S$) und die geringere Dichte von Eis im Vergleich zu flüssigem Wasser ist eine direkte Folge der Wasserstoffbrückenbildung. Diese tritt immer auf, wenn sich das partiell positiv geladene H-Atom einer OH-, NH-o. ä.-Gruppe einem elektronenreichen Atom eines anderen Moleküls nähert. Umgekehrt stören völlig unpolare Verbindungen (ohne innermolekulare Ladungsverschiebung) diese Wechselwirkung. Sie werden daher ver-drängt und bilden eine eigene Phase.

*Gasphase* (Luft, Gase, verdampfte Stoffe). Gase haben einen anderen Aggregatszu-stand. Gase sind miteinander mischbar.

*Festphasen* (Steine, Felsen usw.). Festphasen haben einen anderen Aggregatszustand. Zwar können sich Feststoffe lösen oder verdampfen, doch solange sie dies nicht tun, bilden sie eine eigene Phase.

## 4.2
## Der Verteilungskoeffizient

Experiment 5: Man gebe in das Wasser / Alkohol / Ölgemisch einen Tropfen Methylen-blau (oder Tinte) zu. Methylenblau mischt sich gut in das Wasser ein und färbt dieses Blau, die Ölkugeln bleiben aber gelb.

*Deutung:*

Wird eine Substanz in zwei angrenzenden, nicht mischbaren Phasen bis zur Sättigung gelöst, nimmt das Verhältnis der Substanzkonzentrationen in diesen Phasen einen bestimmten, substanzabhängigen Wert an. Auch wenn nicht bis zur Sättigung gelöst wird, stellt sich ein festes Konzentrationsverhältnis ein, vorrausgesetzt die Phasen werden gut durchmischt (und trennen sich anschließend wieder). Dieses Verhältnis ist reproduzierbar, d. h. es ist bei gleichen Bedingungen wieder genauso hoch.

Bei diesem Wert sind die *Fugazitäten* (= ,Fluchtdruck') der Substanz in beiden Phasen gleich. Das System ist dann im *Gleichgewicht*. Bei geringen Konzentrationen ist die Fugazität direkt proportional zur Konzentration einer Substanz (Mackay 1979, Mackay und Paterson 1981). Dann ist das Gleichgewicht unabhängig von der Absolut-konzentration. Dies wird bei den folgenden Überlegungen angenommen.

Der *Verteilungskoeffizient* leitet sich thermodynamisch aus dem *Nernstschen Ver-teilungssatz* bzw. aus dem chemischen Potential ab (Barrow 1977).

Der *Verteilungskoeffizient K* entspricht dem *Konzentrationsverhältnis im Gleichge-wicht:*

$$K_{ij} = C_i / C_j \qquad (4.1)$$

K ist der Verteilungskoeffizient (kg/m$^3$ zu kg/m$^3$ oder mol/m$^3$ zu mol/m$^3$) und C die Gleichgewichtskonzentration (kg/m$^3$ oder mol/m$^3$), i und j sind die Indizes der benachbarten Phasen. In der Literatur werden die Verteilungskoeffizienten auch als Konzentrationsfaktoren oder als Gleichgewichtskonstanten bezeichnet.

### 4.2.1
### Verteilung zwischen Luft und Wasser

Experiment 6: Über der wäßrigen Phase ist ein Luftraum. Man öffne das Glas und rieche. Es stinkt nach Spiritus. Offensichtlich ist der Spiritus aus dem Wasser in die Luft „geflüchtet". Gleiches könnte man auch beim Petroleum feststellen, nicht jedoch beim Fett. Offensichtlich gibt es flüchtige und nicht flüchtige Substanzen.

Die Verteilung einer Flüssigkeit zwischen Luft und Wasser beschreibt die *Henry-konstante* H. Sie kann aus der Löslichkeit in Wasser und dem Sättigungsdampfdruck $p_s$ errechnet werden (Lyman et al. 1990):

$$H = p_s / S \qquad (4.2)$$

H ist die Henrykonstante (Pa · m$^3$/mol), $p_s$ ist der Sättigungsdampfdruck (Pa) (bei Feststoffen: der Sättigungsdampfdruck über der unterkühlten Schmelze) und S die Wasserlöslichkeit der Substanz (hier: mol/m$^3$). Der Verteilungskoeffizient **Atmo-sphäre zu Wasser** $K_{AW}$ (= dimensionslose Henrykonstante genannt) folgt daraus:

$$K_{AW} = H / (R \cdot T) = C_A / C_W \qquad (4.3)$$

$C_A$ ist die Gleichgewichtskonzentration in der Atmosphäre (kg/m$^3$), $C_W$ ist die Gleich-gewichtskonzentration im Wasser (kg/m$^3$), R ist die allgemeine Gaskonstante (8,314 J · mol$^{-1}$ · K$^{-1}$) und T ist die Temperatur (K). Henrykonstanten können über mehrere Größenordnungen variieren (Tabelle 4.1).

**Tabelle 4.1** Beispiele für Verteilungskoeffizienten Atmosphäre zu Wasser $K_{AW}$ (Nirmalakhandan und Speece 1988); weitere Werte siehe Datensammlung am Ende des Buches (Kapitel 11).

| Chemikalie | $K_{AW}$ |
|---|---|
| n-Hexan | 74,13 |
| n-Hexen | 17,78 |
| Benzol | 0,22 |
| 1,2-Dichlorethan | 0,054 |
| Methanol | $1,9 \cdot 10^{-4}$ |
| Phenol | $1,6 \cdot 10^{-5}$ |
| 4-Bromphenol | $6,2 \cdot 10^{-6}$ |
| Bromacil | $3,65 \cdot 10^{-9}$ |
| bekannte Schadstoffe: | |
| 2,3,7,8-TCDD (Dioxin) | 0,0015 |
| DDT | $2,14 \cdot 10^{-3}$ |
| Atrazin | $8,05 \cdot 10^{-9}$ |
| 2,2′,4,5,5′-PCB | 0,0076 |
| Hexachlorbenzol (HCB) | 0,054 |
| Trichlorethen | 0,5 |

## 4.2.2
### Verteilung zwischen Lipiden und Wasser

Die Gleichgewichtsverteilung zwischen einer hydrophoben Phase (Öle, Fette, Lipide) und Wasser beschreibt der 1-Oktanol-Wasser-Verteilungskoeffizient $K_{OW}$ (-), für den viele Meßwerte vorliegen (Lyman et al. 1990, Suzuki und Kudo 1990 u. a.).

$$K_{OW} = C_O / C_W \tag{4.4}$$

$C_O$ ist die Gleichgewichtskonzentration einer Substanz in Oktanol, und $C_W$ ist die Gleichgewichtskonzentration einer Substanz in Wasser. Der $K_{OW}$ wird als Prediktor für die Verteilung zwischen Lipidphasen in der Umwelt (z. B. Fischfett) und Wasser verwendet (Mackay et al. 1985). Auch der $K_{OW}$ kann über sehr weite Bereiche variieren (Tabelle 4.2).

*Anmerkung:* 1-Oktanol ist eine fettähnliche Verbindung, sie besteht aus einer aliphatischen, unverzweigten Kette mit einer OH-Gruppe an einem Ende. Früher wurde häufig die Verteilung zwischen Olivenöl und Wasser gemessen (vgl. Experiment 4). Jedoch ist Olivenöl keine reine, homogene und fest definierte Substanz, sondern variiert, je nach Herkunft, Sorte usw. Die Bestimmung der $K_{OW}$ und $K_{AW}$-Werte erfolgt im Labor durch Schüttelversuche ähnlich unseren Experimenten, bei denen der Stoff zugegeben wird und dann in beiden Phasen gemessen wird. Ist der Wert von $K_{OW}$ sehr hoch, ist die Bestimmung schwierig, weil die zu messenden Konzentrationen im Wasser sehr gering sind. Daher sind hohe Werte des $K_{OW}$ (ebenso wie niedrige Werte des $K_{AW}$) oft ungenau.

**Tabelle 4.2** Beispiele für $K_{OW}$-Werte von Chemikalien (Suzuki und Kudo 1990); weitere Werte siehe Datensammlung am Ende des Buches (Kapitel 11).

| Chemikalie | $K_{OW}$ | log $K_{OW}$ |
|---|---|---|
| Dimethylsulfoxid | 0,0045 | −2,347 |
| Methanol | 0,17 | −0,77 |
| Aceton | 0,57 | −0,24 |
| Propanol | 1,77 | 0,248 |
| Hexanol | 107,15 | 2,03 |
| Toluol | 537,03 | 2,73 |
| Biphenyl | $1,23 \cdot 10^4$ | 4,09 |
| 2,4,5,2′,4′,5′-Hexachlorbiphenyl (PCB) | $5,24 \cdot 10^6$ | 6,72 |
| Indeno[1,2,3-cd]pyren | $4,57 \cdot 10^7$ | 7,66 |
| bekannte Schadstoffe: | | |
| 2,3,7,8-TCDD | $5,75 \cdot 10^6$ | 6,76 |
| Trichlorethen | 195 | 2,29 |
| Atrazin | 512 | 2,71 |
| Hexachlorbenzol (HCB) | $2,95 \cdot 10^5$ | 5,47 |

## 4.2.3
### Sorption an Boden und Sediment

Die Sorption an Feststoffe beschreibt die empirische Freundlich-Beziehung (Tinsley 1979):

$$x/m_M = K \cdot C_W^{1/n} \tag{4.5}$$

x ist die adsorbierte Menge der Chemikalie (g), $m_M$ ist die Masse des Sorbens, hier der Bodenmatrix M (g), K ist der Proportionalitätsfaktor (Freundlich-Konstante) ($cm^3$

Wasser / g Boden = g Wasser / g Boden), $C_W$ ist die Gleichgewichtskonzentration in der wäßrigen Lösung (hier: $g/cm^3$ Wasser $= g/g$ Wasser) und n ist ein Maß für die Nichtlinearität der Beziehung. Bei geringen Konzentrationen liegen die Werte von n nahe 1 (Tinsley 1979). Die Freundlich-Konstante kann dann als Steigung der linearen Adsorptions/Desorptions-Isothermen aufgefaßt werden. Sie wird häufig als Verteilungskoeffizient $K_d$ (engl. *distribution*) zwischen Bodenmatrix und Wasser bezeichnet.

$$x/m_M = C_M = K_d \cdot C_W \tag{4.6}$$

$C_M$ ist die an der Bodenmatrix sorbierte Konzentration $(g/g)$.

Der lineare Sorptionskoeffizient $K_d$ kann durch Messungen der Freundlich-Adsorptionsisotherme (Exponent=1) bestimmt werden (Hamaker und Thompson, 1972). Da unpolare Chemikalien hauptsächlich an organische Substanz sorbiert werden, kann der $K_d$-Wert auch aus dem $K_{OW}$-Wert (über den $K_{OC}$-Wert) und dem organischen Kohlenstoffgehalt des Bodens abgeschätzt werden. Mit einem Korrekturfaktor $\Phi$ wird die Dissoziation von Säuren und Basen berücksichtigt (bei gemessenen $K_d$-Werten keine Korrektur notwendig, siehe Kapitel 4.3).

Historisch bedingt ist die Einheit des $K_d$ $cm^3$ Wasser pro g Feststoff. Wir werden jedoch im folgenden die Einheit g Wasser pro g Feststoff verwenden, was numerisch identisch ist. Dies hilft, Fehler bei Umrechnungen mit der Dichte zu vermeiden, wenn man aus dem $K_d$-Wert (der auf Stoffmenge je Menge Sorbens bezogen ist) den Verteilungskoeffizient nach obiger Definition berechnen will (Stoffmenge je Volumen).

Der natürliche Gesamtboden besteht aus Bodenmatrix, Bodenwasser und Bodenluft. Der Verteilungskoeffizient des Gesamtbodens zu Wasser $K_{BW}$ ist daher

$$K_{BW} = C_B/C_W = K_d \cdot \rho_B/\rho_W + \theta + (\varepsilon - \theta) \cdot K_{AW} \tag{4.7}$$

$C_B$ ist die Gleichgewichtskonzentration im Gesamtboden $(kg/m^3)$, $C_W$ die in (externem) Wasser $(kg/m^3)$, $\theta$ ist der volumetrische Wasseranteil des Bodens, $\varepsilon$ ist der volumetrische Gesamtporenanteil des Bodens und $\varrho_B$ ist die Lagerungs- oder Bodendichte (trocken), $\rho_W$ ist die Dichte von Wasser.

*Sediment* (d. h. das Bett eines Flusses oder der Grund eines Sees) besteht nur aus Matrix und Porenwasser, der dritte Term (für Luftporen) fällt weg:

$$K_{SW} = C_S/C_W = K_d \cdot \rho_S/\rho_W + \theta \tag{4.8}$$

S ist der Index für Sediment.

Im Wasser findet man **Partikel** (Schwebstoffe, z. B. Algen oder aufgewirbeltes Sediment). Hier interessiert nur die Sorption an die Partikel, wassergefüllte Poren gibt es nicht. Der Verteilungskoeffizient zwischen Partikeln und Wasser ist also

$$K_{PaW} = K_d \, \rho_{Pa}/\rho_W \tag{4.9}$$

Pa ist der Index für Partikel.

**Abschätzung des $K_d$-Wertes**

Humus und Huminstoffe und schwer verrottbare wachsähnliche Verbindungen der Pflanzen (Kutin, Suberin) bilden den Hauptbestandteil des organischen Kohlenstoffs in Boden und Sediment. Diese Stoffe sind hydrophober Natur und hauptsächlich für die Sorption lipophiler Stoffe verantwortlich

Die Sorption hydrophober organischer Chemikalien an die Sediment- bzw. die Bodenmatrix ist deshalb proportional zum Gehalt an organischem Kohlenstoff (Karickhoff 1981):

$$K_d = K_{OC} \cdot OC \tag{4.10}$$

$K_{OC}$ ist der Verteilungskoeffizient zwischen organischem Kohlenstoff und Wasser und OC ist der Gehalt des Bodens an organischem Kohlenstoff (g/g Trockenmasse), gelegentlich auch $C_{org}$ genannt. Der $K_{OC}$ ist eng mit dem $K_{OW}$ korreliert, und es wurden mehrere Regressionen veröffentlicht, darunter:

$$K_{OC} = 0{,}411 \cdot K_{OW} \quad \text{(Karickhoff 1981)} \tag{4.11a}$$

$$\log K_{OC} = 0{,}72 \cdot \log K_{OW} + 0{,}49 \quad \text{(Schwarzenbach und Westall 1981)} \tag{4.11b}$$

Achtung: Diese Gleichungen gelten nur für nichtdissoziierende organische Chemikalien, also weder für Ionen noch für dissoziierte Säuren und Basen (siehe Gl. 4.15). Für diese müssen die Adsorptionskonstanten über andere Wege bestimmt werden, z. B. experimentell. Desweiteren ergeben sich vor allem für extreme $K_{OW}$-Werte, also niedrige oder hohe, beträchtliche Abweichungen zwischen beiden Gleichungen. Siehe hierzu Lyman et al. (1990).

### 4.2.4
### Verteilungskoeffizient Biota zu Wasser

Biota bestehen aus mehreren Phasen. Einfachheitshalber kann man sie einteilen in polare Phase und unpolare Phase (dazu könnte man noch, je nach Spezies, die Gasphase hinzunehmen, die allerdings meist vernachlässigbar ist). Die Verteilung in die wäßrige (polare) Phase ist einfach abhängig vom Wassergehalt. Zur Berechnung der Verteilung in die unpolare Phase (Lipide) wird angenommen, daß diese sich ähnlich wie 1-Oktanol verhält. Für den Verteilungskoeffizient zwischen Biota, z. B. Fisch (F = Fisch) und Wasser folgt:

$$K_{FW} = (1 \cdot a \cdot K_{OW}{}^b + W_F) \, \rho_F / \rho_W \tag{4.12}$$

Hier ist der Term in Klammern auf *Frischgewicht* bezogen, die Einheiten ebenso. l ist der Lipidgehalt (g/g Frischgewicht), $W_F$ ist der Wassergehalt in g/g Frischgewicht, a ist ein Korrekturfaktor für Unterschiede zwischen Lipiden und Oktanol und zur Einheitskorrektur; bei gleichem Sorptionsverhalten von Lipid und Oktanol folgt: a = $\rho_{Wasser}/\rho_{Oktanol} = 1{,}22$; b ist ein Korrekturexponent für verschiedene Lipidsorten, für Fische wird meistens mit einem Wert von b=1 gerechnet. Bisher bekannte b-Werte für *Pflanzen* schwanken zwischen 0,75 und 0,97, siehe auch Kapitel 9. Die Dichte des

Fisches ist hier die des frischen Fisches (nicht getrocknet), üblicherweise nahe der des Wassers.

Bezieht man das Konzentrationsverhältnis nicht auf Volumen, sondern auf Masse des Fisches, folgt daraus der *Biokonzentrationsfaktor* BCF (wenn $\rho_F = \rho_W \Rightarrow K_{FW} = BCF$):

$$BCF = 1 \cdot a \cdot K_{OW} + W_F \tag{4.13}$$

## 4.3
## Verteilung bei Berücksichtigung der Dissoziation

Die Abspaltung von Ionen wird Dissoziation genannt. Wichtig sind *Säuren* und *Basen*. Unter Säuren versteht man solche Stoffe, die in wäßriger Lösung positiv geladene Wasserstoff-Ionen $H^+$ (besser: $H_3O^+$) bilden. Das Gegenstück zu den Säuren bilden die Basen, die negativ geladene Hydroxid-Ionen $OH^-$ abspalten (Holleman 1976).

Saure Reaktion:

$$AH + H_2O \Leftrightarrow H_3O^+ + A^-$$

Basische Reaktion:

$$B + H_2O \Leftrightarrow BH^+ + OH^-$$

$BH^+$ = Kation, $A^-$ = Anion.

Die Dissoziationskonstante $K_a$ ist (nach dem *Massenwirkungsgesetz*):

$$K_a = [A^-] \cdot [H_3O^+] / [AH]$$

($[H_2O]$ entfällt, weil konstant)
Analog folgt $K_b$ für Basen

$$K_b = [BH^+] \cdot [OH^-] / [B]$$

$[BH^+]$, $[A^-]$, $[AH]$, $[B]$, $[H_3O^+]$, $[OH^-]$ sind Aktivitäten in mol/L (für geringe Ionenstärken in guter Näherung identisch mit den Konzentrationen, siehe dazu Holleman 1976).

Üblicherweise wird die Dissoziationskonstante als negativer dekadischer Logarithmus angegeben (Aylward 1981):

$$pK_a = - \log K_a$$

Der $pK_b$-Wert einer Base kann folgendermaßen aus dem $pK_a$-Wert ihrer konjugierten Säure berechnet werden:

$$pK_b = pK_W - pK_a$$

$K_W$ ist das Ionenprodukt von Wasser = $[H_3O^+] \cdot [OH^-] = 10^{-14}$, $pK_W = 14$.

Die Konzentration an $H_3O^+$ – Ionen im Wasser wird durch den pH-Wert ausgedrückt:

$$pH = - \log [H_3O^+]$$

pH-Werte von 7 zeigen ‚neutrale' Reaktion an (Aktivität von $[H^+] = [OH^-] = 10^{-7}$ mol/L), < 7 saure und > 7 basische.

Für die Dissoziation (hier: von Säuren) bei gegebenem pH-Wert gilt die Gleichung von *Henderson-Hasselbalch*

$$\log \{[A^-]/[HA]\} = pH - pK_a$$

Es folgt für den Anteil neutraler Spezies an der Gesamtmenge der Moleküle

$$\Phi = [HA]/\{[HA] + [A^-]\} = [1+10^{a(pH-pKa)}]^{-1} \qquad (4.14)$$

$\Phi$ ist der Anteil neutraler Moleküle und mithin ein Korrekturfaktor bei Säure-Base-Dissoziation, a = 1 für Säuren und –1 für Basen. Im Falle eines nichtdissoziierenden Stoffes ist $\Phi = 1$.

Säure-Base-Reaktionen haben Einfluß auf das Verteilungsgleichgewicht. Ionen (egal ob negativ oder positiv geladen) sind nämlich prinzipiell hydrophil aufgrund der Wechselwirkung geladener Moleküle mit den Dipolen des Wassers. Das bedeutet, daß die Verteilungskoeffizienten (für lipophile Wechselwirkungen) sich in der Regel nur auf neutrale Moleküle beziehen.

Wenn für den $K_d$, den $K_{OC}$ oder den BCF gemessene Werte vorliegen, so ist zu prüfen, ob der pH bei der Messung dem im untersuchten Szenario entspricht. Gegebenenfalls müssen diese Werte korrigiert werden. Dazu rechnet man erst den Anteil der neutralen Moleküle bei der vorliegenden Messung aus, und bestimmt daraus den $K_d$ (bzw. $K_{OC}$, BCF) der neutralen Spezies. Den $K_d$ (bzw. $K_{OC}$, BCF) beim untersuchten Szenario erhält man, indem man den $K_d$ des neutralen Moleküls mit $\Phi$ multipliziert. Allerdings ist diese Vorgehensweise nur dann gültig, wenn man für das Ion keinerlei Sorption annehmen kann. Üblicherweise ist eine Korrektur auch notwendig, wenn $K_d$, $K_{OC}$ oder BCF aus dem $K_{OW}$ berechnet werden (z. B. falls dieser über Fragment-Methoden abgeschätzt wurde). Die Rechenvorschrift lautet:

$$K_d(pH, mess) = K_d(neutral) \cdot \Phi(mess) \qquad (4.15)$$
$$\Rightarrow K_d(neutral) = K_d(pH, mess)/\Phi(mess)$$
$$\Rightarrow K_d(pH, sim) = K_d(neutral) \cdot \Phi(sim)$$

analog $K_{OC}$, BCF.
$K_d(pH, mess)$: gemessener $K_d$ bei pH der Messung
$K_d(neutral)$: $K_d$ der neutralen Spezies
$K_d(pH, sim)$: berechneter $K_d$ bei pH der Simulation
$\Phi(mess)$, $\Phi(sim)$: Anteil der neutralen Spezies bei pH der Messung bzw. der Simulation

Ebenso ist beim Berechnen des $K_{AW}$ (aus Löslichkeit und Partialdruck des neutralen Stoffes) eine Korrektur notwendig, da nur die neutrale Spezies gasförmig entweicht:

$$K_{AW}(pH,sim) = K_{AW}(neutral) \cdot \Phi \qquad (4.16)$$

$K_{AW}(pH, sim)$ ist der Verteilungskoeffizient Atmosphäre zu Wasser der gesamten Stoffmenge beim pH der Simulation, $K_{AW}(neutral)$ ist derjenige der neutralen Spezies.

Diese Korrekturen für Ionen betreffen insbesondere Stoffe, deren $pK_a$-Werte im Bereich der umweltrelevanten pH-Werte (etwa 3 bis 9) liegen (siehe Tabelle 4.3).

In den folgenden Modellen wird die Dissoziation berücksichtigt, indem $K_d$ und $K_{AW}$ entsprechend korrigiert werden.

Für die wichtige Stoffklasse der Schwermetalle muß die Sorption an Boden- oder Sedimentmatrix (bei geladenen Molekülen vorwiegend an Tonteilchen) auf andere Art und Weise bestimmt werden, z. B. experimentell (Blume 1990). Da die meisten der Schwermetalle (ionisch) keinen meßbaren Dampfdruck haben, geht der $K_{AW} \rightarrow 0$.

**Tabelle 4.3** Dissoziationskonstanten (negativer dekadischer Logarithmus, pKa) (Rippen 1993)

| Name | pka | Typ | a |
|---|---|---|---|
| Phenol | 9,9 | Säure | 1 |
| 2-Chlorphenol | 8,43 | Säure | 1 |
| 3-Chlorphenol | 8,92 | Säure | 1 |
| 4-Chlorphenol | 9,29 | Säure | 1 |
| 2,4-Dichlorphenol | 7,77 | Säure | 1 |
| 2,4,5-Trichlorphenol | 6,91 | Säure | 1 |
| Pentachlorphenol | 4,80 | Säure | 1 |
| 2,4-D | 2,73 | Säure | 1 |
| Anilin | 4,61 | Base | −1 |
| Atrazin | 1,68 | Base | −1 |

## 4.4
## Rechnung mit mehreren Verteilungskoeffizienten

Wenn die Verteilungskoeffizienten K in der gleichen Einheit vorliegen (hier: $kg/m^3$ zu $kg/m^3$), dann kann ein unbekannter aus zwei bekannten K-Werten errechnet werden:

$$K_{il} = K_{ij}/K_{lj} = 1/K_{li} = C_i/C_l \tag{4.17}$$

Luft, Wasser und mit Wasser nicht mischbare hydrophobe Phasen sind in der belebten wie auch in der unbelebten Umwelt zu finden. Die Berechnung von Gleichgewichts-Koeffizienten erlaubt die **Abschätzung der tendenziellen Verteilung einer Chemikalie in der Umwelt**. Dieses Konzept war und ist äußerst erfolgreich zur Beschreibung des Verbleibs von Chemikalien in der Umwelt und ist – zusammen mit den in Kap. 3 beschriebenen Prozessen – die Basis der meisten Ausbreitungsmodelle.

### Zum Gleichgewicht

Das Gleichgewicht entspricht dem Zustand mit der höchsten Entropie. Dieser wird in endlichen Zeiträumen allenfalls angenähert erreicht. Diffusionsvorgänge verlaufen immer in Richtung zunehmender Entropie, also hin zum Gleichgewicht. Je kleiner der Maßstab, desto eher werden Quasigleichgewichtszustände erreicht (lokales Gleichgewicht).

## 4.5
## Diffusion über Phasengrenzen

Bei der Diffusion über Phasengrenzen hinweg muß der Verteilungskoeffizient beachtet werden. An der Grenze zwischen zwei in sich homogen gemischten Phasen befinden sich beiderseits nicht turbulent gemischte Schichten. Der Stoffaustausch findet durch Diffusion über beide Grenzschichten statt (Zweifilmetheorie, Whitman 1923, Tinsley 1979), Abb. 4.1.

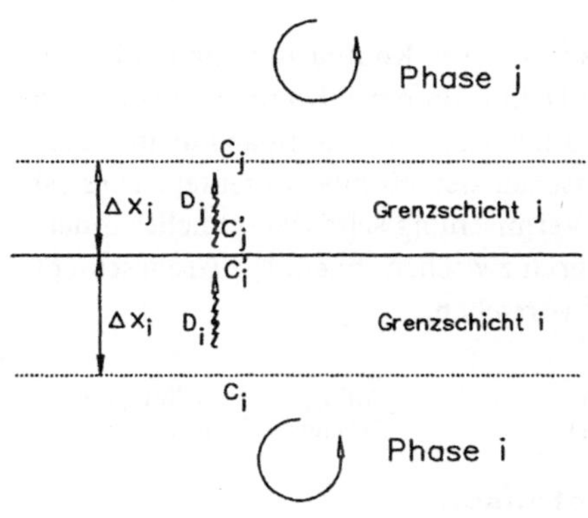


**Abb. 4.1.** Zweifilmemodell für Austausch über Phasengrenzen.

Der diffusive Nettofluß pro Einheitsfläche $J_i$ ($kg \cdot s^{-1} \cdot m^{-2}$) in der Grenzschicht der Phase i (und für Phase i) ist:

$$J_i = - D_i / \Delta x_i \cdot (C_i - C_i') = - g_i \cdot (C_i - C_i') \qquad (4.18)$$

An der Grenzfläche selbst herrscht lokales Gleichgewicht:

$$C_i' / C_j' = K_{ij}$$

Die Gleichung kann deshalb auch lauten

$$J_i = - D_i / \Delta x_i \cdot (C_i - C_j{}^{\backprime} \cdot K_{ij}) \qquad (4.19)$$

Der Stofffluß über die Grenzfläche der Phase j ist

$$J_j = - D_j / \Delta x_j \cdot (C_j' - C_j) = - g_j \cdot (C_j' - C_j) =$$
$$- g_j \cdot (C_i' \cdot K_{ji} - C_j) = - g_j \cdot K_{ji} \cdot (C_i' - C_j / K_{ji}) \qquad (4.20)$$

Der Gesamtfluß über die Phasen pro Einheitsgrenzfläche ist

$$J_{ij} = - g_{ij} \cdot (C_i - C_j / K_{ji}) \qquad (4.21)$$

Nach Gl. 3.3 und 3.4 gilt: $1 / g_{ij} = 1 / g_i + 1 / (g_j \cdot K_{ji})$
  $g_{ij}$ ist der Gesamtleitwert für den diffusiven Austausch zwischen Phase i und j ($m/s$).

Vorsicht: Betrachtet man den Stoffgewinn für Phase j, dreht sich das Vorzeichen um. Der Leitwert bleibt dabei auf die Diffusion in Phase i bezogen, oder man multipliziert $g_{ij}$ mit dem Verteilungskoeffizienten $K_{ij}$:

$$- g_{ij} \cdot (C_i - C_j/K_{ji}) = g_{ij} \cdot (C_j \cdot K_{ij} - C_i) = g_{ij} \cdot K_{ij} \cdot (C_j - C_i/K_{ij}) =$$
$$g_{ji} \cdot (C_j - C_i/K_{ij}) \,!$$

Verwirrung kann stiften, daß üblicherweise der Phasenbezug des Leitwerts nicht explizit erwähnt wird und an der Einheit auch nicht zu erkennen ist. Man kann dies jedoch aus der Stoffflußgleichung ersehen.

**Übungsbeispiel 4.1**: Aufnahme in ein abgegrenztes Kompartiment aus der Umgebung (Abb. 4.2)

Betrachten wir den diffusiven Stofffluß zwischen zwei Kompartimenten mit den Konzentrationen $C_1$ und $C_2$. Entsprechend der Definition eines Kompartiments sind die Massen homogen durchmischt. Es gibt also innerhalb der Kompartimente keine Konzentrationsunterschiede, sondern nur zwischen den Kompartimenten. Dies ist gleichbedeutend mit der Feststellung, daß die Vermischung sehr viel schneller innerhalb der Kompartimente abläuft als der Austausch zwischen ihnen. Die Grenzschicht kann man sich als ‚semipermeable Membran' vorstellen.

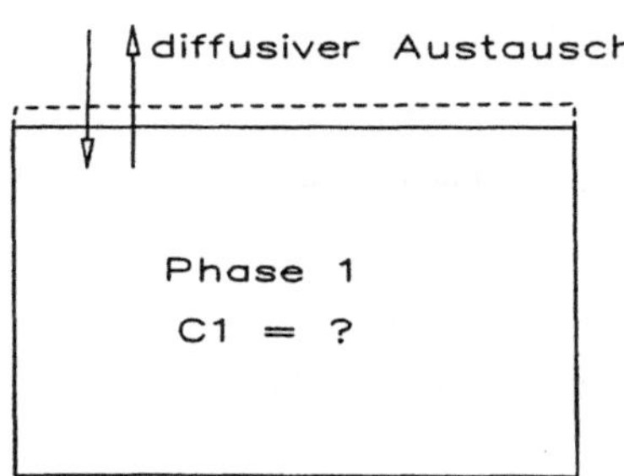


Abb. 4.2. Darstellung des Übungsproblems.

Zwei Phasen 1 und 2

- sind benachbart durch die Grenzfläche A (m²).
- Phase 2 ist sehr groß (z. B. Atmosphäre), daher ist $C_2$ (mg/m³) quasi konstant.
- Der Stofffluß zwischen beiden Phasen ist begrenzt durch die Diffusion in der Grenzschicht mit dem bekannten Leitwert $g_{21}$ (m/s).
- Jede Phase ist in sich gut gemischt (innerhalb der Phase gibt es keine Konzentrationsunterschiede).
- Im Gleichgewicht (Endzustand) gilt $K_{12} = C_1/C_2$.
- Die Ausgangskonzentration $C_1$ ist o.

Die *Massenbilanzgleichung* für Phase 1 ist:

$$dm_1/dt = - A \cdot J_{12}$$

$m_1$ ist die Stoffmenge in Phase 1, mit $m_1 = V_1 \cdot C_1$

$$V_1 \cdot dC_1/dt = A \cdot g_{21} \cdot (C_2 - C_1/K_{12}) =$$
$$A \cdot g_{21} \cdot C_2 - A \cdot g_{21} \cdot C_1/K_{12} = -a \cdot C_1 + b \qquad (4.22)$$

*Aufgabenstellung*: Welchen Wert hat die Konzentration $C_1$ nach 50 Tagen, wenn $C_2 = 0,1$ mg/m$^3$, A=1 m$^2$, $g_{21} = 0,001$ m/s, $K_{12} = 10\,000$ und $V_1 = 0,1$ m$^3$?

*Analytische Lösung* analog Übungsbeispiel 2.1

$$C_1(t) = b/a \cdot (1 - e^{-at}) = C_2 \cdot K_{12} \{1 - \exp[-A \cdot g_{21} \cdot t/(V_1 \cdot K_{12})]\} \tag{4.23}$$

$$C_1(50\ d) = 0,1\ \text{mg/m}^3 \cdot 1\,0000 \cdot (1 - e^{[-1\,\cdot\,0,001\,\cdot\,50\,\cdot\,86400/(0,1\,\cdot\,1\,0000)]}) = \mathbf{986,7\ mg/m^3}$$

Diese Übung zeigt nochmals deutlich den Vorteil der Kompartimentalisierung eines Systems. Die räumliche Abhängigkeit von Massenflüssen wird explizit nicht berücksichtigt. Der Massenfluß findet ausschließlich durch die Grenzschicht zwischen den Kompartimenten statt, da ja innerhalb von einer sofortigen Durchmischung ausgegangen wird. Ein Kompartimentmodell ist also ein *kinetisches* Modell, d. h. es wird nur die Zeit-, nicht aber die Ortsabhängigkeit berücksichtigt. Dadurch erhält man anstelle partieller Differentialgleichungen (abhängig von Ort und Zeit) gewöhnliche Differentialgleichungen, die nur von der Zeit abhängen. Kompartimente sind selbst strukturlos, die Struktur des Systems drückt sich ausschließlich durch die Beziehung der Kompartimente untereinander aus. Kompartimentmodelle sind deshalb ein Grenzfall räumlicher Diskretisierung. Der Raum ist zwar durch Anzahl und Größe der Kompartimente unterteilt, die räumliche Abhängigkeit verbirgt sich aber in den Austauschraten.

## Aufgaben zu Kapitel 4

4.1 Ein Aal (Fettgehalt ca. 4,1 %, 80 % Wassergehalt) schwimmt in leicht verschmutztem Wasser. Dieses enthält Hexachlorbenzol (HCB) in der sehr geringen Konzentration von $C_W = 1\ \mu$g/Liter (= $10^{-6}$ kg/m$^3$) = 1ppb (part per billion, 1 zu 1 Milliarde). Wie hoch ist die Konzentration im Fisch $C_F$, ausgedrückt in ppb und in kg/m$^3$?

4.2 Das Sediment des leicht verschmutzten Flusses hat ca. 10 % organischen Kohlenstoff OC. Wie hoch ist die Gleichgewichtskonzentration von HCB im Sediment $C_S$ (Dichte Sediment $\rho_S = 2$ g/cm$^3$, $\theta$ = Porenwassergehalt ca. 50%)?

4.3 2,4-Dichlorphenoxyessigsäure (2,4-D) hat einen pKa-Wert von 2,73 und einen log $K_{OW}$ von 1,57. Wie hoch ist der $K_d$ des Stoffes an das Sediment bei pH=3, 5, 7?

4.4 Wie läßt sich Übungsbeispiel 4.1 mit der numerischen Einschrittmethode (Eulerverfahren) lösen?

# Kapitel 5
# Modellhafte Abbildungen der Umwelt

## 5.1
## Einleitung und Problemdefinition

Bereits in den 60er Jahren hatte man einige gravierende Umweltschäden durch weltweit verbreitete Chemikalien (z. B. DDT, PCBs u. a.) festgestellt. Um anhand einiger weniger Stoffdaten aus dem Labor (Dampfdruck, Löslichkeit, $K_{OW}$, Abbauraten) jene Chemikalien vorab prognostizieren zu können, die Schaden anrichten werden, entwickelte man erste einfache Modelle.

Wie im Kapitel 4 anhand einer Serie von Experimenten gezeigt, kann man unsere Welt in *Phasen* einteilen (hydrophil bzw. wäßrig bzw. polar, lipophil bzw. hydrophob bzw. unpolar, Gase, Feststoffe). Phasen sind *thermodynamisch* begründet.

Für die Modellierung von Vorgängen in der Umwelt ist dies nicht immer sinnvoll. Zum Beispiel besteht Boden aus allen vier Phasen gleichzeitig, ebenso ein Fisch, ein Mensch . . . .

Hilfreich ist vielmehr die Einteilung in *Kompartimente*, die man dann anhand dieser Phasen hinsichtlich ihres Aufnahmeverhaltens für Umweltchemikalien definieren kann. Kompartimente stellen einen abgegrenzten Teil eines Systems dar (siehe Kapitel 2).

## 5.2
## Verteilungsmodelle für Mehrkompartimentesysteme

### Stufe 1: Gleichgewicht, kein Eintrag, keine Austauschvorgänge

Es wird davon ausgegangen, daß die gesamte Stoffmenge im System sich auf alle Kompartimente entsprechend den Verteilungskoeffizienten verteilt. Die Stoffmenge ist konstant, es gibt keinen Zufluß, keinen Abfluß und keine Elimination. Das Ergebnis ist die tendenzielle Verteilung eines Stoffes in einem Umweltausschnitt.

Das Prinzip ist in Abbildung 4.1 dargestellt. Die *Kompartimente* 1,2, . . .,n werden als Kästchen verbildlicht. Die *Stoffmenge* (Höhe h mal Breite b) wird durch die punktierte Fläche dargestellt. Zwischen den Kästchen ist ungehinderter Austausch möglich. Alle Kästchen sind bis zur gleichen Höhe (h) gefüllt. Das System ist im Gleichgewicht. Analog kann man sich ein System aus kommunizierenden Röhren vorstellen, die wassergefüllt sind.

Gesamtstoffmenge im System m (kg) und Volumina V ($m^3$) seien gegeben, Konzentrationen $C_{1,..,n}$ sind gesucht.

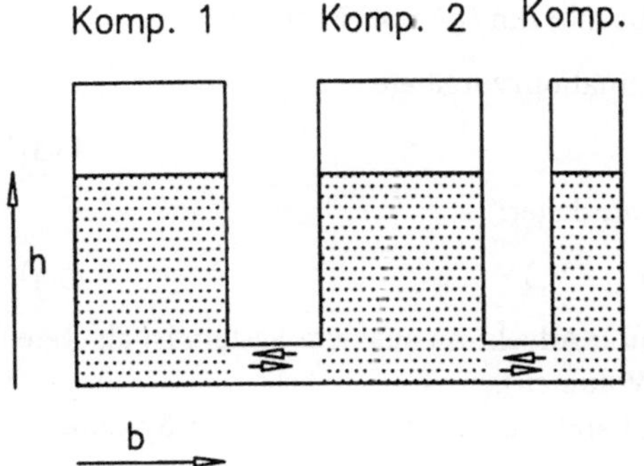



**Abb. 5.1.** Modell Stufe 1; System im Gleichgewicht.

$$m = C_1 \cdot V_1 + C_2 \cdot V_2 + \ldots + C_n \cdot V_n \tag{5.1}$$

Im Gleichgewicht gilt: $C_i / C_1 = K_{i1}$ mit $i = 1, \ldots, n$, und $K_{11} = 1$. Eingesetzt folgt:

$$m = C_1 \cdot V_1 + C_1 \cdot K_{21} \cdot V_2 + \ldots + C_1 \cdot K_{n1} \cdot V_n$$

$$C_1 = m / (V_1 + K_{21} \cdot V_2 + \ldots + K_{n1} \cdot V_n) \tag{5.2}$$

$$C_i = K_{i1} \cdot C_1 \; ; \; m_i = V_i \cdot C_i$$

Mit $i = 1, \ldots, n = $ Luft, Wasser, Boden, Sediment, Fisch … je nach Umweltausschnitt.

## Stufe 2: Gleichgewicht mit Zu- und Abfluß, stationär

Hier wird davon ausgegangen, daß in das System kontinuierlich ein Stoff zugegeben wird. Im stationären Zustand sind Zufuhr und Elimination gleich, das heißt der Abfluß entspricht dem Zufluß. Weiterhin gilt die Annahme, daß der Stoff sich auf alle Kompartimente entsprechend den Verteilungskoeffizienten verteilt. Das Ergebnis ist die Konzentration eines Stoffes im Fließgleichgewicht bei gleichzeitiger Annahme eines vollständigen (sofortigen) Transfers zwischen den Kompartimenten des Umweltausschnitts. Weiterhin kann die mittlere Halbwertszeit eines Stoffes im Umweltausschnitt abgeschätzt werden. Das System ist in Abbildung 5.2 dargestellt.

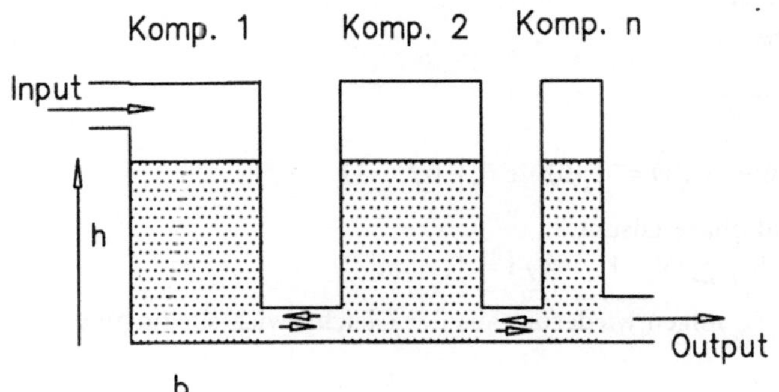



**Abb. 5.2.** Modell Stufe 2; System im Gleichgewicht, mit Zu- und Abfluß.

Aufgrund der Annahme der Stationarität gilt: $dm/dt = 0$. Es folgt:

Gesamtinput I (kg/s) = Summe aller Eliminationsvorgänge

$$I = \Sigma_i (V_i \cdot C_i \cdot \lambda_i) \tag{5.3}$$

Die Konzentrationen sind im Gleichgewicht, daher:

$$C_1 = I / (\lambda_1 \cdot V_1 + \lambda_2 \cdot K_{21} \cdot V_2 + \ldots + \lambda_n \cdot K_{n1} \cdot V_n) \tag{5.4}$$

(Hinweis: Advektion ins System ist Teil von I; Advektion aus dem System ist als Rate 1.Ordnung definiert mit $\lambda = Q/V$, Fluß/Volumen).

Es folgt weiterhin die mittlere Aufenthaltsrate $\lambda_M$ für die Substanz im System:

$$I = \Sigma_i (V_i \cdot C_i \cdot \lambda_i) \rightarrow I = \lambda_M \cdot \Sigma_i (V_i \cdot C_i) \rightarrow \lambda_M = I / \sum_i (V_i \cdot C_i) = I/m \tag{5.5}$$

## Stufe 2 dynamisch: Gleichgewicht mit Zu- und Abfluß, instationär

Hier wird zwar von einem Gleichgewichtszustand zwischen den Phasen ausgegangen, jedoch wird die Konzentration zeitabhängig betrachtet. Es gilt für die Änderung der Gesamtmasse im System $m_t$:

$$\begin{aligned}
dm_t/dt &= dm_1/dt + dm_2/dt + \ldots + dm_n/dt \\
&= V_1\, dC_1/dt + V_2\, dC_2/dt + \ldots + V_n\, dC_n/dt \\
&= \text{Input} - \text{Output} \\
&= \Sigma_i\, I_i - \Sigma_i(V_i \cdot C_i \cdot \lambda_i)
\end{aligned}$$

Im Gleichgewicht gilt: $C_i/C_1 = K_{i1}$ mit $i = 1,\ldots,n$, und $K_{11} = 1$. Eingesetzt folgt

$$V_1\, dC_1/dt + K_{21}\, V_2\, dC_1/dt + \ldots + K_{n1}\, V_n\, dC_1/dt = S_i\, I_i - C_1\, \Sigma_i(V_i \cdot K_{i1} \cdot \lambda_i)$$

Es ist nun also nur noch $C_1$ als unbekannte Konzentration zu errechnen. Es wird nach $dC_1/dt$ aufgelöst:

$$dC_1/dt = \frac{\Sigma_i\, I_i - C_1\, \Sigma_i(V_i \cdot K_{i1} \cdot \lambda_i)}{V_1 + K_{21}\, V_2 + \ldots K_{n1}\, V_n}$$

oder, zusammengefaßt:

$$dC_1/dt = -a \cdot C_1 + b$$

$$a = \frac{\Sigma_i(V_i \cdot K_{i1} \cdot \lambda_i)}{V_1 + K_{21}\, V_2 + \ldots K_{n1}\, V_n}$$

$$b = \frac{\Sigma_i\, I_i}{V_1 + K_{21}\, V_2 + \ldots K_{n1}\, V_n}$$

Die Lösung für $C_1(t)$ lautet: $C_1(t) = C_1(0) \cdot e^{-at} + b/a \cdot (1 - e^{-at})$

Für $t \rightarrow \infty$ folgt die stationäre Lösung
$$C_1(\infty) = b/a = (\textstyle\sum_i I_i) / \sum_i(V_i \cdot K_{i1} \cdot \lambda_i)\ \ i = 1,\ldots,n$$

Konzentrationen $C_2$ bis $C_n$ folgen wiederum aus der Gleichgewichtsbedingung

$$C_i = K_{i1} \cdot C_1\ ,\ i = 2,\ldots,n$$

### Stufe 3: Verteilung nicht im Gleichgewicht, stationär

Abweichend von Stufe 2 wird hier nicht mehr davon ausgegangen, daß sich die Umweltkompartimente im Gleichgewicht befinden. Es kann in jedes Kompartiment ein Zufluß stattfinden und / oder ein Abfluß. Der Austausch zwischen den Kompartimenten ist nicht mehr ungehindert und sofortig, sondern wird über Transferwiderstände (Ventile) geregelt. Es stellen sich abhängig von den einzelnen Austausch- und Eliminationsraten und vom Inputkompartiment die Konzentrationen ein. Zunächst wird auch hier Stationarität im Fließgleichgewicht angenommen.

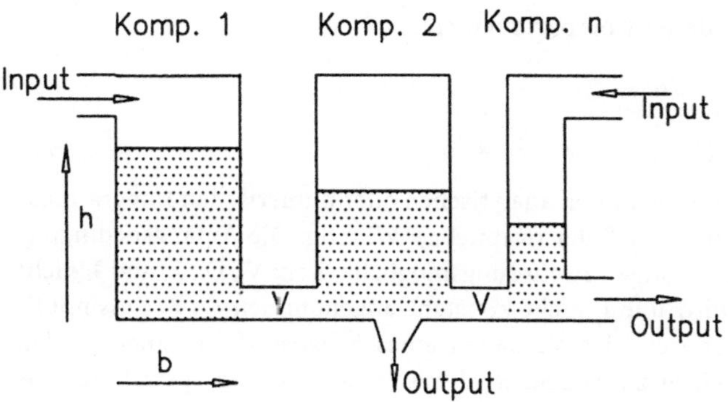


Abb. 5.3. Modell Stufe 3; stationäres System mit Zu- und Abfluß, kein Gleichgewicht.

In der Umwelt gibt es zum Austausch zwei Möglichkeiten: diffusiv und advektiv.

1. Diffusiv (vgl. Diffusion über Phasengrenzen, Kapitel 4.5)

$$N_{ij} = - A_{ij} \cdot g_{ij} \cdot (C_i - C_j / K_{ji}) = - N_{ji}$$

2. Advektiv

$$N_i = Q_i \cdot [C_i(\text{in}) - C_i(\text{out})]$$

mit $Q_i$ ist der Fluß des Mediums selbst ($m^3/s$).

Änderung der Stoffmenge im Kompartiment =
+ Input
± Advektion
± Gewinn / Verlust aus anderen Kompartimenten
– Abbau
= 0 (stationär)

$$V_i \cdot dC_i/dt = I_i + N_i + \Sigma_j (N_{ij}) - C_i \cdot V_i \cdot \lambda_i = 0 \qquad (5.6)$$

für i = 1,...,n und j=1,...,n und j ≠ i

Dies ergibt ein Gleichungssystem von n linearen Gleichungen mit n unbekannten $C_i$, die durch die üblichen Verfahren (z. B. Gaußsches Eliminationsverfahren) gelöst werden können.

### Stufe 4: Verteilung nicht im Gleichgewicht, instationär

Wohl nur in Ausnahmen wird man davon ausgehen können, daß sich stationäre Verhältnisse einstellen. Man wird also ‚reale' Situationen instationär betrachten müssen. Neu gegenüber der Stufe 3 (Abb. 5.3) ist also die Betrachtung der zeitlichen Änderung der Massenbilanz und der Massenflüsse. Es gilt für die Massenbilanz eines emittierten Stoffes:

Änderung der Stoffmenge im Kompartiment =
+ Input
± Advektion
± Gewinn/Verlust aus anderen Kompartimenten
– Abbau
≠ 0 (instationär)

$$V_i \cdot dC_i/dt = I_i + N_i + \Sigma_j (N_{ij}) - C_i \cdot V_i \cdot \lambda_i \neq 0 \qquad (5.7)$$

Die Lösung gelingt durch die bekannten analytischen oder numerischen Integrationsverfahren, z. B. Runge-Kutta oder Euler (Kapitel 2). Wichtig: Die Anfangsbedingungen müssen bekannt sein. Sonstige Erweiterungsmöglichkeiten: $V_i$, $Q_i$, $\lambda_i$ und $I_i$ nicht konstant. Üblicherweise wird nur $I_i$ nicht konstant angenommen (z. B. Pulsinput). Hat man das Problem vor sich, das Verhalten eines Schadstoffs in einem realen Umweltausschnitt vorhersagen zu wollen, wird man wohl eher ein speziell auf das gegebene Problem zugeschnittenes Modell erstellen oder anwenden. Dazu werden später Modellbeispiele vorgestellt.

## 5.3
## ‚Mackay-Modelle'

1979 stellte D. Mackay sein Konzept einer idealisierten Beispielswelt *Unit World* von 1 km² Grundfläche vor. Gleichzeitig leitete er Modelle her, die – auf Verteilungsverhalten, Transport- und Abbauvorgängen basierend – das Verhalten von ausgebrachten organischen Schadstoffen in der wirklichen Welt simulieren sollten. Später wurden die Parameter dieser Welt nochmals etwas variiert. Zeitgleich entwickelte übrigens Walter Klöpffer vom Batelle-Institut Frankfurt/Main (jetzt C.A.U. GmbH) ein ähnliches Modell, ohne es jedoch weiter auszubauen.

**Tabelle 5.1** Unit World von Mackay (1991)

| Kompartment | Volumen | Dichte | sonstiges |
|---|---|---|---|
| Luft | $1 \text{ km}^2 \cdot 6 \text{ km} = 6 \cdot 10^9 \text{ m}^3$ | $1,19 \text{ kg}/\text{m}^3$ | |
| Wasser | $0,7 \text{ km}^2 \cdot 10 \text{ m} = 7 \cdot 10^6 \text{ m}^3$ | $1\,000 \text{ kg}/\text{m}^3$ | |
| Boden | $0,3 \text{ km}^2 \cdot 15 \text{ cm} = 4,5 \cdot 10^4 \text{ m}^3$ | $1500 \text{ kg}/\text{m}^3$ | OC 2 % |
| Sediment | $0,7 \text{ km}^2 \cdot 3 \text{ cm} = 2,1 \cdot 10^4 \text{ m}^3$ | $1500 \text{ kg}/\text{m}^3$ | OC 4 % |
| Partikel | $35 \text{ m}^3$ | $1500 \text{ kg}/\text{m}^3$ | OC 4 % |
| Biota (Fische) | $7 \text{ m}^3$ | $1\,000 \text{ kg}/\text{m}^3$ | Lipide 5 % |

Die Unit World ist aufgebaut aus Wasser (Tiefe 10 m, 70 % der Fläche), Boden (Tiefe 15 cm, 30 % der Fläche), Luft (Höhe 6 km), Sediment (Tiefe 3 cm, 70 % der Fläche), Partikel (5 g/m³ Wasser) und Biota bzw. Fisch (1 g/m³ Wasser); Mackay arbeitet jedoch noch an seinem Konzept (Mackay 1991).

## Modellrechnungen mit den Fugazitätsmodellen

Modellrechnungen lassen sich entweder nach dem oben beschriebenen System mit den K-Werten berechnen, auch unter Berücksichtigung der ‚Einheitswelt‘-Volumina, oder mit Hilfe des von Mackay in die Umweltmodellierung eingebrachten *Fugazitätskonzepts*. Beide Systeme unterscheiden sich nur in der mathematischen Formulierung, beschreiben jedoch genau das Gleiche.

**Fugazität** ist eine thermodynamisch ableitbare Größe. Sie entspricht dem Partialdruck in einem Kompartiment. Es gilt die Grundgleichung

$$C = f \cdot Z \tag{5.8}$$

C ist Konzentration einer Substanz (hier: mol/m³), f ist die Fugazität (Pascal, Pa = N/m²) und Z ist die Kapazität (mol m⁻³ Pa⁻¹). Weiter gilt: Im Gleichgewicht sind die Fugazitäten $f_i$ und $f_j$ zweier Phasen gleich. Daraus folgt:

$$C_i/C_j = (f_i \cdot Z_i)/(f_j \cdot Z_j) = Z_i/Z_j = K_{ij} \tag{5.9}$$

Betrachtet man sich erneut Abb. 5.1 bis 5.3, kann man sich die Fugazität als die *Höhe* h der punktierten Fläche, Z als die Breite b der Säulen und die Konzentration als h · b vorstellen. Im Gleichgewicht ist die Höhe h bzw. die Fugazität f gleich, nicht jedoch die Konzentration C, weil diese von der Breite b bzw. der Aufnahmekapazität Z des Kompartiments abhängt.

Analog den K-Werten werden Z-Werte definiert, mit deren Hilfe man die Verteilung einer Substanz im System berechnen kann.

Man kann formale Analogien zur Wärmelehre erkennen: Die Wärmekapazität entspricht der Fugazitätskapazität und die Temperatur der Fugazität. Zwei Phasen befinden sich im thermischen (stofflichen) Gleichgewicht, wenn die Temperaturen (Fugazitäten) der Phasen gleich sind.

## Kapazität der Luft $Z_A$

Für Luft (Index A) gelingt die Herleitung aus der allgemeinen Gasgleichung für ideale Gase:

$$p \cdot V = n \cdot R \cdot T \tag{5.10}$$

p ist der Partialdruck der Substanz (Pa), V das Volumen (m³), n die Stoffmenge (mol), R die allgemeine Gaskonstante (8,314 J mol⁻¹ K⁻¹) und T die absolute Temperatur (K).

Um diese einfache Gleichungsstruktur auch für reale Gase zu erhalten, führt man anstelle des Partialdruckes p die Fugazität f ein (ebenfalls mit der Einheit Pascal) und erhält $f \cdot V = n \cdot R \cdot T$.

Durch Umstellung erhält man:

$n/V = f/(R \cdot T)$   vergleiche mit
$C = f \cdot Z$
mit $C = n/V$ und $f$ = Fugazität folgt also für $Z_A$ (mol $\cdot$ m$^{-3}$ $\cdot$ Pa$^{-1}$)

$$Z_A = 1/(R \cdot T) \tag{5.11}$$

### Kapazität des Wassers $Z_W$

Nach Definition ist

$K_{AW} = Z_A/Z_W$   durch Umstellung und mit Gl. 4.3 folgt

$$Z_W = Z_A/K_{AW} = [1/(R \cdot T)]/[H/(R \cdot T)] = 1/H \tag{5.12}$$

H ist die dimensionsbehaftete Henrykonstante (Pa $\cdot$ m$^3$/mol).

Gleichgewichtskoeffizienten sorbierender Phasen (bzw. von Boden, Biota und Sediment) zu Wasser $K_{XW}$ kann man in Z-Werte umrechnen, indem man durch $1/H$ dividiert bzw. mit $Z_W$ multipliziert:

$$Z_X = K_{XW} \cdot Z_W = K_{XW}/H \tag{5.13}$$

### Diffusive Transportvorgänge mit dem Fugazitätskonzept:

Der diffusive Stofffluß $N_{ij}$ zwischen Phase i und j wird angetrieben durch einen *Fugazitätsgradienten*:

$$N_{ij} = D_{ij} \cdot (f_i - f_j) \tag{5.14}$$

$D_{ij}$ ist hier ein Austauschterm (Einheit mol s$^{-1}$ Pa$^{-1}$) und nicht der Diffusionskoeffizient. Man kann also auf den Verteilungskoeffizienten in der Gleichung verzichten (allerdings tauchen dafür die Z-Werte bei der Berechnung von $D_{ij}$ auf). Diffusive Transportvorgänge zwischen mehreren Phasen werden auf diese Weise elegant und anschaulich, denn die Diffusion findet von der höheren Fugazität zur niedrigeren statt. Man vergleiche dagegen Kapitel 4.5. Zur Bestimmung der $D_{ij}$-Werte siehe Makkay et al. 1985.

Die Berechnung des Massentransports (der Advektion) wird durch den Fugazitätsansatz komplizierter:

$$N_i = Q_i \cdot f_i \cdot Z_i \; (= Q_i \cdot C_i) \tag{5.15}$$

Da advektive Transportvorgänge oftmals sehr wichtig sind, vereinfacht das Fugazitätskonzept den Modellaufbau nicht immer.

Müßig ist auch die eher philosophische Frage darüber, ob es Fugazität nun gibt oder nicht. In der Praxis wird man es nur mit Konzentrationen zu tun haben. Das

Fugazitätskonzept wird in den folgenden Kapiteln nicht bei der Modellentwicklung verwendet. Es war und ist aber sehr populär, vor allem deshalb, weil D. Mackay damit ein einheitliches Konzept für alle Umweltkompartimente (mit gleichen Einheiten) aufgestellt hat. Deshalb hier die Beschreibung der obigen vier ‚Stufen' mit Hilfe von Fugazitätsmodellen (nach Mackay 1979, 1981), bekannt als ‚Mackay-Modell Level I bis IV':

*Level I Gleichgewicht, kein Transport, kein Abbau*

$$f_i = m / \sum_i (V_i \cdot Z_i) \tag{5.16}$$

sowie

$$C_i = f_i \cdot Z_i \text{ und } m_i = f_i \cdot Z_i \cdot V_i$$

$$f_1 = f_2 = \dots f_n \text{ (Gleichgewichtsbedingung)}$$

*Level II Gleichgewicht, aber mit Input und Abbau*

$$f_i = I / \sum_i (V_i \cdot \lambda_i \cdot Z_i) \tag{5.17}$$

$$f_1 = f_2 = \dots f_n \text{ (Gleichgewichtsbedingung)}$$

*Level III kein Gleichgewicht, aber stationär*

$$I_i - V_i \cdot f_i \cdot Z_i \cdot \lambda_i - \sum_j D_{ij}(f_i - f_j) = 0 \tag{5.18}$$

$$f_1 \neq f_2 \neq \dots f_n \text{ (kein Gleichgewicht)}$$

*Level IV instationär*

$$V_i \cdot Z_i (df_i / dt) = I_i(t) - f_i \cdot (V_i \cdot Z_i \cdot \lambda_i + \sum_j D_{ij}) + \sum_j(D_{ij} \cdot f_j) \tag{5.19}$$

$$f_1 \neq f_2 \neq \dots f_n \text{ (kein Gleichgewicht)}$$

## 5.4
## Was sagen uns diese Modelle?

*Level I:* Gleichgewicht.

Das globale Gleichgewicht wird erst am Ende aller Zeiten erreicht werden (Entropie maximal), also nie. Die Annahme des Gleichgewichts für größere Maßstäbe ist also eigentlich völlig irreal. Jedoch streben alle diffusiven Austauschvorgänge dem Gleichgewicht entgegen. Für kleine Skalen ist die Annahme eines lokalen Gleichgewichts also sinnvoll, und oftmals wird innerhalb komplexer Modelle lokales Gleichgewicht unterstellt. Für größere Maßstäbe ist die Annahme des Gleichgewichts am ehesten gültig für Stoffe, die schon sehr lange in der Umwelt sind, die weit verteilt (ubiquitär) und die persistent sind (kaum Abbau), sowie weitab vom Emittenten, also unter Hintergrundbedingungen. Ein Vergleich von Level I-Ergebnissen zu realen Umweltdaten kann immer nur qualitativ stattfinden, v.a. wenn die UNIT WORLD verwendet wird.

*Level II:* Fließgleichgewicht mit Reaktion und Advektion.

Dieser Modelltyp eignet sich dazu, mit relativ wenig Aufwand größere Umweltausschnitte (Regionen) zu simulieren. Es können Fragen geklärt werden wie die, ob schneller Abbau in einem Kompartiment tatsächlich für die Massenbilanz eine dominierende Rolle spielt oder ob die Substanz sich kaum in diesem Kompartiment findet. Oder: Wie ist die mittlere Abbaurate im System unter Berücksichtigung der Verteilung? Zudem kann man zumindest die Größenordnung der Konzentration unter Hintergrundbedingungen bei gegebender Emission berechnen. Allerdings wird die Geschwindigkeit von Austauschvorgängen nicht berücksichtigt.

*Level III:* Stationäres Fließgleichgewicht

Bevorzugt wird dieser Typ, weil er das Eintrittsmedium in die Umwelt berücksichtigt. Schwierig sind allerdings die Austauschraten zu bestimmen (siehe dazu Mackay et al. 1985), die ja eigentlich zeitlich und örtlich variabel sind. Auch hier gilt: verwendet man die UNIT WORLD, kann man die Ergebnisse nur qualitativ mit der Realität vergleichen. Fragen, die mit diesem Modell beantwortet werden können, sind: Ist der stationäre Zustand erreicht? Wie wirken sich Emissionen bestimmter Stoffe in einem Gebiet langfristig aus? Man versucht auch, solche Fragen zu lösen wie ... Massenbilanz der BRD, oder Niedersachsens ...

Ein Mackay – Level III – Modell (Mackay et al. 1992) ist als Referenzmodell von der OECD für den Vergleich von Chemikalien auf regionaler Basis vorgeschlagen worden.

Dennoch sind diese Rechnungen kritisch zu betrachten: Wird Stationarität erreicht? Welchen Wert haben die Aussagen des Level III Modells? Wie sicher (repräsentativ) sind die Eingangsdaten? Es werden von diesem Modelltyp (wegen den Transfers zwischen den Kompartimenten) nämlich erheblich mehr Daten verlangt als von den vorherigen.

*Level IV:* Dynamisches Modell.

Wirkliche Umweltvorgänge laufen IMMER dynamisch ab. Will man allerdings einen realen Umweltausschnitt simulieren, ist das Mackay-Modell oft zu ‚global‘. Besser sind meist speziell auf die Fragestellung angepaßte Modelle, die in den folgenden Kapiteln behandelt werden.

**Zusammenfassung:**

Mit Hilfe dieser Modelle können Aussagen zu Akkumulation, Persistenz und Mobilität von Schadstoffen in größeren Umweltausschnitten getroffen werden. Die dazu notwendigen Daten liegen zum Teil bereits vor. Modelle dienen auch zur Übertragung der Erfahrungen von einer Substanz auf andere.

**Übungsbeispiel 5.1**

Die Verteilungsmodelle können verwendet werden, um ganze Regionen zu modellieren. Als Beispiel sei die Simulation von 2,3,7,8-TCDD (‚Seveso-Dioxin‘) und Benzol für die BRD mit einem einfachen Szenario gezeigt (Stoffdaten aus Rippen 1993).

Beide Stoffe sind sehr unterschiedlich: Dioxin (hochtoxisch) wird in geringen Mengen emittiert, ist sehr persistent und akkumuliert. Benzol wird in sehr großen Mengen emittiert (Verkehr), ist aber in der Umwelt nicht sehr stabil. Es ist vor allem als Luftschadstoff bedeutend (krebserregend) (LAI 1992).

### Simulation von Benzol

Nach dem Zwischenbericht der Enquete-Kommission „Schutz des Menschen und seiner Umwelt – Bewertungskriterien und Perspektiven für umweltverträgliche Stoffkreisläufe in der Industriegesellschaft" (Bundestagsdrucksache 12/5812) wurden 1991 in der BRD 56 100 000 kg Benzol emittiert. Benzol wird in Luft mit einer Halbwertszeit von etwa 14 Tagen, in Boden von etwa 12 Tagen abgebaut (Rippen 1993). Das Konzentrationsverhältnis zwischen Boden und Luft läßt sich aus bekannten Daten errechnen (Gleichungen siehe Kapitel 4). Mehr Eingabedaten werden nicht benötigt, wenn nur diese beiden wichtigsten Kompartimente betrachtet werden.

### Daten Benzol

Abbau im Boden Halbwertszeit 12,0 Tage
Abbau in der Luft Halbwertszeit 14,0 Tage
Input 56 100 Tonnen pro Jahr
weitere Werte angelehnt an Tabelle 5.1, Fläche: BRD 1991.
$M = 78{,}0\ \mathrm{g/mol}$; $\log K_{OW} = 2{,}13$; $K_{AW} = 0{,}225$; $K_{BA} = 8{,}89$

Betrachtet wird der Konzentrationsverlauf bis zum Fließgleichgewicht, dann die Abklingkurve bei Stop aller Emissionen.

Das Ergebnis der Simulation zeigt Abbildung 5.4. Benzol erreicht aufgrund seiner hohen Mobilität und der (relativ) raschen Abbaubarkeit in der Umwelt innerhalb von

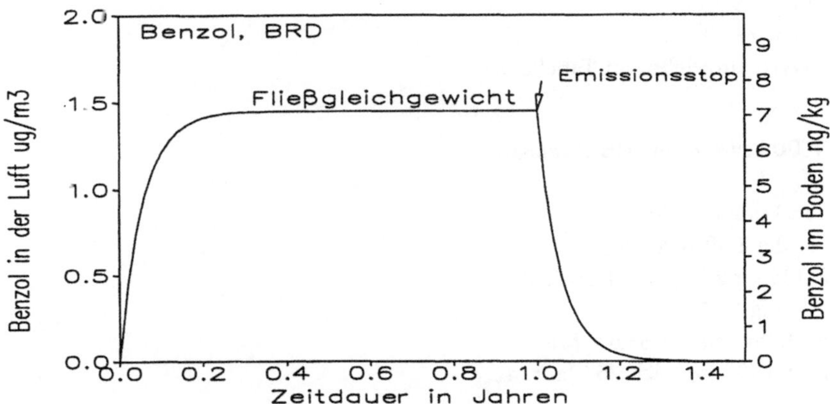


**Abb. 5.4.** Berechnung der Konzentration von Benzol in der BRD; nur Luft und Boden.

3 Monaten das Fließgleichgewicht. Die errechneten Konzentrationen liegen bei 1,5 $\mu$g/m³ in der Luft und bei 7 ng/kg im Boden. Tatsächlich finden sich in der Luft in ländlichen Gebieten Benzolkonzentrationen unter 1 $\mu$g/m³, dagegen an Hauptverkehrsstraßen bis zu 30 $\mu$g/m³. Im Böden wurden Benzolkonzentrationen < 60 ng/kg bestimmt (Enquete Zwischenbericht 1993).

Im Fließgleichgewicht befinden sich 3100 Tonnen Benzol in der Luft, aber nur etwa 0,7 Tonnen im Boden. Benzol ist also v.a. als Luftschadstoff ein Problem. Benzol weist kein hohes Akkumulationsverhalten auf, ist aber sehr mobil, da sich die Hauptmenge der Substanz in der Luft befindet. Die Persistenz ist vergleichsweise gering. Würde man sämtliche Benzolemissionen (auch der Nachbarländer) stoppen, würde innerhalb weniger Monate die Benzolkonzentration auf nahe 0 zurückgehen.

**Simulation von 2,3,7,8-TCDD**

Gänzlich anders als Benzol verhält sich das ‚Sevesodioxin' 2,3,7,8-TCDD in der Umwelt. Es wird nur in sehr geringen Mengen emittiert (Schätzung: 0,1 kg/Jahr, bezogen auf BRD West). In der Luft wird 2,3,7,8-TCDD durch Photoabbau mit einer Halbwertszeit von etwa 32 Tagen abgebaut. Im Boden ist es sehr persistent (Schätzwert: Halbwertszeit 60 000 Tage); Daten aus Rippen 1993. Es stellt sich also die Frage, wie sich 2,3,7,8-TCDD im Gesamtsystem zeitlich verhält (auch hier bezogen auf Boden und Luft). Das Ergebnis der Simulation zeigt Abbildung 5.4

**Daten 2,3,7,8-TCDD**

Abbau im Boden Halbwertszeit 6 0000 Tage
Abbau in der Luft Halbwertszeit 32 Tage
Input 0,1 kg/Jahr
M = 321,97 g/mol; $\log K_{OW}$ = 6,76; $K_{AW}$ = 0,0015; $K_{BA}$ = 0,47 · 10⁸

Szenario BRD (hier: West)
$V_{Luft}$ = 0,15 · 10¹⁶ m³
$V_{Boden}$ = 0,375 · 10¹¹ m³
weitere Werte angelehnt an Tabelle 5.1.

**2,3,7,8-TCDD Level 2 Ergebnis stationär:**

Menge im Boden 9,2 kg
Menge in der Luft 0,008 kg
$C_{Boden}$ = 135,9 pg/kg Frischgewicht
$C_{Luft}$ = 5,17 fg/m3
Mittlere Halbwertszeit 63,6 Jahre
Stationarität (95 %) nach 257 Jahren

Vergleich zu Meßwerten (McLachlan 1992): 2,3,7,8-TCDD im Boden 70 pg/kg, in der Luft 3,6 fg/m³; die Werte stimmen in der Größenordnung mit der Rechnung

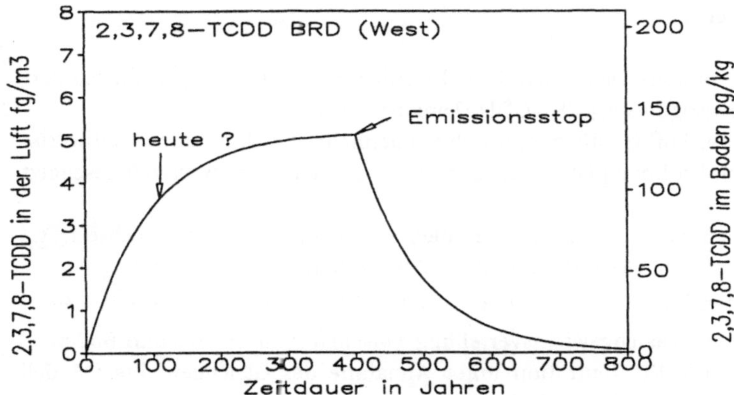


**Abb. 5.5.** Simulation von 2,3,7.8-TCDD mit Level 2dyn.

überein, liegen aber unterhalb des Fließgleichgewichts. Dies bedeutet, daß mit dem Gleichgewichtsansatz (Level 2dyn) Werte im Bereich der gemessenen Ergebnisse simuliert wurden.

Das Fließgleichgewicht stellt sich erst nach sehr langer Zeit ein. Dann befinden sich < 1 % der Stoffmenge in der Luft. Ein Stop der Emissionen hat erst mit Verzögerung eine deutliche Senkung der Immissionen zur Folge, da der Boden ein großes Reservoir darstellt. Bei Beibehaltung der heutigen Emissionen nimmt die Menge in der Umwelt noch zu. Die Rechnung ist allerdings idealisiert: Aufgrund von Advektion (Austrag mit der Luft) nimmt die Konzentration in der BRD sicherlich deutlich schneller ab als prognostiziert, andererseits werden entfernte Gebiete belastet. 2,3,7,8-TCDD weist ein sehr hohes Akkumulationspotential auf (auch in Fisch, Pflanzen und tierischen Nahrungsmitteln), ist im System sehr persistent, aber relativ gering mobil.

### Grenzen des Modells

Aufgrund seiner rigiden Annahmen (gleiche Konzentration in der Luft für die gesamte BRD, ebenso im Boden und in anderen Umweltmedien) ist die Genauigkeit des Modells und seine Aussagefähigkeit begrenzt. Die ‚mittleren Konzentrationen' werden in ländlichen Gebieten unter- und in Belastungsgebieten überschritten. Sie gelten auch jeweils nur für die untere Troposphäre (bis 6 000 m Höhe) und den Oberboden (bis 15 cm Tiefe). Zur Berechnung von Konzentrationen abhängig von der Entfernung zum Emittenten und den meteorologischen Bedingungen gibt es entsprechende Modelle, z. B. in der TA-Luft (Kapitel 8). Der Rechen- und Datenaufwand bei diesen Ausbreitungsmodellen steigt mit der Zahl der Emissionsquellen. Für einzelne Gebiete und Situationen ist es möglich, Simulationen für alle Einzelquellen durchzuführen. Bei flächig emittierten Stoffen aus einer Vielzahl von Quellen (Benzol: Straßenverkehr, Tankstellen) bietet sich der Einsatz der einfacheren Kompartimentmodelle (wie hier vorgestellt) an.

**Aufgaben zu Kapitel 5**

5.1 In der Bundesrepublik Deutschland (Alt) werden nach Schätzungen jährlich derzeit 0,1 kg des Sevesogiftes 2,3,7,8-TCDD (Dioxin) emittiert.

TCDD wird in der Luft (gasförmig) durch Sonnenlicht schnell zerstört (Halbwertszeit max. 32 Tage). Im Boden ist es dagegen sehr persistent (Halbwertszeit geschätzt 160 Jahre).

Daten: Bodentiefe 15 cm; organischer Kohlenstoffgehalt 2 %; Trockendichte 1,5 g/$cm^3$; Wassergehalt 30 %, Gesamtporen 50 %; Atmosphäre Höhe 6 000 m;

2,3,7,8-TCDD: log $K_{OW}$ = 6,76 und $K_{AW}$ = 0,0015 aus den Tabellen 4.1 und 4.2.

a) Berechnen Sie die Gleichgewichtsverteilung zwischen Atmosphäre und Boden.
b) Berechnen Sie die Konzentration unter Annahme des Gleichgewichts (Modell ‚Stufe 2‘) für die BRD-Alt, Fläche ca. 250 000 $km^2$.
c) Welche Mengen sind also in der Alt-BRD bei Fließgleichgewicht in Boden und Luft?
d) Wie lange würde es bei sofortigem Stop aller Emissionen dauern, bis die in der BRD vorhandene Menge halbiert ist?

5.2 Sie freuen sich: endlich ein schönes Zimmer in einem wunderschönen Altbau, alles so schön mit Holz getäfelt. Sie lassen Holzspäne aus ihrem Zimmer in unserem Labor untersuchen. Inhalt: 100 mg/kg Lindan (und andere Stoffe . . .).

a) Berechnen Sie, unter Annahme von Gleichgewichtsbedingungen, die Konzentration in der Zimmerluft.
   Daten: Holzvolumen 0,1 $m^3$, Gewicht 50 kg. Zimmer 20 $m^2$, Höhe 2,5 m
   Verteilungskoeff. Holz zu Wasser: 1 000 (geschätzt)
   Verteilungskoeff. Luft zu Wasser: $10^{-4}$
b) Wieviel Lindan nehmen Sie in einer Stunde durch Inhalation auf? Welche weiteren Aufnahmewege gibt es?

5.3 Sie lüften. Pro Minute tauschen Sie 1 $m^3$ Luft aus. Wie lange müssen Sie lüften, bis Sie eine Luftkonzentration von < 1 % der Ausgangskonzentration erreichen?

5.4 Rufen Sie *CemoS* auf, laden Sie die Substanz Hexachlorbenzol, gehen Sie in das Modell LEVEL2 und berechnen Sie mit dem Standardszenario (BRD) die Konzentrationen.

Eingabedaten: Ausgangsmenge 0,0 kg; Eintrag 1 000 kg/Jahr, Cin = 0,0 kg/$m^3$; Abbau im Sediment = Abbau im Boden; Abbau im Fisch = 0,0 $a^{-1}$;

1) Wie sind im stationären Fall die Konzentrationen? Wo ist die Konzentration am höchsten, wo am niedrigsten?
2) Wo befindet sich die Hauptmenge des Stoffes?

# Kapitel 6
# Schadstoffe in Fließgewässern

## 6.1
## Einleitung

Oberflächengewässer sind eines der Umweltmedien, die am häufigsten mit Chemikalien beladen werden. Unbehandelte und behandelte Abwässer werden routinemäßig in Bäche, Flüsse und Seen eingeleitet. Hiervon ist jedoch – vor allem bei langdauernder Einleitung – nicht nur das Wasser betroffen. Ein Fluß hat auch ein Flußbett (‚Sediment'), Biota besiedeln ihn (‚Aufwuchs', Fische, Krebse, Muscheln, Schildkröten, Bakterien, Pilze . . .), und er grenzt an die Atmosphäre. Mit all diesen Kompartimenten besteht ein Stoffaustausch, der natürlich auch eingeleitete Fremd- und Schadstoffe betreffen kann.

EXPERIMENT: Man nehme ein Glas mit Wasser und gebe Erde (Sand, Lehm, Ton o. ä.) zu und rühre um. Das Wasser ist trüb von Partikeln, die sich langsam absetzen. Die Vorgänge sind ähnlich wie in einem richtigen Fluß. Auch dort werden Partikel eingetragen (Erosion) oder aufgewirbelt (Resuspension), die sich später absetzen (Deposition).

## 6.2
## Stationäres analytisches Modell WATER

Um Chemikalien zu vergleichen, die in Fließgewässer eingebracht werden und dort typischen Prozessen unterliegen, wurde das stationäre Boxmodell WATER entwickelt.

WATER ist Teil des Programmpakets *CemoS*. Vorgänger war RIVER, das ursprünglich für die OECD erstellt wurde als Teil des Programmpaketes SAMS (Screening Assessment Model System).

WATER ist anwendbar mit Daten, die beim Screening Information Data Set (SIDS) anfallen (z. B. $K_{OW}$, $K_{AW}$, Bioabbautest). Es gibt Schätzwerte von Konzentrationen und zusätzliche Information über Massenbilanzen und/oder Stoffflüsse.

Will man Konzentration und Verbleib von Chemikalien in Gewässern (Flüssen) nach einem *kontinuierlichen* Eintrag aus Kläranlagen oder von Direkteinleitern berechnen, gelingt dies am einfachsten unter Annahme stationärer Bedingungen für Wasser- und Stofffluß. Weiter vereinfacht werden kann das Modell, indem man nur die Konzentration im homogenen Wasserkörper (Fluid) betrachtet, und zwar eindimensional. Fahneneffekte und Dispersion werden also nicht betrachtet. Es verbleiben als Prozesse

- Verdünnung
- Transport durch Advektion
- Protolyse (Säure-Base-Gleichgewicht)
- Sorption an Schwebstoffe
- Deposition / Resuspension von schwebstoffgebundenen Substanzen ins Sediment
- Abbau
- Ausgasung

Der Fluß wird betrachtet als *Fluidkompartiment*, das den beweglich gedachten *Wasserkörper einschließlich darin enthaltener Schwebstoffe* beschreibt, sowie darin enthaltener Fische (im lokalen Gleichgewicht zu Wasser) (Abb. 6.1).

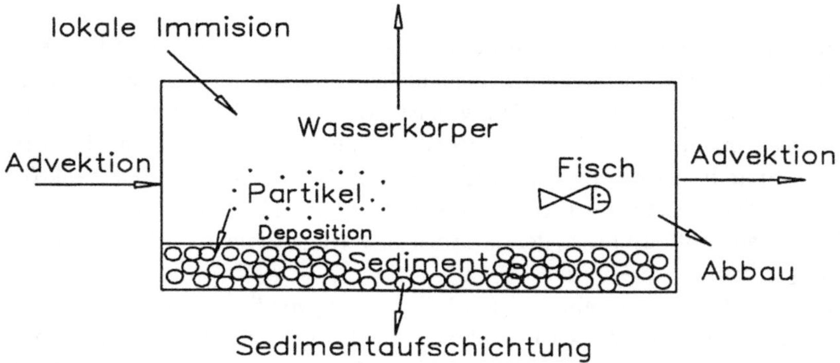


Abb. 6.1. Aufbau eines Flußabschnitts.

### 6.2.1
### Ausgangskonzentration und Transportgleichung

Die Ausgangskonzentration $C_0$ zu Beginn des Flußabschnittes folgt aus der Verdünnung des eingeleiteten Abwassers. ‚WATER' beschreibt die Verdünnung einer freigesetzten Chemikalie in einem Flußabschnitt unter der Annahme sofortiger Mischung. Wenn der mittlere Abwasserfluß $Q_E$ und der Abfluß $Q$ gegeben sind, kann der Verdünnungsfaktor $D_f$ berechnet werden:

$$D_f = Q / Q_E \tag{6.1}$$

Die mittlere Konzentration im Fluß nahe der Einleitung $C_0$ (kg/m³) wird berechnet aus der Konzentration im Abwasserzustrom $C_E$ (kg/m³) und dem Verdünnungsfaktor $D_f$ *oder* aus $C_E$ (kg/m³), Wasserabfluß $Q$ (m³/s) und dem Abwasserabfluß $Q_E$ (m³/s):

$$C_0 = C_E / D_f = C_E \cdot Q_E / Q \tag{6.2}$$

Den Verdünnungsfaktor kann man aus Statistiken über Abflüsse des Fließgewässers und der Einleiter ermitteln.

Alle Eliminationsprozesse während des advektiven Transports werden durch eine Rate erster Ordnung beschrieben, also:

$$dC/dt = -\lambda C \tag{6.3}$$

$\lambda$: Summe der Eliminierungsraten (1.Ordnung, 1/Zeit)
C: Gesamtkonzentration der Chemikalie $(kg/m^3)$
t: Zeit

Die Konzentration C ist eine Funktion des Ortes (Abstand) x, der Ausgangskonzentration $C_0$ und der Zeit t. Wenn für die gesamte Fließstrecke eine konstante Fließgeschwindigkeit angenommmen wird, gilt für die Fließzeit t:

$$t = x/u \tag{6.4}$$

Eingesetzt in Gl. 6.3 folgt

$$dC/dx = -\lambda/u \cdot C \tag{6.5}$$

Die Integration der Gleichung mit Anfangsbedingungen $C=C_0$ bei x=0 (Ausgangskonzentration) führt zur analytischen Lösung

$$C(x) = C_0 \, e^{-\lambda x/u} \tag{6.6}$$

Die Ausgangskonzentration nimmt exponentiell ab mit zunehmender Entfernung von der Einleitstelle. Man erhält dadurch den Konzentrationsverlauf über die Fließstrecke bei Annahme einer stationären Gesamtmenge im Flußabschnitt.


### 6.2.2
### Verteilung

Deposition von Partikeln betrifft nur den sorbierten Anteil der Chemikalie, Ausgasung nur den gelösten, Abbau und Advektion beide. Deshalb müssen die jeweiligen Anteile (Fraktionen) bestimmt werden. Hinzu kommt der dissoziierte Anteil einer Säure bzw. Base, der i. a. gelöst vorliegt und weder sorbiert noch ausgast. Es sei

$$C_t = C_W + C_{Sorb} \tag{6.7}$$

$C_t$ : Gesamtkonzentration im Wasserkörper (kg je $m^3$ Wasserkörper)
$C_W$ : Im Wasser gelöste Konzentration (kg je $m^3$ Wasserkörper)
$C_{Sorb}$ : An Partikel sorbierte Konzentration (kg je $m^3$ Wasserkörper).

Der $K_d$-Wert (Gl. 4.10) beschreibt die Konzentrationsverteilung bei *lokalem Gleichgewicht* zwischen Partikelphase und Wasser:

$$K_d = C'_{Pa}/C'_W$$

$C'_{Pa}$: Konzentration sorbiert an Partikel, Einheit kg Stoff/kg Partikel
$C'_W$: Konzentration gelöst, Einheit kg Stoff/kg Wasser.
$K_d$: Sorptionskoeffizient, mit $K_d = K_{OC} \cdot OC$ (siehe Gl. 4.5-11b, 4.14-15)

Mit Hilfe des Gehalts von Partikeln im Wasserkörper X (g Partikel/$m^3$ bzw. $10^{-6}\,t/t$) folgt also:

$$C_{Sorb} = X \cdot 10^{-6} \cdot K_d \cdot C_W \tag{6.8}$$

und damit $C_t = C_W + C_{Sorb} = C_W + X \cdot 10^{-6} \cdot K_d \cdot C_W$

Jetzt kann die im Wasser gelöste Fraktion des Stoffes $f_W$ direkt abgeleitet werden:

$$f_W = C_W/C_t = 1/(1 + X \cdot 10^{-6} \cdot K_d) \qquad (6.9)$$

Die an Partikel sorbierte Fraktion $f_{Pa}$ ist

$$f_{Pa} = C_{Sorb}/C_t = X \cdot 10^{-6} \cdot K_d/(1 + X \cdot 10^{-6} \cdot K_d) \qquad (6.10)$$

Es gilt $f_W + f_{Pa} = 1$, da $C_W + C_{Sorb} = C_t$ (Gl. 6.7).

Für die Berechnung der Prozesse können mit Hilfe der Faktoren $f_W$ und $f_{Pa}$ alle Spezieskonzentrationen auf $C_t$ (Gesamtkonzentration) bezogen werden.


### 6.2.3
### Abbau

Abbau im Wasser erfolgt durch Hydrolyse, Photolyse oder biotische Transformation. WATER verwendet eine aggregierte Abbaurate $\lambda_{deg}$, die alle drei Wege enthält. Sie werden als Reaktionen erster Ordnung (oder pseudo-erster Ordnung) ausgedrückt. Sorption kann alle Abbauwege beeinflussen. Jedoch hat man gewöhnlich keine Abbauraten unterschieden für den gelösten und den gebundenen Anteil. Also deckt $\lambda_{deg}$ die Abbauprozesse für beide Zustände ab. Es bleibt dem Anwender überlassen, einen geeigneten Wert für $\lambda_{deg}$ einzugeben. Man beachte:

- Hydrolyse: Summe neutraler, basen- oder säurekatalysierter Prozesse. Falls Hydrolyse bedeutend ist, muß der pH-Wert berücksichtigt werden.
- Aquatische Photolyse: Summe der direkten Photolyse und indirekter photochemischer Prozesse (direkte Prozesse sind gewöhnlich von geringerer Bedeutung). Abschätzprozeduren für Photolyse siehe Burns et al. (1982).
- Bioabbau: Abbau erster Ordnung wird angenommen. Andere Kinetik (2. Ordnung, Michaelis-Menten) muß transformiert werden in pseudo-erster Ordnung.


### 6.2.4
### Volatilisierung bzw. Ausgasung

Die Ausgasungs- oder Volatilitätsrate $K_V$ kann mit Hilfe der ‚Zweifilmetheorie' abgeschätzt werden (Whitman 1923, Mackay und Yeun 1980; Mackay und Paterson 1982; Burns et al. 1982; Trapp und Brüggemann 1988, Trapp und Harland 1995).

Die ‚Zweifilmetheorie' wurde bereits in Kapitel 4.5 erwähnt. Sie bedeutet folgendes: Durch Turbulenz (Dispersion) ist der Wasserkörper i. a. gut durchmischt. Gleiches gilt für den Luftraum. An der Grenze zwischen Wasser und Luft bildet sich eine stagnierende Schicht, eine Ruhezone, in der keine Turbulenz herrscht, und zwar auf beiden Seiten. Dort bilden sich zwei laminare Grenzschichten aus; diese können nur durch Diffusion des Moleküls durchdrungen werden. Beschrieben wird der Vorgang also durch die Dicke der Grenzschichten, die Konzentration des Stoffes in den Grenzschichten, den Konzentrationsgradienten zwischen den Medien (abh. vom Verteilungskoeffizient) und der Diffusiongeschwindigkeit in den Medien (abh. vom Molekülvolumen, in guter Näherung vom Molekulargewicht). Wichtig: Eine der beiden Schichten kann begrenzend wirken, dann nutzt es nichts, wenn die andere Schicht gut durchlässig ist. Üblicherweise verwendet man bei flüchtigen (schnell ausgasenden) Stoffen, die sich deswegen auch gut in der Gasphase lösen und nur durch den wasserseitigen Film begrenzt werden, in Fließgewässern eine Korrelation zur Geschwindigkeit des Eindringens von Sauerstoff (Wiederbelüftungsrate). Der Vorteil ist, daß diese für viele hydrologische Situationen gemessen vorliegt. Näheres siehe Trapp und Brüggemann (1988) sowie Trapp und Harland (1995).

In WATER wird angenommen, daß nur die gelöste Molekülspezies ausgasen kann, die Eliminationsrate durch Ausgasung $\lambda_V$ ist also:

$$\lambda_V = K_V \cdot f_W \tag{6.11}$$

$\lambda_V$: Volatilitätsrate bezogen auf die Gesamtkonzentration (1/Zeit)
$K_V$: Volatilitätsrate des gelösten Stoffes (1/Zeit)

Die Volatilitätsrate $K_V$ (des gelösten Stoffes) setzt sich zusammen aus den Leitwerten (bzw. Widerständen) beider Grenzfilme:

$$1/K_V = [1/k_l + 1/(K_{AW} \cdot k_g)] \cdot h \tag{6.12}$$

$K_V$: Volatilitätsrate eines gelösten Stoffes (1/Zeit, hier $h^{-1}$)
$k_l$: Leitwert der wasserseitigen Grenzschicht (liquid) m/h
$k_g$: Leitwert der gasseitigen Grenzschicht (gas) m/h
h: mittlere Flußtiefe (m)

Im Modell WATER werden drei verschiedene Regressionsgleichungen für Ozean, Seen und Flüsse verwendet, darunter für Flüsse (nach Southworth 1979):

$$k_l = F \cdot 0{,}2351 \ u^{0{,}969} \cdot h^{-0{,}673} \ (32/M)^{0{,}5} \ (m/h) \tag{6.13}$$

F = Korrekturfaktor für hohe Windgeschwindigkeiten:

$$F = e^{[0{,}526 \cdot (v-1{,}9)]} \tag{6.14}$$

F = 1 für v < 1,9 m/s; gültig bis v < 5 m/s

$$k_g = 11{,}37 \cdot (v + u) \cdot (18/M)^{0{,}5} \ (m/h) \tag{6.15}$$

Einheiten: Fließgeschwindigkeit u in m/s; Tiefe h in m; v ist die Windgeschw. 10 cm über dem Wasserspiegel (m/s), M ist die molare Masse der ausgasenden Substanz (g/mol); Relation $k_l$ zu Sauerstoff (M=32 g/mol), $k_g$ zu Wasser (M=18 g/mol).

Nach dem logarithmischen Windprofil läßt sich v in 10 cm Höhe aus v in 10 m Höhe errechnen:

$$\frac{v(10 \ m)}{v(0{,}1 \ m)} = \frac{\log \ (10 \ m/z_0)}{\log \ (0{,}1 \ m/z_0)} = ca. \ 2$$

$z_0$ ist die Rauhigkeitshöhe, ca. 0,001 m.

Das Verhältnis $k_g/k_l$ ist relativ konstant, ca. $10^2$ bis $10^3$ (Wolff und van der Heijde 1982), während der Verteilungskoeffizient Atmosphäre zu Wasser $K_{AW}$ über bis zu mehr als 10 Größenordnungen variieren kann. Nach Gl. 6.12 ist also der $K_{AW}$ der entscheidende Parameter.

$K_{AW} < 4 \cdot 10^{-6}$ : Die Ausgasung kann vernachlässigt werden, denn die Substanz verdunstet langsamer als Wasser selbst ($K_{AW}$ von $H_2O$ ca. $17 \cdot 10^{-6}$).

$4 \cdot 10^{-6} < K_{AW} < 4 \cdot 10^{-4}$: Die Verflüchtigung aus dem Wasser wird von geringer Diffusion über die luftseitige Grenzschicht ($k_g$) kontrolliert.

$4 \cdot 10^{-4} < K_{AW} < 0,04$: Sowohl wasser- als auch luftseitiger Leitwert, also $k_g$ und $k_l$, haben Einfluß.

$0,04 < K_{AW}$: Die Substanz ist stark flüchtig, die Ausgasung meist bedeutend. $K_V$ hängt nur noch von der wasserseitigen Grenzschicht, also von $k_l$, ab. Sowohl der $K_{AW}$ als auch $k_g$ werden unwichtig. $K_V$ kann allein aus $O_2$-Wiederbelüftungsraten und Molekülvolumen (bzw. -masse) abgeschätzt werden.

Die Southworth-Gleichung ist nur für mittelgroße bis große Flüsse geeignet (Tiefe ca. 3 m, Fließgeschwindigkeit $> 0,4$ m/s). Für Seen und sehr langsame (tiefe) Fließgewässer siehe Mackay und Yeun (1983), für den offenen Ozean Liss und Slater (1974), alle Gleichungen auch beschrieben in Trapp und Brüggemann (1988), Trapp und Harland (1995). Dort findet sich auch ein Feldtest der Gleichungen für verschiedene Gewässertypen.

### 6.2.5
### Sedimentation

Die Berechnung der Austauschprozesse einer Chemikalie zwischen Wasserkörper und Sediment ist schwierig aufgrund der extremen räumlichen und zeitlichen Variabilität der Prozesse (siehe z. B. Westrich 1988). Im Modell WATER werden Deposition, Resuspension und diffusiver Austausch nicht getrennt betrachtet. Wenn Deposition stärker als Resupension ist, folgt ein Nettoverlust für das Fluid. Dies wird aus dem Anwachsen des Sediments S berechnet.

Verlust aus dem Wasserkörper durch *Nettodeposition* kann einfach anhand der durchschnittlichen Deposition bzw. mittels Messungen des Anwachsens des Sediments S (m/s bzw. mm/a) berechnet werden. Richtwerte sind:

$S < 0$ : Erosion, keine Nettodeposition; Flüsse mit starkem Gefälle.

$S = 0$: Sedimentgleichgewicht; Flüsse meist mäandrierend.

$0 < S < 1$ mm/a : Geringe Deposition, z. B. normal bis langsam fließende Flüsse.

$1$ mm/a $< S < 3$ mm/a: Mittlere Deposition in Seen; sehr langsames Fließen, Altarme, Buchten.

$S \gg 3$ mm/a : Nähe von Emittenten oder sonstiger hoher Schwebstoffeintrag; im Staubereich von Wehren, auch in Seen mit hoher organischer Produktion (Dyck und Peschke 1983).

Die Sedimentation wirkt nur auf den an Partikel sorbierten Anteil, also wird der Faktor $f_{Pa}$ benötigt (Gl. 6.10).

$$\lambda_S = f_{Pa} \cdot c \cdot S \cdot p \ (1-\varepsilon)/(h \cdot X \cdot 10^{-3}) \qquad (6.16)$$

$c := (10^{-3}/365)$, Umrechnung des Parameters S von mm/a auf m/d

$\lambda_S$: Nettoverlustrate an das Sediment $(d^{-1})$
S: Wachstum der Mächtigkeit des Sediments (mm/a).
h: Wassertiefe (m)
$\rho$: Sedimentdichte (trocken, kg/m³)
$\varepsilon$: Porosität des Sediments (vol/vol)
X: Partikelgehalt im Wasser (aus Gl. 6.8: g/m³, daher Faktor $10^{-3}$)

Typische instationäre Ereignisse wie Absetzen bei Niedrigwasser und darauffolgende Resuspension bei Hochwasser können mit diesem Ansatz nicht simuliert werden.


### 6.2.6
### Gesamtgleichung

Alle Eliminationswege sind als Raten erster Ordnung ausgedrückt. Addiert ergibt sich eine Gesamteliminationsrate:

$$\lambda = \lambda_{deg} + \lambda_V + \lambda_S \qquad (6.17)$$

(Einheiten von $\lambda$ in 1/d umgerechnet). Für die Konzentration C (am Ort x) folgt (analog Gl. 6.6):

$$C(x) = C_0 \ e^{-\lambda x/u}$$

Aufgrund der Annahme von Stationarität muß der gesamte Eintrag (kg/d) gleich der Summe von Austrag und Elimination (kg/d) sein. Die verschiedenen Stoffflüsse können berechnet und verglichen werden. Sie zeigen die Rolle und Bedeutung der Eliminationswege. Die gesamte Stoffmenge im Flußabschnitt m (kg) ist das Integral der Konzentration von x über die Länge L des gesamten Flußabschnittes multipliziert mit dem Flußquerschnitt:

$$m = A \cdot \int_0^L C(x) \ dx = C_0 \cdot A \cdot u/\lambda \cdot [1-e^{-\lambda L/u}] = C_0 \cdot Q/\lambda \cdot [1-e^{-\lambda L/u}] \qquad (6.18)$$

Die einzelnen Stoffflüsse folgen aus der Gleichung

$$dm/dt = -\lambda_i \ m \qquad (6.19)$$

indem jeweils das für einen Eliminationsweg berechnete $\lambda_i$ eingesetzt wird.


### 6.2.7
### Biokonzentration (Fisch) BCF

Die stationäre Konzentration in Biota (Fisch) nahe der Emission wird über den BCF (4.13) und die Konzentration $C_0$, korrigiert für die gelöste Spezies, abgeschätzt:

$$C_{Fisch,max} = BCF \cdot C_0 \cdot f_W \qquad (6.20)$$

Am Ende des Flußsegments (Konzentration $C_{end}$) ist die Minimumkonzentration

$$C_{Fisch,min} = BCF \cdot C_{end} \cdot f_W \tag{6.21}$$

Die Dichte von Fischen wird mit 1 kg/L (Frischgewicht) identisch zu Wasser angenommen. Für die Berechnung der Massenbilanz wird die Aufnahme in Fische vernachlässigt (zu geringes Volumen).

## 6.2.8
## Gleichgewichtskonzentration im Sediment

Analog zur Konzentration in Biota kann die Gleichgewichtskonzentration im Sediment berechnet werden, indem man $C_0$ oder $C_{end}$ (korrigiert für die gelöste Spezies) mit dem Verteilungskoeffizienten multipliziert:

$$C_{S,max} = C_0 \cdot f_W \cdot K_{SW}$$
$$C_{S,min} = C_{end} \cdot f_W \cdot K_{SW}$$

mit (Gl. 4.8): $K_{SW} = C_S/C_W = K_d \cdot \rho_S/\rho_W + \theta$

Dies ist im Kapitel 4 beschrieben (Gl. 4.8) und wird in Übungsaufgabe 4.2 berechnet.

### Übungsbeispiel 6.1: Ausgasung von Trichlorethen aus dem Main

Am Main gibt es große Betriebe der Metallindustrie, besonders in Schweinfurt. Dort wurde auch Trichlorethen verwendet und emittiert. Welche Konzentration ergibt sich etwa im Fluss 300 km flußabwärts, wenn täglich 0,3 kg Tri emittiert wird und vorher keine Belastung bestand?

Ungefähre Daten des Mains: Fließgeschwindigkeit 0,5 m/s, Tiefe 3 m, Abfluß 105 $m^3$/s (Breite 70 m), mittlere Windgeschwindigkeit (10 cm Höhe) 1 m/s, ca. 50 g/$m^3$ Partikel mit etwa 10 % OC.

Daten von Tri aus Tabelle 4.1 und 4.2: $K_{AW} = 0{,}5$, $K_{OW} = 195$, M = 131,39 g/mol (aus Kapitel 11.A), Abbau gering; keine Dissoziation.

Ausgangskonzentration (bei transversaler und vertikaler Mischung):

$$C_0 = I/Q = 0{,}3 \text{ kg/d}/(105 \cdot 86400 \text{ m}^3/\text{d}) = 33 \cdot 10^{-9} \text{kg/m}^3 = 33 \text{ ng/l}$$

Aufgrund des $K_{OW}$ von 195 ist nur eine geringe Sorption zu erwarten. Sowohl Sedimentation als auch Bindung an Partikel können also vernachlässigt werden ($K_d < 10$, $f_{Pa} < 1\%$).

Der hohe Verteilungskoeffizient Atmosphäre zu Wasser legt aber eine Ausgasung von Tri nahe. $K_{AW} > 0{,}04$: Die Substanz ist stark flüchtig, die Ausgasung hängt von der wasserseitigen Grenzschicht, also von $k_l$, ab. Die Windgeschwindigkeit ist $<$ 1,9 m/s, also ebenfalls vernachlässigbar. Dies vereinfacht die Rechnung erheblich.

$$k_l = 0{,}2351 \cdot u^{0{,}969} \cdot h^{-0{,}673} \cdot (32/M)^{0{,}5} \ (m/h)$$
$$= 0{,}2351 \cdot 0{,}5^{0{,}969} \cdot 3^{-0{,}673} \cdot (32/131{,}39)^{0{,}5} \ (m/h)$$
$$= 0{,}028 \ m/h$$

$$1/K_V = [1/(k_l) + 1/(K_{AW} \cdot k_g)] \cdot h$$

Es folgt für $K_{AW} \cdot k_g >> k_l$ :
$$K_V = ca. \ k_l/h$$
$$= 0{,}028 \ m/h/3 \ m = 0{,}0094 \ 1/h = 0{,}23 \ 1/d$$

entsprechend einer Halbwertszeit von $\ln 2/K_V = 3$ Tage.

Da Tri weder signifikant sorbiert noch dissoziiert, entspricht dieser Wert auch der Eliminationsrate $\lambda$. Als Ergebnis folgt also:

$$C_{end} = C_0 \cdot e^{-\lambda t}$$
$$= I/Q \cdot e^{-\lambda x/u}$$

$$x/u = 300\ 000 \ m/0{,}5 \ m/s = 600\ 000 \ s = 6{,}9 \ d$$

$$C_{end} = 33 \ ng/l \cdot e^{-0{,}232 \cdot 6{,}9}$$
$$= 0{,}2 \cdot C_0 = 6{,}6 \ ng/l$$

Weiterhin hat sich 300 Kilometer flußabwärts der Abfluß in diesem Fall etwa verdoppelt, so daß die Konzentration nochmals halbiert ist. Durch die Emission erfolgt sicher keine Überschreitung des Trinkwassergrenzwertes ( $> 10 \ \mu g/l$). Die (exponentielle) Abnahme flußabwärts ist auf Ausgasung zurückzuführen. Die Halbwertszeit beträgt 3 Tage, entsprechend einer Fließstrecke von etwa 130 km. Die Ausgasung vermindert also eine weitreichende Gewässerbelastung. Siehe zu dieser Rechnung auch Matthies et al. (1992) sowie Trapp und Harland (1995).

### Anwendungsbeispiel 6.1: Chlororganika in finnischen Seen

Ein Beispiel für die Anwendung des Modells WATER ist die Berechnung des Verbleibs von chlororganischen Stoffen aus Abwässern einer Papierfabrik in Finnland (Trapp et al. 1994). Gemessene Konzentrationsverläufe und mittlere Abwasserkonzentrationen lagen vor. Das Modell wurde angewandt, um aus den gemessenen Daten durch inverse Modellierung (Anpassung) die Eliminationsrate von Chlorphenolen und Chlorguaiakolen zu bestimmen. Für 2,4,6-Tri-, 4,5,6-Tri-, Tetrachlorguaiakol und für 2,4,6-Trichlorphenol ergaben sich ähnliche Abbauraten, ca. 0,22 $d^{-1}$, entsprechend einer Halbwertszeit von etwa 3 Tagen. Wahrscheinlich findet die Elimination aufgrund eines transportkontrollierten Bioabbaus statt. Für 2,3,6-Trichlor-$p$-cymen ergaben die Rechnungen zudem signifikante Ausgasung sowie Sedimentation als wichtige Prozesse.

**Tabelle 6.1** Berechnete Massenbilanz von 2,4,6-Trichlorphenol, März 1987, Äänekoski.

| Prozeß | Massenfluß | [ %] |
|---|---|---|
| Ausgasung: | 0,0046 kg/d | 1,7079 % |
| Sedimentation: | 3,748E-05 kg/d | 0,0138 % |
| Abbau: | 0,2514 kg/d | 92,6537 % |
| Advektion: | 0,0153 kg/d | 5,6246 % |
| Total: | 0,2713 kg/d | 100, 0000 % |

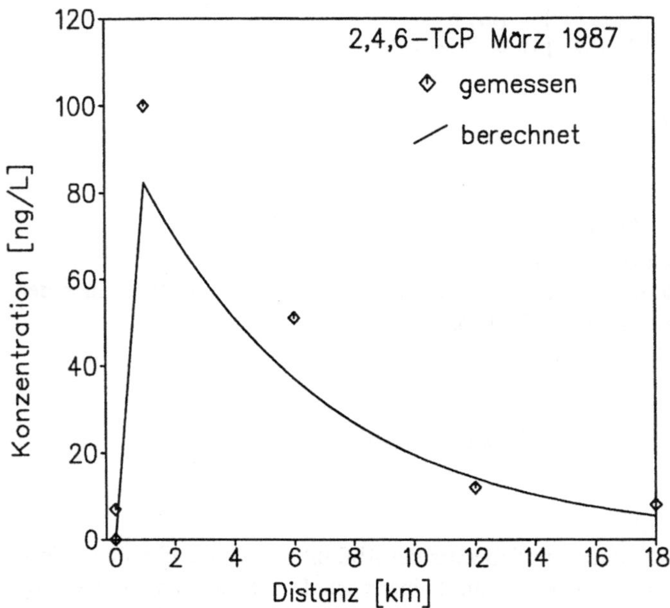


**Abb. 6.2.**  Brechnung des Konzentrationsverlaufs von 2,4,6-Trichlorphenol,März 1987, Äänekoski; aus Trapp et al. (1994).

## 6.3
## Instationäres numerisches Modell TOXRIV

### 6.3.1
### Aufgabenbereich

Will man das Verhalten von Schadstoffen bei realen Bedingungen in einem Fließgewässer simulieren, ist das Modell WATER wenig geeignet. Meist ist weder die Annahme stationärer Bedingungen noch die von gleichbleibenden Flußeigenschaften gerechtfertigt. Üblicherweise variiert in einem natürlichen Fließgewässer die Fließgeschwindigkeit u ebenso wie der Fließquerschnitt A, und auch Austauschprozesse mit dem Sediment und mit Altarmen, Nebengewässern und Stillwasserzonen können von Bedeutung sein.

Ein Störfall kann mit Hilfe der bereits vorgestellten analytischen Lösungen der Diffusions(Dispersions)-Advektionsgleichung in Kapitel 3 gelöst werden, wie die dortigen Übungsbeispiele zeigen. Ebenfalls dort erwähnt wurde die Vorgehensweise zur numerischen Lösung der Diffusions(Dispersions)-Advektionsgleichung. Darauf aufbauend kann nun ein instationäres Modell entwickelt werden.

## 6.3.2
### Massenbilanz

Neben Konzentrationen im Wasserkörper werden im Modell TOXRIV durch weitere Differentialgleichungen auch Konzentrationen in Stillwasserzonen und Sedimenten berechnet. Die Differentialgleichungen sind durch Austauschprozesse miteinander gekoppelt. Innerhalb einer Box kann die Chemikalie allen in WATER betrachteten Transport- und Reaktionsprozessen unterliegen, also Ausgasung, Abbau, Verlust an das Sediment und Bioakkumulation (formuliert als Verlustterme 1.Ordnung). Es werden aber noch weitere Prozesse betrachtet, nämlich diffusiver Austausch mit dem Sediment und Resuspension aus dem Sediment. Die Modellierung eines Flusses als einfacher rechteckiger Kanal vernachlässigt den Einfluß von Nebengewässern wie Stillwasserzonen in Ufernähe, Hafeneinfahrten, Nebenseen, Buhnen und Altarmen. Auch der Austausch mit diesen Nebengewässern wird in TOXRIV berechnet.

Den prinzipiellen Aufbau einer Box in TOXRIV zeigt Abbildung 6.3:

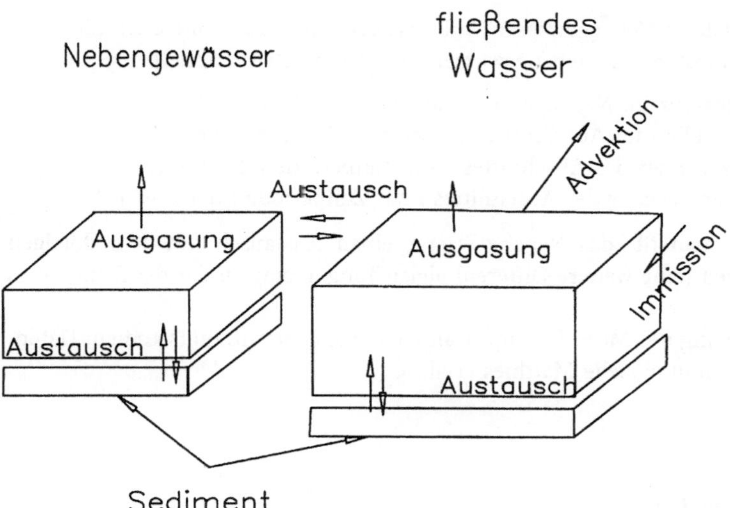


**Abb. 6.3a** Prinzipieller Aufbau einer Box von TOXRIV.

Entsprechend der in Kapitel 3 beschriebenen Vorgehensweise zur Lösung partieller Differentialgleichungen (Finite-Differenzen-Methode FDM) wird die partielle Differentialgleichung zur Beschreibung des Stofftransports räumlich in Abschnitte i=1,...,n und zeitlich in Perioden j=1,...,m unterteilt.

Für jeden Knotenpunkt i,j läßt sich die Massenbilanz aufstellen. Berücksichtigt man Fließgewässer, Sediment und Austausch mit Nebengewässern, erhält man:

Menge einer Substanz im Fließgewässer an Ort i zur Zeitperiode j+1
= Menge der Substanz an Ort i zur Zeitperiode j

+ Zufluß vom flußaufwärts gelegenen Abschnitt i-1 zur Zeitperiode j der Dauer $\Delta t$
- Abfluß vom betrachteten Abschnitt i zur Zeitperiode j der Dauer $\Delta t$
- Verlust durch Abbau im Abschnitt i zur Zeitperiode j der Dauer $\Delta t$
- Verlust an das Sediment des Abschnittes i zur Zeitperiode j der Dauer $\Delta t$
- Verlust an das Nebengewässer des Abschnittes i zur Zeitperiode j der Dauer $\Delta t$
+ Gewinn aus dem Sediment des Abschnittes i zur Zeitperiode j der Dauer $\Delta t$
+ Gewinn aus dem Nebengewässer des Abschnittes i zur Zeitperiode j der Dauer $\Delta t$
+ Eintrag durch Emission in den Abschnitt i zur Zeitperiode j der Dauer $\Delta t$

Longitudinale Dispersion wird nicht explizit betrachtet. Durch Wahl geeigneter Zeit- und Ortsschritte wird die numerische Disperson exakt so gesetzt wie die ‚reale' longitudinale.

Das Sediment wird als ortsfest angenommen; Zu- und Abflußterm entfallen:
Menge einer Substanz im Sediment an Ort i zur Zeitperiode j+1 =
Menge der Substanz im Sediment an Ort i zur Zeitperiode j
- Verlust durch Abbau im Abschnitt i zur Zeitperiode j der Dauer $\Delta t$
- Verlust an das Wasser des Abschnittes i zur Zeitperiode j der Dauer $\Delta t$
+ Gewinn aus dem Wasser des Abschnittes i zur Zeitperiode j der Dauer $\Delta t$

Für ebenfalls ortsfeste Nebengewässer (Stillwasserzonen, Seitenarme etc.) gilt:
Menge einer Substanz im Nebengewässer an Ort i zur Zeitperiode j+1 =

Menge der Substanz im Nebengewässer an Ort i zur Zeitperiode j
- Verlust durch Abbau im Abschnitt i zur Zeitperiode j der Dauer $\Delta t$
- Verlust an das Wasser des Abschnittes i zur Zeitperiode j der Dauer $\Delta t$
+ Gewinn aus dem Wasser des Abschnittes i zur Zeitperiode j der Dauer $\Delta t$

Weiterhin kann man für das Nebengewässer einen Austausch mit dem dortigen Sediment einfügen (eine weitere Differentialgleichung analog zu der des Sedimentes im Flußbett).

Zur Formulierung des Modells, zur Parametrisierung, Sensitivitätsstudien, Datenbedarf und Anwendung siehe Matthies et al. 1992.


### 6.3.3
### Benötigte Eingabedaten

Der Datenaufwand zur Parameterversorgung des Modells wächst mit zunehmender Komplexität. Für TOXRIV werden etwa 24 Eingabedaten benötigt, von denen die meisten mit Ort und Zeit variieren. Diese sind in der eigentlich nötigen Auflösung nicht vorhanden. Als Ausweg bietet sich Monte-Carlo-Rechnung zur Bestimmung der sensitiven Parameter und der Unsicherheit des Modellergebnisses an.

Um dennoch den möglichen Einfluß der zunehmenden Modellkomplexität auf das Ergebnis einmal darzustellen, folgt eine Rechnung für Hexachlorbenzol im Mittelrhein nach einem Pulseintrag (fiktiv), Abbildung 6.3.

Hexachlorbenzol ist sowohl flüchtig als auch stark sorbierend (vgl. Tabellen 4.1 und 4.2). Deshalb tragen Ausgasung wie auch Sedimentwechselwirkungen zu einer Abnahme der Substanz in der fließenden Welle bei. Die Wirkung der Buhnen (Stillwas-

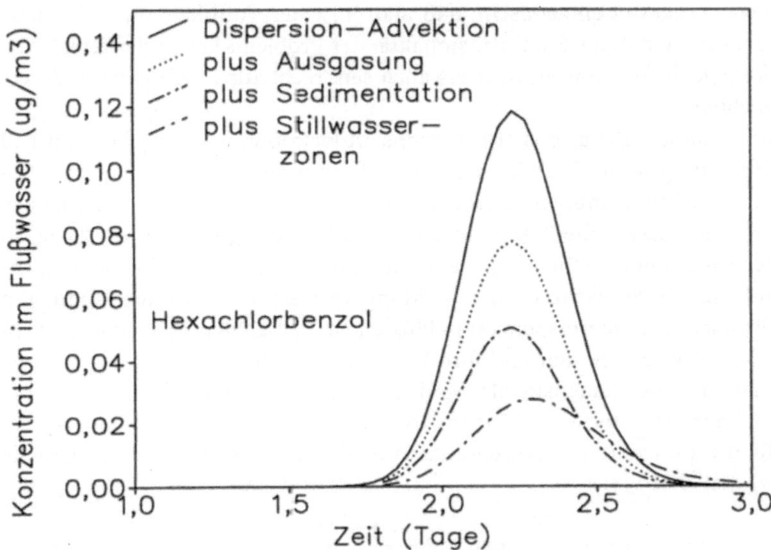


**Abb. 6.3b** Simulation von Hexachlorbenzol im Mittelrhein bei sukzessiver Hinzunahme neuer Prozesse (aus Matthies et al. 1992).

serzonen) des Rheins liegt sowohl in einer zusätzlichen Elimination als auch in einer Zeitverzögerung (‚tailing') des Peaks.

Ein komplexes Modell wie TOXRIV mit hohem Datenaufwand (damit hoher Zeitaufwand, hohe Kosten) sollte nur verwendet werden, wenn die Fragestellung dies erfordert, z. B. wenn der Verlauf von Konzentrationen im Sediment auch tatsächlich zu einer Entscheidungsfindung benötigt wird. Auch instationäre Ereignisse, z. B. Transport durch Hochwässer, können mit TOXRIV berechnet werden.

In der Praxis (z. B. Alarm für Trinkwasserversorgung nach Störfällen) wird hauptsächlich die Ankunftszeit und die ungefähre Spitzenkonzentration der Schadstoffwelle benötigt. Dafür sollte das Modell einfach in der Handhabung, schnell und nicht fehleranfällig sein. Deshalb werden einfache analytische Modelle, evtl. verknüpft mit Modellen zur Prozeßabschätzung bevorzugt (KHR 1991, Brüggemann und Trapp 1989, Trapp und Brüggemann 1989).

## 6.4
## 2-dimensionaler Ansatz

### 6.4.1
### Lösung der Diffusions-Advektionsgleichung für y-Richtung

Bislang gingen wir immer davon aus, daß nur eine Dimension zu betrachten ist, nämlich die Fließrichtung. Aber: Nachdem eine Verschmutzung oder sonstige Verunreinigung eines Fließgewässers eingetreten ist, vermischt sich das verschmutzte Wasser mit dem restlichen Flußwasser. Erst nach einer gewissen endlichen Fließstrecke ist das Schmutzwasser soweit eingemischt, daß man im Querprofil keine Unterschiede mehr messen kann, so daß die Eindimensionalität des Problems gewährleistet ist. Vor dieser Strecke jedoch sind sowohl quer als auch senkrecht zur Fließrichtung Unterschiede feststellbar.

Die dreidimensionale Diffusions-(Dispersions-)Advektionsgleichung kann im Fall stationärer Einleitung und Advektion nur in Fließrichtung vereinfacht werden. Die Dispersion in x-Richtung muß nicht mehr betrachtet werden. Desweiteren ist bei natürlichen Fließgewässern die Breite üblicherweise sehr viel größer als die Tiefe, so daß die Durchmischung in y-Richtung wesentlich für die Gesamtdurchmischung am Ort x ist und die Durchmischung in z-Richtung vernachlässigt werden kann. Ein besonderes Problem der Querdispersion in Flüssen ist, daß an den Ufern die Teilchen bzw. Moleküle reflektiert werden und ihre Richtung umkehren.

Wendet man das zweidimensionale Modell auf eine kontinuierliche Einleitung eines nicht abbaubaren Stoffes von einem Ufer aus an, ergibt sich bei konstantem Abfluß Q für die Konzentrationsverteilung stromabwärts von der Einleitungsstelle (Mazijk 1987, Benedict 1981):

$$C(x,y) = \frac{I}{h \, u \, [\pi \, D_y \, (x/u)]^{0,5}} \sum_{n=-\infty}^{\infty} \exp - \frac{(y - 2 \, n \, B)^2}{4 \, D_y \, (x/u)} \qquad (6.22)$$

$C(x,y)$: Vertikaler Mittelwert der Konzentration $(kg/m^3)$ am Punkt mit den Koordinaten x und y; h: mittlere Wassertiefe (m); x: Koordinate in Fließrichtung (m); y: Koordinate quer zur Fließrichtung (m) mit $0 < y < B$; B: mittlere Breite des Fließgewässers (m); I: Menge des je Zeitperiode eingeleiteten Stoffes (kg/s); u: mittlere Strömungsgeschwindigkeit (m/s) mit $u = Q/(h \, B)$; Q: Abfluß $(m^3/s)$; $D_y$: transversaler Dispersionskoeffizient $(m^2/s)$, siehe unten; n: Anzahl der Reflektionen am Ufer.

Die Gleichung ist deshalb schwer lösbar, weil prinzipiell von $- \infty$ bis $+ \infty$ integriert werden müßte. Aus praktischen Gründen wird abgebrochen, wenn eine neue Iteration kaum mehr (z. B. nur noch zu weniger als $1/1\,000$) zu $C(x,y)$ beiträgt. Dies ist meist bereits nach wenigen Schritten der Fall.

## 6.4.2
### Länge der Durchmischungsstrecke

Die Durchmischung ist dann vollständig, wenn $C(x,y)$ überall den Wert

$$C(x,y) = I/Q = I/(h \, u \, B) = C_M \qquad (6.23)$$

hat. Dies wird theoretisch nie erreicht. Aus praktischen Gründen gibt man daher die 95 %-Durchmischungsstrecke an:

$$C(x,y)/C_M = 0,95 \qquad (6.24)$$

Die dazu benötigte Länge L (m) errechnet sich dann zu (Benedict 1981, Mazijk 1987):

$$L = ca. \ 0,4 \ u \ B^2/D_y \qquad (6.25)$$

Die wichtigste Größe ist dabei die Breite, die quadratisch in die Gleichung eingeht und bei Flüssen von wenigen Metern bis zu Hunderten von Metern variieren kann.

### Übungsbeispiel 6.2: Dauer der Einmischungsstrecke

3 Fälle: Kleinfluß (Bach), mittelgroßer Fluß (schiffbar), Strom

a) Kleinfluß im Flachland (Hase)
   Breite 5,0 m, Tiefe 0,5 m, Fließgeschwindigkeit 0,3 m/s, $D_y$ = 0,008 m²/s; 95 % Mischung nach 0,37 km;
   Bei einem Kleinfluß ist die Mischung üblicherweise nach wenigen hundert Metern erreicht. Es lohnt also kaum, zweidimensional zu rechnen.

b) mittelgroßer Fluß, gestaut
   Breite 100 m, Tiefe 4 m, Fließgeschwindigkeit 0,5 m/s, $D_y$ = 0,076 m²/s; 95 % Mischung nach 26,5 km;
   Bei einem mittelgroßen Fluß (bereits gut schiffbar, z. B. Main, Mosel, Weser) dauert es immerhin über 20 km, bis links/rechts-Durchmischung erreicht ist. Dies bedeutet, daß in der Nähe der Einleitstelle wesentlich höhere Konzentrationen zu erwarten sind als eindimensional errechnet, während am anderen Ufer noch nichts vom Schadstoff zu finden ist (Abbildung 6.4).

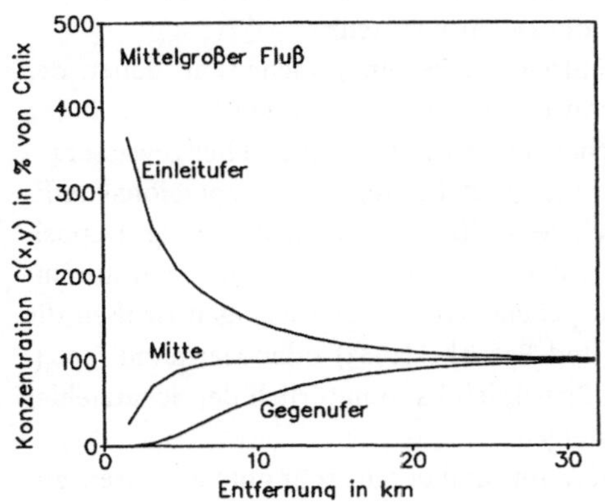


Abb. 6.4. Transversale Mischung in einem mittelgroßen Fluß.

c) großer Strom
   Breite 400 m, Tiefe 2,5 m, Fließgeschwindigkeit 1 m/s, $D_y$ = 0,1 m²/s; 95 % Mischung nach 633 km;
   Bei großen Strömen (Rhein, Donau) schließlich dauert es mehrere hundert Kilometer, bis links/rechts Mischung erreicht ist (Abbildung 6.5). Dies hat natürlich sehr wichtige Konsequenzen für die Gewässerüberwachung (Mazjik 1987).
   Man kann stationär und eindimensional C(x) berechnen und die zweite Dimension dadurch berücksichtigen, daß man das errechnete links/rechts-Profil für die Stelle y (0 < y < B) mit der eindimensionalen Lösung multipliziert. So erhält man die Konzentration von C(x,y).

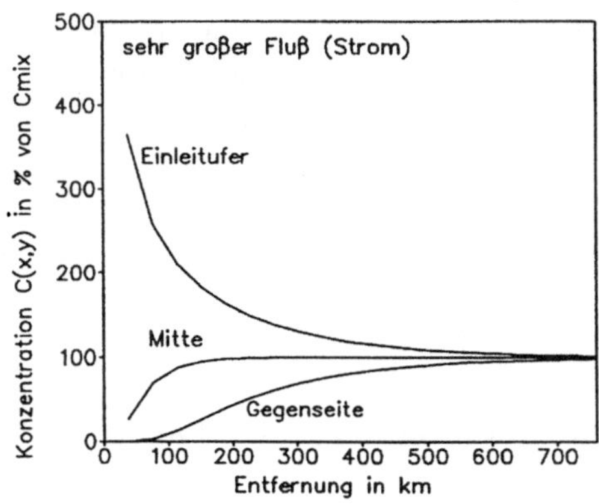


**Abb. 6.5.** Transversale Mischung in einem großen Strom

## 6.5
## Hydrologische Daten – woher?

### 6.5.1
### Beziehungen zwischen den Eigenschaften eines Fließgewässers

Wie ersichtlich, sind die Eigenschaften eines Gewässers von hoher Bedeutung für den Verbleib eingeleiteter Schadstoffe. Woher die Daten nehmen?

Die Flüsse in Mitteleuropa sind mit zahlreichen Pegeln versehen, an denen der Wasserstand gemessen wird (v.a. zur Hochwasservorsorge). Aus den Wasserständen folgen die Abflüsse usw. Die hydrologischen Eigenschaften eines Fließgewässers – darunter Wasserstand, Abfluß, Fließgeschwindigkeit, Breite, Tiefe, Dispersionskoeffizient (und auch: Wiederbelüftungsrate, Schwebstoffgehalt, Schubspannung, Depositions- und Resuspensionsrate, Anteil von Stillwasserzonen) sind weitgehend miteinander verknüpft. Es ist daher möglich, ausgehend von einigen wenigen Größen die anderen abzuschätzen, siehe dazu Dyck und Peschke (1983) oder Hermann (1984) oder ein anderes (gutes) Hydrologiebuch. Prinzipiell kann natürlich der Schätzfehler mit der Zahl der geschätzten Parameter steigen.

Einige Flüsse, wie z. B. der Rhein und der Main, sind bereits sehr gut vermessen, zur Zeit wird die Elbe näher untersucht. Von der Bundesanstalt für Gewässerkunde wurde v.a. der Rhein sehr gründlich bearbeitet. Von Teuber und Wander (1987) liegen Wasserstands-Abflußbeziehungen und Abfluß-Fließzeitbeziehungen für den Mittel- und Niederrhein vor. Aus diesen empirischen Beziehungen wurden nichtlineare Regressionsgleichungen ermittelt.

Das Rheineinzugsgebiet hat weltweit mit die höchste Industrie- und Bevölkerungsdichte. So kam es allein 1986 zu 31 Schadensfällen aufgrund von Störfällen, darunter der Brand bei Sandoz, folgedessen das Ökosystem des Rheins über Hunderte von Kilometern schwer beeinträchtigt wurde (LWA 1987). Aus dem Rhein wird Trinkwasser für 20 Millionen Menschen gewonnen. Zur *Warnung* vor anschwimmenden Schadstoffwellen wurde das *Alarmmodell Rhein* entwickelt (KHR 1991).

### 6.5.2
### Longitudinale Dispersion

Rechnet man eindimensional anstelle von eigentlich drei Dimensionen, ist die Bezeichnung $D_x$ für die Dispersion in x-Richtung irreführend, da ein aggregierter Dispersionskoeffizient eingesetzt wird. Diesen nennt man *longitudinalen* Dispersionskoeffizienten $D_L$ ($m^2 \cdot s^{-1}$). Für die Bestimmung von $D_L$ kann man die *Fischer*-Gleichung verwenden (Mazjik 1987):

$$D_L = ß \cdot u \cdot B^2 \cdot c \cdot h^{-1} \cdot g^{-0,5} \ (m^2/s) \tag{6.38}$$

u: mittlere Fließgeschwindigkeit (m/s); B: Flußbreite (m); h: Flußtiefe (m); c: Rauhheitsbeiwert nach Brahms und de Chezy ($m \cdot s^{-1/2}$), auch Chezy-Koeffizient genannt (der Chezy-Koeffizient ist ein Maß für die Rauhigkeit des Flußbettes, im Rhein ca. 45 $m \cdot s^{-1/2}$, nach Mazjik 1987); g: Erdbeschleunigung ($m^2/s$); ß: Proportionalitätskonstante, flußabhängig, Richtwert für den Rhein: ß = 0,002 (Reichert und Wanner 1987), bzw. ß = 0,001 (Trapp, mittels anderer Flußdaten).

### 6.5.3
### Transversale Dispersion

Von Fischer (1979) stammt folgende einfache Abschätzgleichung:

$$D_y = a \ h \ u_* \tag{6.39}$$

$u_*$: Schubspannungsgeschwindigkeit (Fließgeschwindigkeit am Boden des Flusses) mit $u_* = u \sqrt{g/c}$; g: Erdbeschleunigung (9,81 $m^2/s$); c: Chezy-Koeffizient ($m \cdot s^{-1/2}$); a: Proportionalitätskonstante. Nach Fischer (1979): a = 0,6 $\pm$ 0,3; Der Chezy-Koeffizient c steht über den hydraulischen Radius mit dem Manning-Koeffizienten (ein ähnliches Rauhigkeitsmaß, aufgelistet in Tabelle 6.1) in Beziehung (Dyck und Peschke 1983):

$$c = M \ R^{1/6} \tag{6.40}$$

R: hydraulischer Radius (benetzter Flußumfang) mit R = h B/(2h+B).

Hinweis: Die Einheiten sind bei hydrologischen Abschätzgleichungen nicht immer konsistent.

**Tabelle 6.2** Manning – Koeffizienten ($m^{1/3}/s$) (nach Hermann 1984)

| | |
|---|---|
| Tieflandsflüsse ohne Sandbänke, HW, gerade | 60 |
| mit Steinen, verkrautet, mäandrierend | 40 |
| Niederrhein | 40 bis 45 |
| Gebirgsflüsse, Kies, Grobkies | 45 |
| zusätzlich mit Blöcken | 36 |

## 6.6
## Schadstoffverhalten in Kläranlagen

Im Prinzip kann auch eine Kläranlage als ‚Fließgewässer' betrachtet werden. Ein eingeleiteter Schadstoff unterliegt den Prozessen Advektion (Zu- und Abfluß), Sorption an Klärschlamm, Abbau und Austausch zur Luft. Nimmt man (für einen organischen Fremdstoff) Gleichgewicht zwischen den Phasen und Stationarität an, kann man leicht ein einfaches Modell ableiten:

Änderung der Stoffmenge in der Kläranlage =

+ Zufluß
– Abbau
– Sedimentation mit dem Klärschlamm (und Entnahme)
– Ausgasung
– Ausfluß

Mathematische Beschreibung:

$$\text{Zufluß} = Q_{in} \cdot C_{in}$$
$$\text{Abbau} = \lambda \cdot V \cdot C_t$$
$$\text{Sedimentation} = Q_S\, C_S = X \cdot Q_{in} \cdot K_d \cdot C_W$$
$$\text{Ausgasung} = Q_A\, C_A = Q_A \cdot C_W \cdot K_{AW}$$
$$\text{Ausfluß} = Q_{out} \cdot C_W = Q_{in} \cdot C_W$$

Getroffene Annahmen:
Es stellt sich Gleichgewicht ein zwischen Wasser, Schlamm und eingeblasener Luft; Abbau erfolgt sowohl in Wasser wie auch in Schlamm. Die Menge des Schlamms in der Kläranlage bleibt insgesamt gleich (gebildeter Schlamm wird entnommen). Es fließt nur Wasser ab. Die Kläranlage ist homogen gemischt.

Parameter und Variablen:
$Q_{in}$ = Zufluß ($m^3/s$); $C_{in}$ = Konzentration im Zufluß ($kg \cdot m^{-3}$); $\lambda$ = Abbaurate ($d^{-1}$); $C_W$ = Konzentration im Wasser; $C_t$ = Gesamtkonzentration in Wasser und Schlamm ($kg \cdot m^{-3}$); $Q_S$ = Bildung bzw. Entnahme des Schlamms ($m^3/s$); X = Verhältnis Schlamm zu Wasser (Partikelmenge t je $m^3$); $K_d$ = Konzentrationsverhältnis Schlamm zu Wasser; $Q_A$ = zugeführte Luftmenge ($m^3/s$, abhängig vom Kläranlagentyp); $C_A$ = Gleichgewichtskonzentration in der Luft; Abfluß $Q_{out}$ = Zufluß $Q_{in}$; V ist das Volumen der Kläranlage ($m^3$).

Für die Gesamtstoffmenge $m_t$ in der Kläranlage gilt:

$$m_t = V \cdot C_t = V_W \cdot C_W + V_S \cdot C_S = V_W \cdot C_W + X \cdot V_W \cdot K_d \cdot C_W \tag{6.41}$$

Es folgt als Massenbilanzgleichung für die Änderung der Stoffmenge in der Kläranlage $m_t$:

$$dm_t/dt = Q_{in} \cdot C_{in} - \lambda \cdot V \cdot C_W(1 + X \cdot K_d) - X \cdot Q_{in} \cdot K_d \cdot C_W$$
$$- Q_A \cdot C_W \cdot K_{AW} - Q_{in} \cdot C_W \tag{6.42}$$

Mit $dm_t/dt = 0$ (stationär) ergibt die Auflösung nach $C_W$:

$$C_W = Q_{in} \cdot C_{in} / [\lambda \cdot V \cdot (1 + X \cdot K_d) + X \cdot Q_{in} \cdot K_d + Q_A \cdot K_{AW} + Q_{in}] \qquad (6.43)$$

Dies ist, zugegeben, ein sehr vereinfachtes Bild einer Kläranlage. Man kann dennoch schon ableiten, welche Prozesse für einen Stoff von besonderer Bedeutung sein könnten (vgl. Aufgabe 6.2).

### Aufgaben zu Kapitel 6

6.1 Schätzen Sie für

a) Tetrachlorethen ($C_2Cl_4$), M=165,83, $\log K_{OW} = 2,87$, $K_{AW} = 0,83$
b) Atrazin ($C_8H_{14}ClN_5$), M=215,69, $\log K_{OW} = 2,64$, $K_{AW} = 8 \cdot 10^{-9}$

die Ausgasungsrate ab.

Mittlere Daten des Flusses: Fließgeschwindigkeit 0,5 m/s, Tiefe 2,5 m, Abfluß 100 m³/s (Breite 80 m), mittlere Windgeschwindigkeit (10 cm Höhe) 1,8 m/s, ca. 50 g/ m³ Partikel mit etwa 10 % OC.

6.2 Kläranlage

Eine biologische kommunale Kläranlage habe die Abmessungen 10m · 10m · 2m. Es fließt 0,01 m³ Abwasser pro s zu. In der Kläranlage bilden sich (vorwiegend durch Bakterienwachstum) 10 kg (=10 Liter) Klärschlamm pro m³ Wasser. Der Klärschlamm setzt sich ab und wird entnommen. Sein organischer Kohlenstoffgehalt ist 10 %. Die Kläranlage wird belüftet mit 0,1 m³ Luft/s.

In Kläranlagen gelangen auch Schadstoffe.

a) Stellen Sie ein Modell auf für die Massenbilanz eines Schadstoffes in der Kläranlage. Berechnen sie die Konzentration im Ausfluß (gelöst) unter Annahme stationärer Bedingungen für
b) den Plastikweichmacher DEHP (Di-ethyl-hexyl-phtalat)
($\log K_{OW} = 5,0$; $K_{AW} = 0,3 \cdot 10^{-3}$; Abbau = 1 d$^{-1}$, Konzentration im Abwasserzufluß = 1 mg/l);
c) den Toilettensteinzusatzstoff Dichlorbenzol
($\log K_{OW} = 3,4$; $K_{AW} = 0,1$; Abbau = 0,1 d$^{-1}$, Konzentration im Zufluß = 1 µg/l);
d) Ist es vernünftig, die ‚Reinigungsleistung' anhand des Vergleichs zwischen den Konzentrationen in Zu- und Abfluß zu beurteilen?

6.3 Rufen Sie *CemoS* auf, laden Sie die Substanz Trichlorethen, gehen Sie in das Modell WATER und berechnen Sie mit dem Standardszenario die Massenbilanz (prozentual). Wiederholen Sie die Prozedur mit der Substanz Atrazin. Interpretieren Sie das Ergebnis.

# Kapitel 7
# Transport und Transformation von Stoffen im Boden


## 7.1
## Eigenschaften des Bodens

‚Boden' ist der mehr oder minder belebte obere Teil der Erdkruste. Er dient den Pflanzen als Verankerung, als Mineral- und Nährstoffquelle und als Wasserreservoir. Die durchwurzelte Schicht beträgt dabei maximal wenige Meter. Auf dieser dünnen Schicht beruht nahezu das gesamte terrestrische Leben.

Verwittertes Gestein bildet die mineralischen Anteile des Bodens, verrottete Pflanzenteile den überwiegenden Anteil des Humus. Bodenarten werden aufgrund der Korngröße des Bodens unterschieden. Diese sind:

*Sand* (63 – 2 000 $\mu$m Durchmesser)
*Schluff* (2 – 63 $\mu$m Durchmesser)
*Ton* ( < 2 $\mu$m Durchmesser)
*Lehm* (Gemisch aller drei).

Dazwischen gibt es feinere Abstufungen (Scheffer/Schachtschabel 1989).

Sandböden haben einen hohen Anteil grober Poren, dadurch den Vorteil der guten Durchlüftung, aber nur ein geringes Speichervermögen für Wasser (geringen Wassergehalt) und hohe Wasserleitfähigkeit. Der Anteil an organischer Substanz (Humus) ist meist niedrig. Daher können Stoffe in Sandböden relativ schnell wandern.

Tonböden haben die feinste Korngröße und von allen Bodenarten das höchste Porenvolumen, aber kaum Grobporen. Deshalb ist ihre Durchlüftung schlecht. Ihre Wasserleitfähigkeit (und damit der Stofftransport) ist sehr gering. Jedoch bilden sich bei Trockenheit tiefe Risse, durch die Wasser und andere Stoffe eindringen können. Am fruchtbarsten sind Schluffböden und Lehmböden. Sie haben die beste Speicherkapazität bei gleichzeitig guter Durchlüftung.


## 7.2
## Stofftransportprozesse im Boden

Der Transport und Verbleib von Schadstoffen im Boden wird im wesentlichen von den gleichen Prozessen wie in Fließgewässern bestimmt:

Advektion (mit dem Bodenwasser) inklusive Auswaschung ins Grundwasser (Leaching)

Dispersion / Diffusion in gas- und wassergefüllten Poren
Sorption (an die Bodenmatrix)
Abbau / Transformation
Ausgasung in die Atmosphäre

Hinzu kommt die Vermischung von Schadstoffen im Boden durch Bodentiere (Wühlmäuse, Kaninchen, Regenwürmer u. a.). Flüssigkeiten wie Öl können als eigene Phase
versickern. Außerdem ist Boden fast immer von Vegetation bestanden, deren Wurzeln Stoffe aufnehmen können (Kapitel 9).

Die Parametrisierung dieser Prozesse ist im Boden allerdings völlig verschieden
von der in Fließgewässern. Die Fließgeschwindigkeit von Wasser ist um Größenordnungen geringer. Die Sorption von Schadstoffen an die Bodenmatrix spielt meist eine
entscheidende Rolle, da nur ein Teil des Bodens aus wasser- oder luftgefüllten Poren
besteht. Die Zeitmaßstäbe sind erheblich höher (Jahre). Deshalb sind Ab/Umbau,
insbesondere mikrobielle Transformation, sehr viel bedeutender.


### 7.2.1
### Advektion

Der vertikale Wasserfluß im Boden ist in gemäßigten Klimata eine Folge der Niederschläge. Die Fließrichtung und -geschwindigkeit wird vom Potential (Druck) bestimmt. Bis zu 2/3 des Niederschlages werden von den Pflanzen aufgenommen und
transpiriert. Im Winter verbleibt ein Teil der Niederschläge als Schnee auf der Bodenoberfläche. Insofern ist die stationäre Berechnung der Wasserbilanz zwar ein einfaches Beispiel, aber fiktiv. Für einen Jahresniederschlag von 767 mm (= Liter/m$^2$),
wovon 3/4 wieder verdunsten und knapp 1/10 oberflächlich abfließen, folgt:

+ Niederschlag (2,1 mm/d)
- Evaporation (1,6 mm/d)
- Oberflächenabfluß (0,2 mm/d)
- gespeichertes Wasser (stationär, 0 mm/d)
= durch den Boden fließendes Wasser (0,3 mm/d)

Der spezifische Abfluß q (auch Filtergeschwindigkeit), der zur Grundwasserneubil-
dung beiträgt, ist also 0,3 mm/d.


### 7.2.2
### Dispersion und Diffusion

Bei Wasserfluß verursacht die hydrodynamische Dispersion, bedingt durch die un-
gleichmäßige Geschwindigkeitsverteilung im porösen Medium, einen (dispersiven)
Stofftransport, der sich formal wie die Diffusion beschreiben läßt. Der Dispersionskoeffizient ist abhängig von der zurückgelegten Wegstrecke.

Die Dispersion im Boden kommt durch unterschiedliche Ganglinien des Wassers
um die einzelnen Bodenkörner und durch Inhomogenitäten des Bodens zustande.

Der *Dispersionskoeffizient* $D_{disp}$ ($m^2/s$) wird aus der Dispersionslänge $L_{disp}$ mal der Filtergeschwindigkeit q geschätzt:

$$D_{disp} = L_{disp}\, q \tag{7.1}$$

$L_{disp}$ ist die Dispersionslänge (Bear 1972). $L_{disp}$ ist ein empirischer Parameter, der stark mit Bodenart und -gefüge variiert (Korngrößeneffekt) und mit der zurückgelegten Fließstrecke zunimmt (bedingt durch Bodeninhomogenitäten). Für Fließgeschwindigkeiten $u = q/\theta \leq 1$ cm/d findet man Werte für $L_{disp}$ von 0,5 bis 5 cm (Fließstrecke < 10 m). Als Vorgabewert für die folgenden Modelle wird 5 cm verwendet, ein Mittelwert beobachteter Werte in sandigen und lehmigen Böden (Matthies et al. 1987).

Der effektive molekulare Diffusionskoeffizient in der wäßrigen Phase $D_{W,eff}$ ($m^2/s$) macht sich nur bei kleinen Fließgeschwindigkeiten bemerkbar ($u = q/\theta \leq 10$ cm/d). Er wird berechnet aus dem Diffusionskoeffizienten $D_W$ des Stoffes in freiem Wasser vermindert durch den sogenannten Labyrinth- oder Tortuositätsfaktor $\eta$, der die Geometrie des Bodengefüges berücksichtigt (Jury et al. 1983):

$$D_{W,eff} = h \cdot D_W \tag{7.2}$$

$\eta$ ist der Tortuositätsfaktor nach Millington und Quirk (1961):

$$\eta = \theta^{10/3}/\varepsilon^2 \tag{7.3}$$

$\theta$ ist der Anteil wassergefüllter Poren (volumetrischer Wassergehalt), $\varepsilon$ ist der Gesamtporenanteil des Bodens (vol/vol).

Beide Einflüsse $D_{disp}$ und $D_{W,eff}$ lassen sich in einem ‚scheinbaren' Dispersions/Diffusions-Koeffizienten $D_{W,a}$ (*engl. apparent*) zusammenfassen:

$$D_{W,a} = D_{disp} + D_{W,eff} \tag{7.4}$$

In Analogie zu der wäßrigen Phase wird der effektive Diffusionskoeffizient in der Gasphase $D_{G,eff}$ ($m^2/s$) berechnet:

$$D_{G,eff} = D_G \cdot (\varepsilon-\theta)^{10/3}/\varepsilon^2 \tag{7.5}$$

$D_G$ ist der Diffusionskoeffizient des Stoffes in Gas (Luft). Zur Abschätzung der Diffusionskoeffizienten $D_W$ und $D_G$ siehe Kapitel 11.

### 7.2.3
### Verteilung

Die Zeitskala im Boden ist erheblich länger als die in Flüssen. Noch länger dauert der Transport, wenn Stoffe an die Bodenmatrix sorbieren. Denn durch Advektion des Bodenwassers und Dispersion kann nur der gelöste Anteil ($f_w$) des Stoffes bewegt werden. Diffusion in der Bodenluft betrifft wiederum nur den gasförmigen Anteil ($f_g$). Der an die Matrix sorbierte Anteil des Stoffes ($f_m$) ist immobil.

Die einzelnen Anteile lassen sich aus den Verteilungskoeffizienten (siehe Kapitel 4) berechnen, unter der Annahme, daß sich lokal sofortiges Gleichgewicht einstellt.

Wenn die Konzentration eines Stoffes im Boden gering ist und das (thermodynamische) Gleichgewicht erreicht ist, dann wird die Verteilung von Stoffen zwischen adsorbierter, gelöster und gasförmiger Phase beschrieben durch lineare Gleichungen. Die Gesamtkonzentration (je m³ Boden) ist:

$$C_t = C_M + C_W + C_G$$

$C_t$, $C_M$, $C_W$ und $C_G$: Konzentration eines Stoffes je m³ Gesamtboden; t = gesamt (total), M = sorbiert an die Matrix, W = in wäßriger Phase und G = gasförmig.

Bezieht man die Konzentrationen auf einen Kubikmeter der jeweiligen Phase, hier ausnahmsweise zur Vermeidung von Verwechslungen bezeichnet mit X, dann ergibt sich:

$$C_t = X_M + \theta \cdot X_W + (\varepsilon\text{-}\theta) \cdot X_G$$

X ist die Konzentration je m³ Phase.

Drückt man die einzelnen Konzentrationen mit Hilfe der Verteilungskoeffizienten auf Wasser bezogen aus, folgt:

$$X_M / X_W = K_{MW} = K_d \cdot \rho_B / \rho_W = OC \cdot K_{OC} \cdot \rho_B / \rho_W \text{ (analog Gl. 4.6 und Gl. 4.15)} \quad (7.6)$$

$$X_G / X_W = H / (R \cdot T) = K_{AW} \text{ (analog Gl. 4.3 und Gl. 4.16)} \qquad (7.7)$$

$X_M$ ist die Konzentration sorbiert in der Bodenmatrix (kg/m³ trockener Boden), $X_W$ ist die Konzentration im Bodenwasser (kg/m³ Bodenwasser) und $X_G$ ist die gasförmig vorliegende Konzentration in der Bodenluft (kg/m³ Bodenluft).

$K_{MW}$ ist der dimensionslose lineare Verteilungskoeffizient zwischen Bodenmatrix und -wasser, $\rho_B$ ist die Lagerungsdichte des Bodens (Trockenbodendichte, kg/m³).

Nun kann die Gesamtkonzentration im Boden $C_t$ (kg/m³ Gesamtboden) in folgender Form niedergeschrieben werden:

$$C_t = K_{MW} \cdot X_W + \theta \cdot X_W + (\varepsilon - \theta) \cdot K_{AW} \cdot X_W \qquad (7.8)$$

Mit $C_W = \theta \cdot X_W$ folgt:
$$C_W / C_t = \theta / [K_{MW} + \theta + (\varepsilon - \theta) \cdot K_{AW}] = f_w$$

und weiterhin, analog:

$$C_G / C_t = (\varepsilon - \theta) \cdot K_{AW} / [K_{MW} + \theta + (\varepsilon - \theta) \cdot K_{AW}] = f_g$$

$$C_M / C_t = K_{MW} / [K_{MW} + \theta + (\varepsilon - \theta) \cdot K_{AW}] = f_m$$

Die Anteile f (*engl: fractions*) beschreiben, wieviel von der Gesamtkonzentration je Kubikmeter Boden in Bodenwasser, -luft und -matrix zu finden ist:

$$C_W = f_w \cdot C_t \qquad (7.9)$$

$$C_G = f_g \cdot C_t \qquad (7.10)$$

$$C_M = f_m \cdot C_t \qquad (7.11)$$

$$f_w + f_m + f_g = 1$$

Aus dem Volumenanteil der Phase am Gesamtvolumen kann wiederum die Konzentration in der entsprechenden Phase *je m³ Phase* errechnet werden (Bezeichnung mit X, siehe oben). Für die Matrix (Trockenboden) ist $C_M$ gleich $X_M$

Die Bewegung eines Stoffes relativ zu Wasser wurde mit dem Retentionsfaktor ($R_f$) beschrieben (Tinsley 1979) oder mit dem Retardierungsfaktor $R_d$ (Bear 1979, Kinzelbach 1992) [5] :

$$R_f = u_c / u_w = 1 / R_d$$

$u_c$: Wanderungsgeschwindigkeit einer Chemikalie im Boden.
$u_w$: Fließgeschwindigkeit von Wasser im Boden = $q / \theta$.

Man kann die Wanderungsgeschwindigkeit einer Chemikalie ebenso aus dem in Wasser vorliegenden Anteil berechnen:

$$u_c = u_w \cdot f_w$$

In unserer Nomenklatur ist $R_f$ also identisch mit $f_w$. Ein Vergleich mit Meßwerten ist in Tabelle 7.1 gegeben. Invers dazu ist der Retardierungsfaktor $R_d$.

**Tabelle 7.1** Berechnete und experimentell bestimmte Transportgeschwindigkeit relativ zu Wasser.

| Name | $K_d$ | $f_w$ | experimentell |
|---|---|---|---|
| 2,4-D | 0,32 | 0,66 | 0,69 |
| Simazin | 1,35 | 0,32 | 0,45 |
| Atrazin | 1,72 | 0,27 | 0,47 |
| Diuron | 4,85 | 0,11 | 0,24 |
| Chloroxuron | 50 | 0,012 | 0,09 |
| Paraquat | 200 | 0,003 | 0,00 |
| DDT | 2 430 | 0, 0003 | 0,00 |

Quelle: Tinsley (1979).

## Dichte

Die Dichte des Bodens $\rho_B$ (kg/m³) kann aus der Gesamtporosität $\varepsilon$ und dem Gehalt an organischer Substanz OM (engl. *organic matter*) abgeschätzt werden (Benzler et al. 1982):

$$\rho_B = (1-\varepsilon) \cdot [OM \cdot 1400 + (1-OM) \cdot 2650] \tag{7.12}$$

Ist OM nicht gegeben, kann es aus dem organischen Kohlenstoffgehalt OC gefolgert werden (Benzler et al. 1982):

$$OM = 1,724 \cdot OC \tag{7.13}$$

---

[5] Der Retardierungsfaktor (*engl.: retardation factor*) ist invers zum Retentionsfaktor (*engl.: retention factor*) (vgl. Kinzelbach 1992, S. 64 mit Tinsley 1979). Im Deutschen werden unglücklicherweise beide Ausdrücke auch ‚Verzögerungsfaktor‘ benannt (was eigentlich nur für den Retentionsfaktor angebracht ist). Deshalb werden wir auf diese Ausdrücke verzichten.

### 7.2.4
**Diffusions-Advektionsgleichung für Transport im Boden**

Die Änderung der Konzentration im Boden während des vertikalen Transports wird berechnet mit der eindimensionalen Diffusions/Dispersions-Advektionsgleichung mit Senkenterm 1. Ordnung:

$$\frac{\partial C_t}{\partial t} = - u \, \frac{\partial C_t}{\partial z} + D \, \frac{\partial^2 C_t}{\partial z^2} - \lambda \, C_t \qquad (7.14)$$

Die Transportterme können auch für Bodenwasser und Bodenluft getrennt betrachtet werden:

$$\frac{\partial C_t}{\partial t} = - u_w \, \frac{\partial C_W}{\partial z} + D_{W,a} \, \frac{\partial^2 C_W}{\partial z^2} + D_{G,eff} \, \frac{\partial^2 C_G}{\partial z^2} - \lambda \, C_t$$

$$= - u_w \, \frac{\partial (f_w \cdot C_t)}{\partial z} + D_{W,a} \, \frac{\partial^2 (f_w \cdot C_t)}{\partial z^2} + D_{G,eff} \, \frac{\partial^2 (f_g \cdot C_t)}{\partial z^2} - \lambda \, C_t$$

$$= - u_w \, f_w \, \frac{\partial C_t}{\partial z} + D_{W,a} \cdot f_w \, \frac{\partial^2 C_t}{\partial z^2} + D_{G,eff} \cdot f_g \, \frac{\partial^2 C_t}{\partial z^2} - \lambda \, C_t$$

$$= - u_w \, f_w \, \frac{\partial C_t}{\partial z} + (D_{W,a} \cdot f_w - D_{G,eff} \cdot f_g) \cdot \frac{\partial^2 C_t}{\partial z^2} - \lambda \, C_t$$

$$= - u_c \, \frac{\partial C_t}{\partial z} + D_c \cdot \frac{\partial^2 C_t}{\partial z^2} - \lambda \, C_t$$

### 7.3
**SOIL – analytische Lösungen für den vertikalen Transport im Boden**

Analytische Lösungen dieser partiellen Differentialgleichung sind abhängig von geeigneten Anfangs- und Randbedingungen. Hier einige Beispiele, weitere siehe Genuchten und Alves (1982).

### 7.3.1
**Einmaliger Eintrag**

Für die Rand- und Anfangsbedingungen

- der (Diffusions-)Dispersionskoeffizient ist zeitlich und räumlich konstant,
- der Stoffeintrag $m_0$ (kg) erfolgt am Punkt z=0 zur Zeit t=0 (Pulseintrag),
- die Querschnittsfläche A (m²) ist konstant,
- $\theta$, der Anteil wassergefüllter Bodenporen, ist konstant, ebenso die Gesamtporosität $\varepsilon$,

– sämtliches Bodenwasser ist mobil,
– die Fließgeschwindigkeit u (m / s) ist konstant,
– der Boden ist nach unten hin unbegrenzt, d. h. C($\infty$,t) = 0
– Transport in der Gasphase kann vernachlässigt werden

folgt für die Konzentration in der Bodentiefe z zur Zeit t (analog zu Gl. 3.31):

$$C_t(z,t) = \frac{m_0 / A}{(4\pi Dt)^{1/2}} \cdot \exp - \frac{(z - ut)^2}{4Dt} \cdot \exp(-\lambda t) \tag{7.15}$$

$C_t(z,t)$: Gesamtkonzentration an Ort z zur Zeit t (kg / m³ Boden)
z:   vertikale Koordinate (in Fließrichtung, m)
t:   Zeit nach der Einleitung (s)
$m_0$: eingeleitete Menge (kg)
A:   Bodenfläche (m²)
D:   Diff.- / Dispersionskoeffizient (m² / s) = $D_{\dot{W},a} \cdot f_w + D_{G,eff} \cdot f_g$
u:   Fließgeschwindigkeit in z-Richtung (m / s) = $u_w \cdot f_w$
$\lambda$:   Reaktionsrate 1. Ordnung (s$^{-1}$)

Die Konzentration im Bodenwasser (kg / m³ Wasser) errechnet sich aus $X_W = C_t \cdot f_w / \theta$.

## 7.3.2
### Belastete Bodenschicht

Oft hat man eine Schicht des Bodens belastet (z. B. den Pflughorizont) und will
wissen, wie lange der Transport in tiefere Schichten dauert. Diesen Fall kann man
betrachten als räumliches Integral über mehrere Punktquellen (Crank, 1979, S. 14). Sei
die Ausgangskonzentration der Substanz in der Schicht von -h < z < h gleich C =
$C_0$, ansonsten C = o; kein Abbau; andere Randbedingungen wie oben. Es ergibt sich
die Lösung des Problems (vgl. Kap. 3.7):

$$C(z,t) = 1/2 \cdot C_0 \left\{ \operatorname{erf} \frac{z - ut + h}{(4Dt)^{1/2}} - \operatorname{erf} \frac{z - ut - h}{(4Dt)^{1/2}} \right\} \tag{7.16}$$

mit Abbau: Ersetze $C_0$ durch $C_0 \cdot e^{-\lambda t}$.

## 7.3.3
### Kontinuierliche Injektion

Bei kontinuierlicher Injektion in eine Bodensäule sind die Konzentrationsrandbedin-
gungen für die Bodenoberfläche

t $\leq$ 0, z $\geq$ 0, C = 0
t > 0, z = 0, C = $C_0$

Nimmt man den Boden nach unten hin unbegrenzt an (z hier positiv), dann ist die
untere Randbedingung C($\infty$,t) = 0 für alle t.

Es ergibt sich die Lösung (Bear 1972, zitiert in Bear 1979, S. 268) (Gl. 7.16):

$$C(z,t)= \frac{C_0}{2}\, e^{uz/(2D)} \cdot \left\{ e^{-z\beta} \cdot \text{erfc}\, \frac{z-t \cdot (u^2+4\lambda D)^{1/2}}{(4Dt)^{1/2}} + e^{z\beta} \cdot \text{erfc}\, \frac{z+t \cdot (u^2+4\lambda D)^{1/2}}{(4Dt)^{1/2}} \right\}$$

$$\beta = \{ u^2/(4D^2) + \lambda/D \}^{1/2}$$

Im Falle von Sorption: u und D korrigiert wie oben. Für $t \rightarrow \infty$ folgt die stationäre Lösung (erfc $(\infty) = 0$, erfc $(-\infty) = 2$):

$$C(z)= C_0\, e^{uz/(2D)-z\beta} \tag{7.17}$$

### 7.3.4
### Analytische Lösung für Ausgasung aus dem Boden

Für Stoffe mit $K_{AW} \gg 10^{-4}$ und solange luftgefüllter Porenraum vorhanden ist, ist die Diffusion in Bodenluft der schnellste Transportweg. Ausnahmen hiervon sind:

- Es erfolgt ein starker advektiver Fluß von Bodenwasser zur Oberfläche (z. B. Wüstengebiete)
- Bioturbation, etwa durch Wühlmäuse, Kaninchen und Regenwürmer führt zu einer Durchmischung der Bodenschichten.

Gleichzeitig ist für Stoffe mit hohem $K_{AW}$ meist auch der Dampfdruck hoch und damit die Ausgasung aus dem Boden in die Atmosphäre bedeutend.

Grundlage der Rechnung des gasförmigen diffusiven Transfers zwischen Boden und Atmosphäre ist wieder das zweite Ficksche Gesetz (Gl. 7.14). Für die Ausgasung aus dem Boden (bei Transport nur in der Gasphase) gibt es zwei Räume mit unterschiedlichen Sorptions- und Diffusionskoeffizienten:

- den Boden ($z < 0$)
- die darüberliegende Luft ($z > 0$).

Als Nomenklatur wird vereinbart:

C = Konzentration im Boden (gesamt) = $C_B$
D = Diffusionskoeffizient (gasförmig) des beweglichen Anteils = $D_{g,eff} \cdot f_g = D_B$
Ausgangskonzentration: kontaminierte Bodensäule, semiinfinit
$C_B(t=0, z < 0)$ = konstant = $C_B(0)$

Für $z > 0$ (Luftsäule) gilt:

C = Konzentration in der Luft = $C_A$
D = Diffusionskoeffizient in Gasen, soweit der Stoff gasförmig vorliegt:
D = $D_g$ bzw. $D_A$

Ausgangskonzentration: zu Beginn unbelastete Atmosphäre
$C_A(t=0, z > 0)$ = konstant = 0

Hat ein Molekül die Grenzschicht zwischen Boden und Atmosphäre erreicht, kann es über diese hinaus und in die Luft diffundieren (und zurück). Die Ausgasung aus dem

Boden kann auch zu einer Kontamination der Vegetation führen. Dies kann mit derselben Gleichung berechnet werden. Siehe dazu Trapp und Matthies (1994).

Zusätzlich zu diesen Ausgangsbedingungen müssen die Randbedingungen zur Lösung der partiellen Differentialgleichung festgelegt werden.

An der Grenzfläche (z=0, Bodenoberfläche) ist die Konzentration im lokalen Gleichgewicht. Dieses wird beschrieben durch den Verteilungskoeffizienten K:

$$K = K_{AB} = C_A(z{=}0) / C_B(z{=}0)$$

An der Grenzfläche ist der Stofffluß aus dem Boden gleich dem Stofffluß in die Luft (und umgekehrt):

$$D_B \, \partial C_B / \partial z = D_A \, \partial C_A / \partial z \ (z = 0)$$

Für dieses Problem gibt es eine ‚Standardlösung' (Crank 1979, S.39):

$$C_B(z,t) = \frac{C_B(0)}{1 + K \, (D_A/D_B)^{1/2}} \left\{ 1 + K \, (D_A/D_B)^{1/2} \ \mathrm{erf} \ \frac{-z}{2 \, (D_B t)^{1/2}} \right\} \qquad (7.18a)$$

$$C_A(z,t) = \frac{K \, C_B(0)}{1 + K \, (D_A/D_B)^{1/2}} \ \mathrm{erfc} \ \frac{z}{2 \, (D_A \, t)^{1/2}} \qquad (7.18b)$$

mit Abbau: Ersetze $C_B(0)$ in beiden Gleichungen durch $C_B(0) \cdot e^{-\lambda t}$ (Abbau in beiden Phasen gleich schnell).

An der Grenzfläche (für z=0) ist die Konzentration konstant und direkt ableitbar, da $\mathrm{erf}(0) = 0$ und $\mathrm{erfc}(0) = 1$. Es folgt:

$$C_B(0, t > 0) = \frac{C_B(0)}{1 + K \, (D_A/D_B)^{1/2}} \qquad (7.19a)$$

$$C_A(0, t > 0) = \frac{K \, C_B(0)}{1 + K \, (D_A/D_B)^{1/2}} \qquad (7.19b)$$

### Übungsbeispiel 7.1 Transport eines Tracers

Sei die stationäre (daher fiktive) Wasserbilanz eines Bodens wie folgt:

Niederschlag 2,1 mm/d
- Evaporation 1,6 mm/d
- Oberflächenabfluß 0,2 mm/d
+ - gespeichertes Wasser 0 mm/d
= durch den Boden fließendes Wasser 0,3 mm/d
= Filtergeschwindigkeit q

Bei einem Anteil wassergefüllter Poren $\theta$ im Boden von 30 % ergibt sich eine Fließgeschwindigkeit u= q/0,3 = 1 mm/d

Der Dispersionskoeffizient $D_{disp}$ ist $L_{disp} \cdot q = 0{,}05 \ \mathrm{m} \cdot 0{,}3 \cdot 10^{-3} \, \mathrm{m/d} = 1{,}5 \cdot 10^{-5} \ \mathrm{m^2/d}$.

Der Diffusionskoeffizient ist (nach Kapitel 11, Gl. 11.13) für eine molare Masse M von 128 g/mol: $D_W = 0,5 \cdot 1,73 \cdot 10^{-4}$ m²/d $= 8,65 \cdot 10^{-5}$ m²/d. Der effektive Diffusionskoeffizient ist für $\varepsilon{=}0,5$:

$$D_{W,eff} = D_W \cdot \theta^{10/3}/\varepsilon^2 = D_W \cdot 0,66 = 5,7 \cdot 10^{-5}\ m^2/d$$

Der scheinbare Diffusions/Dispersionskoeffizient $D_{W,a}$, der in die Gleichungen eingeht, ist die Summe beider:

$$D_{W,a} = D_{disp} + D_{W,eff} = 7,2 \cdot 10^{-5}\ m^2/d = D$$

Für einen idealen Tracer ohne Sorption und Reaktion ($f_w{=}1$, $\lambda{=}0$) vereinfacht sich Gleichung 7.17 zu

$$X_W(z,t) = \frac{m_0/A}{\theta\,(4\pi Dt)^{1/2}} \cdot \exp - \frac{(z-ut)^2}{4Dt} \tag{7.20}$$

Mit $m_0/A =$ Input $= 2$ g/m² ergibt sich die Lösung für $X_W(z < 0, t > 0)$ wie dargestellt in Abbildung 7.1. Selbst ein idealer Tracer, der im Boden zusammen mit dem Wasser bewegt wird, benötigt bei geringer Versickerungsgeschwindigkeit sehr lange für die Verlagerung in tiefere Schichten. Durch Diffusion und Dispersion erweitert sich der Peak beträchtlich. Käme Sorption hinzu ($f_w < 1$), würde sich die Wanderungsgeschwindigkeit entsprechend verringern. Bei zusätzlichem Abbau mit Halbwertszeiten < 1 Jahr ist ein Abbau zu erwarten, bevor relevante Mengen des Stoffes das Grundwasser erreichen.

Vergleicht man die Abbildung 7.1 mit der Abbildung 3.2 (Advektion + Dispersion in einem Fluß), fällt sofort auf, daß die Zeitskala im Boden erheblich länger ist als in Flüssen (Jahre gegenüber Tagen).

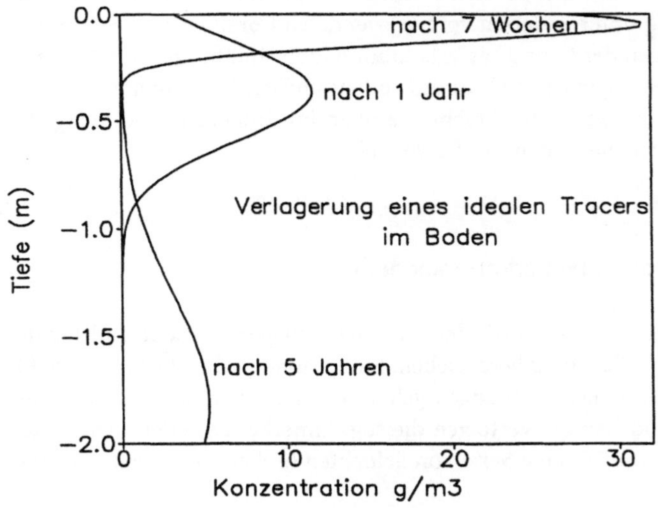


**Abb. 7.1.** Verlagerung eines idealen Tracers im Boden

## 7.4
## Kommentar

Die bisher vorgestellten Modellansätze nehmen eine stationäre Wasserbewegung im Boden an, d. h. das überschüssige Niederschlagswasser versickert kontinuierlich. Die Simulationen des Stofftransports in der Bodensäule mit der Diffusions-Advektionsgleichung unter diesen Bedingungen ergeben, daß sorbierende Stoffe im Boden nur langsam wandern (Abb. 7.1). Niederschläge fallen aber diskontinuierlich, d. h. auch die Versickerung erfolgt instationär. Dabei hängt die aus der Bodensäule ins Grundwasser abgegebene Wasser- und damit auch Stoffmenge vom Speichervermögen des Bodens ab. Insbesondere nach Starkregenfällen und auf gut durchlässigen Böden (Sandböden) erfolgt ein rascher Wassertransport. Dadurch können in kurzen Zeiten wassergelöste Stoffe deutlich tiefer als bei stationärer Wasserbewegung verlagert werden. Dabei kann der *Transport in Makroporen* (z. B. in Trockenrissen, entlang von Wurzeln, in Regenwurmröhren, in den Gängen von Mäusen, Hamstern, Kaninchen u. a.) auch eine beträchtliche Rolle für die Stoffverlagerung spielen. Tatsächlich können Stoffe auch aufgrund eines solchen ‚hydraulischen Kurzschlusses‘ in größere Tiefen und damit in das Grundwasser gelangen (siehe z. B. Feher et al. 1991, Persicani 1993). Man findet Pestizide und andere Stoffe im Grundwasser, deren theoretischer Transport eigentlich gering ist (z. B. Atrazin). Im folgenden wird ein diskretes Kaskadenmodell vorgestellt, das den instationären Wasser- und Stofftransport sowohl durch Versickerung als auch durch Evaporation und Kapillaraufstieg simuliert.

In der Praxis finden auch numerische Lösungen Verwendung, denn sie sind erheblich vielfältiger und variabler zu gestalten (Behrendt et al., 1990, Huston und Wagenet, 1992). Wichtig sind analytische Lösungen dennoch, unter anderem zur Prüfung numerischer Lösungen, und aufgrund ihrer Anschaulichkeit natürlich auch im Bereich der Lehre. Zudem kann man den Einfluß von Parametern (Sensitivitätsanalyse) direkt erkennen. Sehr vorteilhaft ist, daß bei analytischen Lösungen keine numerischen Probleme auftreten. Allerdings sind auch die Werte der Näherungslösung von erf(x), erfc(x) sowie sogar der e-Funktion bei sehr kleinen bzw. großen Argumenten oftmals fehlerbehaftet, abhängig unter anderem vom verwendeten Compiler und Computertyp. Exakte Berechnungen der Grundwasserkontamination sind für größere Umweltauschnitte wegen der heterogenen Struktur des Bodens und der instationären Verhältnisse sehr unsicher. Man kann die Ergebnisse aber im Sinne eines *Ranking* der Gefährdung für verschiedene Böden / Stoffe verstehen.


## 7.5
## Diskretes Kaskadenmodell (Eimerkettenmodell)

In den vorangegangenen Kapiteln wurde der vertikale Transport im Boden mittels der Dispersions-Advektions-Gleichung beschrieben. Einige analytische Lösungen, die für bestimmte Rand- und Anfangsbedingungen gelten, wurden exemplarisch erarbeitet. Einen ganz anderen Modellansatz verfolgen die sog. Eimerketten- oder Speicherzellenmodelle. Der Boden wird in eine Serie von Schichten (Zellen) aufgeteilt, die eine-

obere und untere Wasserhaltekapazität haben. Der Wassergehalt bei der oberen Grenze wird auch als Feldkapazität (engl. *field capacity*) bezeichnet, derjenige bei der unteren Grenze als Welkepunkt (engl. *wilting point*) bei bewachsenem und Evaporationsgrenze bei unbewachsenem Boden. Man nimmt nicht mehr kontinuierliches Fließen an, sondern betrachtet die verschiedenen Bodenschichten als Speicherzellen oder Eimer (engl. *buckets*), die bis zu einer bestimmten Menge, der Feldkapazität, aufgefüllt werden und dann überfließen (engl. *tipping*). Durch die Hintereinanderschaltung solcher Eimer entsteht eine Eimerkette (engl. *tipping buckets*), über die das Wasser und der darin gelöste Stoff transportiert werden. Der Fließvorgang wird also diskontinuierlich (zeitlich diskret) modelliert. Wasser und Stoff werden nur dann weiter in die Tiefe verlagert, wenn der Wassergehalt in der jeweiligen Schicht die Feldkapazität überschreitet. Dieser Modellansatz ähnelt den im Übungsbeispiel 2.3 (siehe Kap. 2.3.2) behandelten Kaskadenmodell mit dem Unterschied des diskontinuierlichen Fließens. Im kontinuierlichen Kaskadenmodell ist der Transport zu jedem Zeitpunkt der Masse im Kompartiment proportional, d. h. solange m > 0 ist, findet auch ein Fließvorgang statt. Im diskreten Kaskadenmodell fließt nur so lange Wasser, bis die Feldkapazität nicht mehr überschritten wird (Richter 1990). Das Eimerkettenmodell beschreibt also nur die advektive Wasserbewegung; Diffusion und Dispersion werden nicht berücksichtigt. Es unterscheidet nicht zwischen verschiedenen Porengrößen, in denen das Wasser transportiert wird und erfaßt daher auch den Wasserfluß in Makroporen. Wasser- und Stoffaufnahme durch Pflanzenwurzeln werden im Modell nicht berücksichtigt. Der Abbau eines Stoffes wird als eine Reaktion 1. Ordnung angenommen.

Auch der gegenläufige Prozeß, nämlich der vertikale Transport von unten nach oben an die Bodenoberfläche durch Kapillaraufstieg und Evaporation, kann simuliert werden. Wasser verdunstet so lange von der Bodenoberfläche, bis eine untere Grenze des Wassergehalts erreicht ist. Dann wird Wasser durch Kapillarkräfte aus den unteren Schichten nachgezogen. Ganz analog zum nach unten gerichteten Wasserfluß wandert nun Wasser und damit der gelöste Stoff von unten nach oben. Es wird eine untere Grenze für die Evaporation bzw. den Kapillaraufstieg angenommen.

### 7.5.1
**Infiltration und Versickerung**

Die Bodensäule wird in n Schichten gleicher Schichtdicke d (m) und die Simulationsdauer in m Zeitschritte gleicher Länge $\Delta t$ (d) unterteilt. Vor Beginn der Simulation haben alle Schichten den volumetrischen Anfangswassergehalt $\theta_0$ ($m^3/m^3$) (siehe 7.2.2) und damit die Anfangswassermenge $W_0$:

$$W_0(i) = \theta_0(i) \cdot d \qquad (7.21)$$

wobei $W_0$ = (anfängliche) Wassermenge pro Schichtdicke und $m^2$ Fläche (m3/m2 = m) ist. (Korrekterweise müßte es Wasservolumen heißen.) Der Index gibt die Bodenschicht (von oben nach unten gezählt) an.

Auf die oberste Bodenschicht fällt der Niederschlag. Ein Teil davon wird durch Verdunstung und oberflächlichen Abfluß abgeführt, der Rest versickert (infiltriert) in den Boden, so lange die Wasserbilanz positiv ist. Die infiltrierte Wassermenge pro Zeitschritt (Filtergeschwindigkeit q) kann aus der Wasserbilanz berechnet werden (siehe 7.2.1):

q = Niederschlag – Evaporation – Oberflächenabfluß

Wenn sich die Bilanzgrößen ändern, kann q nach jedem Zeitschritt neu berechnet werden. Alle Größen sind, wie in der Meteorologie üblich, auf eine Fläche von $1\ m^2$ bezogen. Dadurch ergibt sich als Einheit $l/(m^2\ d) = 10^{-3}\ m/d$, wenn der Niederschlag in Liter pro Tag angegeben wird.

Die Wasserbewegung wird in diskreten Zeitschritten der Länge $\Delta t$ simuliert. Pro Zeitschritt wird der Fluß der infiltrierten Wassermenge durch alle Bodenschichten ermittelt. Nach dem ersten Zeitschritt $\Delta t$ (d) ist die neue Wassermenge W(1) in der obersten Bodenschicht i=1 die Summe aus der Anfangswassermenge $W_0(1)$ und der im Zeitschritt infiltrierten Wassermenge:

$$W(1) = W_0(1) + q \cdot 10^{-3} \cdot \Delta t \tag{7.22}$$

Nun erfolgt die Abfrage, ob der Eimer schon voll ist, d. h. die Feldkapazität FC der obersten Bodenschicht überschritten ist:

$$W(1) \geq FC \cdot d? \tag{7.23a}$$

oder

$$W(1) - FC \cdot d = \delta \tag{7.23b}$$

Vereinfachend wird die gleiche Feldkapazität für alle Bodenschichten angenommen. Falls die Ungleichung nicht erfüllt bzw. $\delta < 0$ ist, fließt kein Wasser in die zweite Schicht, und die Wassermengen und -gehalte in den restlichen Bodenschichten bleiben unverändert. Der neue Wassergehalt $\theta(1)$ in der obersten Bodenschicht beträgt dann

$$\theta(1) = W(1)/d \tag{7.24}$$

Im anderen Fall wird die Differenz der Wassermenge der darunterliegenden Schicht hinzugefügt und gleichzeitig die neue Wassermenge in der ersten und zweiten Schicht berechnet:

$$W(1) = FC \cdot d \tag{7.25a}$$

und

$$W(2) = W_0(2) + [W(1) - FC \cdot d] \tag{7.25b}$$

Dieser Vorgang wird nun für die zweite Bodenschicht wiederholt
$$W(2) \geq FC \cdot d?$$

und für die dritte, vierte und die weiteren Schichten weitergeführt. Wenn die Ungleichung für irgendeine Schicht nicht erfüllt ist, ändert sich in den restlichen Schichten nichts mehr. Andernfalls wird die jeweilige überschüssige Wassermenge weiter nach unten transportiert. Die Iterationsvorschrift für den Wasserfluß von einer beliebigen Bodenschicht i in die darunterliegende Bodenschicht i+1 lautet also:

$$W(i) - FC \cdot d = \delta \tag{7.27}$$

Wenn $\delta < 0$ ist, gilt:

$$W(i) = W_0(i) + [W(i-1) - FC \cdot d] \tag{7.28a}$$

und für alle Schichten größer gleich i:

$$W(i+1) = W_0(i+1). \tag{7.28b}$$

Wenn $\delta \geq 0$ ist, gilt:

$$W(i) = FC \cdot d \tag{7.29}$$

$$W(i+1) = W_0(i+1) + [W(i) - FC \cdot d] \tag{7.30}$$

Der neue volumetrische Wassergehalt in allen Bodenschichten i=1 bis n ergibt sich dann aus:

$$\theta(i) = W(i)/d \tag{7.31}$$

Wenn auf diese Weise Wasser bis in die unterste Bodenschicht n transportiert wird, kann überschüssiges Wasser aus der Bodensäule heraussickern. Die aus der Bodensäule herausgesickerte Wassermenge $W_{out,1}$ nach einem Zeitschritt ist gerade der Überschuß in der untersten Bodenschicht n:

$$W_{out,1} = W(n) - FC \cdot d \tag{7.32}$$

Damit ist der erste Zeitschritt abgeschlossen und der nächste beginnt wieder mit der Gleichung (7.21). Der gesamte Prozeß wird wieder durchlaufen und die Wassergehalte und die herausgesickerte Wassermenge neu berechnet. Dieser Vorgang wird iterativ so lange wiederholt, bis das Ende des gewählten Simulationszeitraums erreicht ist. Nach insgesamt m Zeitschritten wird die herausgesickerte Wassermenge über die m Zeitschritte aufsummiert und ergibt die gesamte herausgesickerte Wassermenge:

$$W_{out,m} = \sum_{j=1}^{m} W_{out,j} \tag{7.33}$$

### 7.5.2
### Evaporation und Kapillaraufstieg

Analog zur Versickerung kann die Wasserbewegung von unten nach oben diskret simuliert werden. Sie tritt bei einer negativen Wasserbilanz ein, wenn der Wassergehalt durch Verdunstung an der Bodenoberfläche niedriger als derjenige in der darunterliegenden Schicht ist. Wasser verdunstet zunächst von der Bodenoberfläche, bis die untere Grenze des Wassergehalts erreicht ist. Bei bewachsenen Böden ist das der Welkepunkt. Er ist definiert als der volumetrische Wassergehalt, bei dem Pflanzen nicht mehr transpirieren können, da das Matrixpotential die von den Wurzeln erzeugte Saugspannung übertrifft. Das Wasser wird dann so stark vom Boden gebunden, daß keine Wasserbewegung mehr stattfindet. Analog wird für Böden ohne Bewuchs eine Evaporationsgrenze EL als derjenige Wassergehalt definiert, bei dem keine Evaporation mehr stattfindet. Durch Kapillaraufstieg wird dann Wasser aus der darunterliegenden Schicht nachgezogen, bis dort auch wieder die Evaporationsgrenze erreicht ist und so fort. (EL ist hier für alle Bodenschichten gleich).

Wasser kann also dann von unten nach oben aufsteigen, wenn die Evaporation die Differenz aus Niederschlag und Oberflächenabfluß überwiegt. Analog zur Infiltration und zum Wasserfluß kann für die obere Bodenschicht die folgende Gleichung aufgestellt werden (s. Gl. 7.22):

$$W(1) - W_0(1) - |q| \cdot 10^{-3} \cdot \Delta t \tag{7.34a}$$

Abgefragt wird nun, ob EL schon erreicht ist:

$$W(1) \geq EL \cdot d \qquad oder \qquad W(1) < EL \cdot d \; ? \tag{7.34b}$$

Für $W(1) > EL \cdot d$ gilt die Gl. (7.34) und für alle $i > 1$ $W(i) = W_0(i)$. Für den Fall $W(1) = EL \cdot d$ gilt für alle $i$ $W(i) = W_0(i)$. Für den Fall $W(1) < EL \cdot d$ ergibt sich für $i = 2$:

$$W(2) - [W_0(2) - EL \cdot d] - |W(1) - EL \cdot d| \tag{7.35a}$$

Wenn $W(2) < EL \cdot d$, wird $W(2) = EL \cdot d$ gesetzt, und es wird die nächste Schicht entsprechend abgefragt und so fort:

$$W(i) - [W_0(i) - EL \cdot d] - |W(i-1) - EL \cdot d| \tag{7.35b}$$

Solange dort $W(i) < EL \cdot d$ gilt, wird $W(i) = EL \cdot d$ gesetzt und die Abfrage in der nächsten Bodenschicht i+1 fortgesetzt, bis in einer Schicht k mit $k > i$ $W(k) \geq EL \cdot d$ ist. Für diese Schicht gilt dann

$$W(k) = EL \cdot d \qquad\qquad\qquad \text{für } W(k) = EL \cdot d \tag{7.36a}$$
$$W(k) = W_0(k) - |W(k-1) - EL \cdot d| \qquad \text{für } W(k) > EL \cdot d \tag{7.36b}$$

Wasser bewegt sich also so lange von unten nach oben, bis die in der Wasserbilanz berechnete Wassermenge verdunstet ist. Der neue volumetrische Wassergehalt in allen Bodenschichten und die evaporierte Wassermenge wird wie im vorangegangenen Kapitel 7.5.1 berechnet. Falls nicht genügend Wasser in der gesamten Bodensäule vorhanden ist, wird beim Erreichen von EL in der letzten Bodenschicht die Simulation beendet. Es werden analog zur Versickerung wieder alle m Zeitschritte iterativ durchlaufen und die gesamte evaporierte Wassermenge aus den Einzelbeiträgen aufsummiert.


### 7.5.3
### Stofftransport

Gelöste Stoffe können, wie in Kap., 7.2 besprochen, mit dem Wasser advektiv transportiert werden. In diesem Modellansatz werden die molekulare Diffusion und die hydrodynamische Dispersion nicht berücksichtigt. Weiterhin findet kein Transport in der Bodenluft (Gasphase) statt. Stoffe mit geringem Volatilitätspotential ($K_{AW} < 10^{-3}$)

erfüllen diese Bedingung und können daher simuliert werden (Ionen, Nitrat und viele andere Verbindungen, u. a. Pestizide).

Stoffe können mit dem Niederschlagswasser auf die Bodenoberfläche gelangen und in den tieferen Boden mit dem Infiltrationswasser versickern. Nur die im Bodenwasser gelöste Fraktion des Stoffes ist mobil. Der Verteilungskoeffizient Bodenmatrix zu Bodenwasser $K_{MW}$ ist durch Gleichung (7.6) gegeben. Da keine Anteile in der Bodenluft berücksichtigt werden müssen, vereinfacht sich die Gleichung (7.8), und der gelöste Anteil $f_w(i)$ in der Bodenschicht i lautet:

$$f_w(i) = \theta(i)/[K_{MW} + \theta(i)] \tag{7.37}$$

Stoff- und Wassertransport erfolgen simultan, d. h. bei jedem Zeitschritt wird sowohl die Wasser- als auch die Stoffbewegung berechnet. Es wird angenommen, daß der Boden vor Beginn der Simulation bereits eine Anfangskonzentration $C_0(i)$ in jeder Bodenschicht i habe.

Im ersten Zeitschritt addiert sich der Eintrag (= Konzentration im infiltrierenden Wasser, $kg/m^3$) in die oberste Bodenschicht mit dem Infiltrationswasser zu der anfänglich vorhanden Stoffmenge. Wenn ein vertikaler Wasserfluß nach unten stattfindet (positive Wasserbilanz), ergibt sich auch eine Stoffversickerung. Hinzu kommt Abbau. Die Gleichung für die neue Gesamtkonzentration C(1) in der ersten Schicht lautet

$$C(1) = C_0(1) \cdot e^{-\lambda \Delta t} + \text{Eintrag} \cdot q \cdot 10^{-3} \cdot \Delta t / d$$
$$- C_0(1) \cdot [W(1) - FC \cdot d]/d \cdot f_w(1)/\theta(1) \tag{7.38}$$

Für die weiteren Bodenschichten i=2,...,n gilt:

$$C(i) = C_0(i) \cdot e^{-\lambda \Delta t} + C_0(i-1) \cdot [W(i-1) - FC \cdot d]/d \cdot f_w(i-1)/\theta(i-1)$$
$$- C_0(i) \cdot [W(i) - FC \cdot d]/d \cdot f_w(i)/\theta(i) \tag{7.39}$$

Zur Berechnung von W(i) bei positiver Wasserbilanz (Versickerung) siehe Gl. 7.27 bis 7.30.

Der bei negativer Wasserbilanz auftretende Kapillaraufstieg kann ebenfalls eine Stoffmenge mit sich nehmen. Es gilt:

$$C(i) = C_0(i) \cdot e^{-\lambda \Delta t} + C_0(i+1) \cdot [W(i+1) - EL \cdot d]/d \cdot f_w(i+1)/\theta(i+1)$$
$$- C_0(i) \cdot [W(i) - EL \cdot d]/d \cdot f_w(i)/\theta(i) \tag{7.40}$$

Zur Berechnung von W(i) bei negativer Wasserbilanz (Verdunstung) siehe Gl. 7.34 bis 7.36.

An der obersten Bodenschicht verdunstet das Wasser, der Stoff verbleibt aber im Boden, da nur Stoffe mit geringem Volatilitätspotential betrachtet werden. Im Gegensatz zur Versickerung kann der Stoff also nicht die Bodensäule verlassen und reichert sich daher in der obersten Bodenschicht an, so lange eine Wasser- und damit Stoffbewegung von unten nach oben anhält.

Für die weiteren Zeitschritte werden die neuen $C_0(i)$ aus dem jetzigen C(i) berechnet.

Falls in die unterste Bodenschicht i=n eine überschüssige Wassermenge versickert, kann auch der Stoff bis dahin gelangen und aus der Bodensäule transportiert werden. Die herausgesickerte Stoffmenge $S_{out,1}$ nach einem Zeitschritt j=1 ist dann gerade

$$S_{out,1} = C_0(n) \cdot f_w(n)/\theta(n) \cdot W_{out,1} \tag{7.41}$$

Die im gesamten Simulationszeitraum aus dem Boden herausgesickerte Stoffmenge $S_{out,m}(kg/m^2)$ errechnet sich aus der Summe der bei jedem Zeitschritt j versickerten Stoffmenge:

$$S_{out,m} = \sum_{j=1}^{m} S_{out,j} \tag{7.42}$$

### 7.5.4
### Stabilität des Lösungsverfahrens

Das numerische Verfahren entspricht dem expliziten Finite-Differenzen-Verfahren (Kapitel 3.8). Die Fließgeschwindigkeit eines Stoffpaketes u bei über die Schhichten konstamtem $W(i)$, $f_w(i)$, $\theta(i)$ ist

$$u = [W(i) - FC \cdot d] \cdot f_w(i)/\theta(i) \text{ (Versickerung)} \tag{7.43}$$

$$u = [W(i) - EL \cdot d] \cdot d_w(i)/\theta(i) \text{ (Verdunstung)} \tag{7.44}$$

Die auftretende numerische Dispersion ist

$$D_n = 1/2 \, [u \cdot d - u^2 \, \Delta t] \tag{7.45}$$

Die Courant-Zahl (muß: $\leq$ 1) ist $u \cdot \Delta t/\Delta x$.

Durch die Wahl von CR = 1 bzw. t = d/u wird numerische Dispersion vermieden. Da jedoch $W(i)$, $f_w(i)$ und $\theta(i)$ mit jeder Schicht variieren können, ist numerische Dispersion mit diesem Verfahren nicht auszuschließen.

### 7.5.5
### Beispiele

Mit dem Eimerkettenmodell lassen sich die in Kap. 7.3 beschriebenen Beispiele ebenfalls simulieren. Wenn nur die oberste Bodenschicht belastet ist und alle anderen Schichten keinen Stoff enthalten, entspricht dies dem einmaligen Eintrag (siehe Kap. 7.3.1). Wenn die Anfangskonzentrationen in allen Bodenschichten identisch sind, entspricht das der Annahme einer belasteten Bodenschicht (siehe Kap. 7.3.2). Wenn nur ein permanenter Stoffeintrag mit dem Infiltrationswasser und keine Vorbelastung des Bodens angenommen wird, entspricht dies der kontinuierlichen Injektion (siehe Kap. 7.3.3). Kombinationen dieser drei Fälle sowie weitere Beispiele wie Evaporation und Kapillaraufstieg lassen sich mit dem Eimerkettenodell simulieren. In CemoS wird das hier beschriebene Eimerkettenmodell als BUCKETS bezeichnet (*engl.: tipping buckets*).

**Aufgaben zu Kapitel 7**

7.1 Welcher Stoff diffundiert schneller im Boden?
Boden bestehend aus 30 % wassergefüllten Poren, 20 % luftgefüllten Poren, 2 % OC. q (Filtergeschwindigkeit) 1 mm/d, Dispersionslänge 5cm, Dichte $\varrho = 1,3\,\text{g}/\text{cm}^3$, pH = 7.

a) Benzol ($C_6H_6$), M = 78,12, log $K_{OW}$ = 2,1; $K_{AW}$ = 0,23
b) Phenol ($C_6H_6O$), M = 94,11; log $K_{OW}$ = 1,48; $K_{AW}$ = 2,2 · $10^{-5}$, Säure: pKa = 9,9.

7.2 Laden Sie alle Substanzen (außer Blei) aus der Standarddatenbank nacheinander und berechnen Sie die Wanderungsgeschwindigkeit $u_c$ dieser Chemikalien . Wie ist die Reihenfolge?

# Kapitel 8
# Atmosphärische Ausbreitungsmodelle

## 8.1
## Einleitung

Chemische Stoffe werden in die Atmosphäre aus verschiedenen Quellen emittiert:
Abgase aus Verkehr, Industrie und Haushalten, aus Heizungen und Kraftwerken,
Lösungsmittel aus der Verarbeitung, oder durch das Versprühen von Pestiziden ...
   Die Freisetzungshöhe variiert stark. Chemikalien werden in der Atmosphäre durch
Dispersion und Advektion verteilt und durch Photoabbau und Deposition entfernt.
Die Konzentration in der Nähe des Erdbodens führt zur Belastung von Menschen,
Pflanzen, Tieren und Böden.

## 8.2
## Modellansätze AIR und PLUME

Berechnet wird der atmosphärische Transport nach Flächen- oder Punktemissionen
unter der Annahme konstanter atmosphärischer und meteorologischer Eigenschaften
(Trenkle und Münzer, 1987). Die Methodik zur Berechnung der Konzentrationen ist
abhängig von der Art der Freisetzung. Für eine größere flächenhafte Quelle wird in
Cemos das Box-Modell AIR mit Verdünnung durch Wind und Elimination durch
Deposition und Abbau verwendet. Für Punktemissionen ist das lokale Fahnenmodell
PLUME geeignet, das Verdünnung durch atmosphärische Dispersion mitberücksich-
tigt (Gauß-Modell).
   Die Deposition auf den Grund wird berechnet aus stationären Konzentrationen und
Depositionsraten. Potentielle Dosisraten werden abgeschätzt aus durchschnittlichen
Inhalationsraten.

### 8.2.1
### Boxmodell für Flächenquellen AIR

Luftschadstoffe werden häufig aus Flächenquellen freigesetzt. Typische Beispiele sind
diffuse Emissionen aus Städten oder das Versprühen von Pestiziden. Die Fläche der
Freisetzung ist im Boxmodell (1 Kompartiment) rechteckig und wird aus vielen
Punktquellen gebildet. Die Höhe der atmosphärischen Mischungsschicht $z_0$ mal der
Fläche der Quelle $x_0 \cdot y_0$ wird als Zielkompartiment angenommen. Die daraus resultierende stationäre Luftkonzentration $C_0$ aufgrund der Flächenemission kann man aus-
drücken als:

$$C_0 = I / (u \cdot y_0 \cdot z_0 + v_{dep} \cdot x_0 \cdot y_0 + \lambda \cdot V) \tag{8.1}$$

Konzentration = Input / (Advektion + Deposition + Abbau)

$C_0$:    stationäre Konzentration $(kg/m^3)$
I:    kontinuierliche Freisetzungsrate $(kg/s)$
$x_0$:    Länge der Box in Windrichtung $(m)$
$y_0$:    Breite der Box lateral zur Windrichtung $(m)$
$z_0$:    Höhe der atmosphärischen Mischungsschicht $(m)$
u:    vertikal gemittelte Windgeschwindigkeiten $(m/s)$
$v_{dep}$:    Gesamtdepositionsgeschwindigkeit $(m/s)$, Gl. 8.27 oder Tabelle 8.1
$\lambda$:    Gesamt(photo)abbaurate $(s^{-1})$
V:    Boxvolumen $(x_0 \cdot y_0 \cdot z_0)$ $(m^3)$

### 8.2.2
### Fahnenmodell für Punktquellen PLUME

Konzentrationen windabwärts von Punktquellen werden mit einem Gauß-Modell berechnet. Das Fahnenmodell leitet sich wiederum ab aus der Dispersions-Advektionsgleichung. Jedoch sind nun zunächst drei Dimensionen zu berücksichtigen. Advektion entspricht der Bewegung durch Wind, die Dispersion wird durch die atmosphärische Turbulenz erzeugt.

Wenn die Dispersion in x-(Wind)Richtung und jede Elimination oder Reaktion mit dem Boden vernachlässigt wird, dann ist die Konzentration in der Entfernung x von einer kontinuierlichen Punktquelle:

$$\begin{aligned} C(x,y,z,H) = {} & [I / (2 \cdot \pi \cdot \sigma_y \cdot \sigma_z \cdot u)] \\ & \cdot \exp[-y^2 / (2 \cdot \sigma_y^2)] \\ & \cdot \{ \exp[-(z{-}H)^2 / (2 \cdot \sigma_z^2)] + \exp[-(z{+}H)^2 / (2 \cdot \sigma_z^2)] \} \end{aligned} \tag{8.3}$$

Diese Gleichung wird auch in der *TA-Luft* verwendet.

$\sigma_y$, $\sigma_z$: Standardabweichung der Gausschen Verteilungsfunktionen für die y- und z-Richtung abhängig von x (m)
H: Freisetzungs- oder effektive Schornsteinhöhe (m) (abhängig von x, siehe TA-Luft, 1986).

Einige Vereinfachungen sind möglich. Für Konzentrationen *am Boden* (z=0):

$$C(x,y,0,H) = [I / (\pi \cdot \sigma_y \cdot \sigma_z \cdot u)] \cdot \exp[-y^2 / (2 \cdot \sigma_y^2) - H^2 / (2 \cdot \sigma_z^2)] \tag{8.4}$$

Für die Konzentration *am Boden entlang des Zentrums der Fahne* (Maximalkonzentration, y = z = 0):

$$C(x,0,0,H) = [I / (\pi \cdot \sigma_y \cdot \sigma_z \cdot u)] \cdot \exp[-H^2 / (2 \cdot \sigma_z^2)] \tag{8.5}$$

Die Standardverteilungen der ‚Gauß-Fahne' sind die lateralen und vertikalen ‚Dispersionskoeffizienten' $\sigma_y$ und $\sigma_z$ (abhängig von der Entfernung x vom Schornstein). Sie können als Potenzfunktionen mit den linearen Koeffizienten a und b und den Exponenten p und q ausgedrückt werden (TA-Luft, 1986):

$$\sigma_y = a \cdot x^p \quad \text{und} \quad \sigma_z = b \cdot x^q \tag{8.7}$$

Die Koeffizienten werden empirisch bestimmt und in der TA-Luft aufgeführt. Die Langzeithäufigkeit der Verteilung von Windgeschwindigkeit, Niederschlag und Pasquill's Stabilitätsklassen (Schichtung der Luft, siehe dazu TA Luft) wurden in Karlsruhe gemessen (Vogt, 1980). Die neutrale Stabilitätsklasse dominiert bei uns (62 %). Deren Parameterwerte werden deshalb in PLUME als Vorgabewerte verwendet: Höhe der Mischungsschicht $z_0$=500m, Windgeschwindigkeit u=5 m/s, Koeffizienten a=0,640; p=0,784; b=0,215; q=0,885. Der Niederschlag wird hier abweichend von der TA Luft mit 2,1 mm/d angegeben.

### 8.2.3
### Gas-Partikel-Verteilung

Chemikalien können aus der Fahne auf den Boden deponiert werden. Die Art der Deposition organischer (Umweltschad-)stoffe wird von der Verteilung zwischen Gas- und Partikelphase kontrolliert. Die adsorbierte Fraktion $f_p$ folgt aus dem Gas-Partikel-Verteilungskoeffizient $K_{gp}$

$$f_p = c_{par}/(c_{gas} + c_{par}) = 1/(1 + K_{gp}) \tag{8.8}$$

$$K_{gp} = c_{gas}/c_{par}$$

mit

$c_{gas}$ = Konzentration gasförmig (kg/m$^3$)
$c_{par}$ = Konzentration adsorbiert (kg/m$^3$)

Junge (1975) präsentierte ein Modell für die Adsorption an Aerosole:

$$K_{gp} = p_s/(c \cdot A_p) \tag{8.9}$$

$p_s$: Sättigungsdampfdruck des flüssigen Stoffes (Pa)
$A_p$: gemittelte Gesamtoberfläche der Partikel (cm$^2$/cm$^3$ Luft)
c : Parameter (Pa $\cdot$ cm) = 17 Pa $\cdot$ cm

Der Parameter c ist keine Konstante, sondern hängt ab von Aerosol- und Substanzeigenschaften. Die Aerosoloberfläche $A_p$ variiert zwischen $4,2 \cdot 10^{-7}$ für saubere kontinentale Hintergrundluft bis zu $1,1 \cdot 10^{-5}$ cm$^2$/cm$^3$ für Stadtgebiete. Ein typischer mittlerer Hintergrundwert (in den USA) ist $1,5 \cdot 10^{-6}$ cm$^2$/cm$^3$ (Biddleman, 1988). Für bei gegebener Temperatur feste, dennoch mäßig flüchtige organische Substanzen wie PCB und PCDD/F muß der Sättigungsdampfdruck über der unterkühlten Schmelze (anstelle über dem Feststoff) verwendet werden (Mackay et al. 1986). Aus der Junge-Gleichung folgt, daß Stoffe mit einem Dampfdruck um $10^{-4}$ Pa bei Zimmertemperatur etwa zu gleichen Anteilen gasförmig und partikulär vorliegen. Der Einfluß der Temperatur ist sehr wichtig, ebenso der Aerosolgehalt der Luft und die Aerosoloberfläche. Ein typisches Beispiel ist 2,3,7,8-TCDD (‚Sevesodioxin') mit einem Dampfdruck (über der unterkühlten Schmelze) von $9,4 \cdot 10^{-5}$ Pa bei 25°C (Rordorf, 1992), das unter Hintergrundbedingungen zu 25 % bis 75 % partikulär vorliegt.

### 8.2.4
### Trockene Deposition

Gas- und trockene Partikeldeposition werden berechnet anhand der Depositionsge-
schwindigkeiten:

$$v_d = (1 - f_p)\, v_{d,gas} + f_p \cdot v_{d,par} \qquad (8.10)$$

$v_d$: Gesamtdepositionsgeschwindigkeit trocken (m/s)
$v_{d,gas}$: trockene Depositionsgeschwindigkeit von Gasen (m/s)
$v_{d,par}$: trockene Depositionsgeschwindigkeit von Partikeln (m/s)

Die trockene Depositionsgeschwindigkeit der meisten anorganischen Gase liegt zwischen $10^{-11}$ cm/s für Krypton (Inertgas, haftet nicht an Oberflächen) und wenigen cm/s für Jod (reagiert sofort, z. B. mit Pflanzenoberflächen). Organische Chemikalien haben typische Werte im Bereich mm/s und darunter (Biddleman, 1988).
Nimmt man an, daß Diffusion (durch eine laminare Grenzschicht) der dominante
Prozeß ist, kann man wiederum aus dem Molekulargewicht den Prozeß abschätzen,
wenn $v_d$ für einen Referenzstoff bekannt ist:

$$v_{d,gas} = v_{d,gas}(\text{ref}) \cdot [M(\text{ref})/M]^{0,5} \qquad (8.11)$$

M ist die molare Masse (g/mol). Ein Wert von 5 mm/s für einen Stoff mit M =
300 g/mol (z. B. ein Pestizid) wird in PLUME und AIR verwendet (nach Thompson,
1983).

Aerosole in der umgebenden Luft werden in drei Arten unterteilt, entsprechend ihrer
Größe:

Nukleustyp ($< 0{,}1$ $\mu$m)
Akkumulierender Typ (0,1 bis 1 $\mu$m)
Sedimentierender Typ ($> 1$ $\mu$m).

Abhängig von Zustand und Art des Aerosols ist die Aufenthaltszeit in Luft höchst
unterschiedlich. Kleine Partikel (Nukleus-Typ) koagulieren (verkleben) ziemlich
schnell. Dadurch werden Partikel mit Durchmessern zwischen 0,1 und 1 $\mu$m gebildet.
Diese verbleiben am längsten ($> 1$ Woche) in der atmosphärischen Mischungsschicht (akkumulieren also), und können dabei über 2 000 bis 3 000 km transportiert
werden.

Größere Partikel verbleiben nur etwa $10^3$ s bzw. fallen nach wenigen km zu Boden.
Grund dafür ist die Schwerkraft, die atmosphärische Turbulenz kann sie nicht halten
(‚Stokesches Gesetz‘).

In AIR wird die Depositionsgeschwindigkeit $v_{d,par}$ für Aerosole zu 1 mm/s vorbe-
setzt, d. h. relativ schnelle Deposition (Emittentennähe). Zur Berechnung der orts-
und partikelspezifischen Depositionsgeschwindigkeit siehe Peters und Eiden (1992).

### 8.2.5
### Nasse Deposition

Die nasse Deposition partikelgebundener und gasförmiger Stoffe hängt von der Niederschlagsintensität ab. Sie ist also nicht konstant, sondern variiert mit dem Wetter. Die nasse Depositionsgeschwindigkeit ist proportional zur Regenintensität. Das Auswaschen von Gasen wird bestimmt vom Verteilungskoeffizienten Luft zu Wasser $K_{AW}$ (Whelpdale, 1982). Die nasse Depositionsgeschwindigkeit partikelgebundener Substanzen wird abgeleitet vom „washout ratio" $W_p$:

$$v_w = [(1-f_p) \cdot P / K_{AW} + f_p \cdot W_p \cdot P] / (8{,}64 \cdot 10^7) \tag{8.12}$$

$v_w$:     Nasse Depositionsgeschwindigkeit (m/s)
P:       Niederschlagsintensität (mm/d)
$K_{AW}$:   Luft-Wasser-Verteilungskoeffizient (–)
$W_p$:      washout ratio für Partikel ($kg/m^3$ Regen : $kg/m^3$ Luft) = $2 \cdot 10^5$
$1/8{,}64 \cdot 10^7$: Umrechnung von mm/d auf m/s

Bei einer mittleren Niederschlagsrate von 2,1 mm/d ist die nasse Depositionsgeschwindigkeit von Partikeln etwa 5 mm/s, d. h. in der gleichen Größenordnung wie die trockene Deposition.

### 8.2.6
### Photoabbau

Photoabbau ist der wichtigste Prozeß für die Vernichtung von Schadstoffen in der Luft, wobei aber auch neue Problemstoffe entstehen können (‚Photosmog'). Drei Mechanismen sind besonders bedeutsam:

- Abbau durch OH-Radikale (wichtigster Prozeß)
- Abbau durch Ozon (v.a. in höheren Luftschichten $\rightarrow$ Ozonloch)
- Direkte Zerstörung durch Sonnenlicht

In Gl. 8.1 (Box-Modell AIR) gibt man alle drei zusammen als addierte Rate 1. Ordnung an (soweit sie bekannt sind). Für die meisten organischen Chemikalien ist die Reaktion mit OH-Radikalen am schnellsten:

$$R - X + OH \cdot \rightarrow XOH + R$$

also eigentlich eine Reaktion zweiter Ordnung (Konzentration zweier Reaktanden bestimmend). Zur Rate erster Ordnung $\lambda$ (1/s) kommt man durch Umformung:

$$\lambda = \lambda'_{OH} \cdot [OH] \cdot \tag{8.13}$$

$\lambda'_{OH}$ : Rate 2. Ordnung ($cm^3/s/$Radikale)
$[OH] \cdot$ : Mittlere Konzentration von OH $\cdot$ in der Mischungsschicht (Radikale/$cm^3$)

Ein mittlerer Vorgabewerte der Radikalkonzentration tagsüber ist $[OH] \cdot = 10^6$ Radikale/$cm^3$, nachts keine Radikale (die Radikale werden ihrerseits durch Photonenbeschuß gebildet), im Schnitt = $5 \cdot 10^5$ Radikale/$cm^3$.

### 8.2.7
### Gesamtdeposition auf den Boden

Aus den stationären Konzentrationen in Luft und der trockenen und nassen Deposition wird der Gesamtfluß d [kg/(m² s)] zum Boden berechnet:

$$d = v_{dep} \cdot C_0 = (v_d + v_w) \cdot C_0 \tag{8.14}$$

Die TA-Luft gibt für Stäube Bereiche für die Ablagerungsgeschwindigkeit $v_{dep}$ an (Tabelle 8.1).

Tabelle 8.1 Ablagerungsgeschwindigkeit von Stäuben nach der TA-Luft.

| Klasse | Korngröße $\mu$m | $v_{dep}$ mm/s |
|---|---|---|
| i=1 | < 5 | 1 |
| i=2 | 5 bis 10 | 10 |
| i=3 | 10 bis 50 | 50 |
| i=4 | > 50 | 100 |
| | unbekannt | 70 |

### 8.2.8
### Potentielle Inhalationsdosis

Die potentielle Inhalationsdosisrate kann aus der stationären Konzentration am Boden zusammen mit der (jährlichen) Inhalationsrate bestimmt werden:

$$D = i \cdot C_0 \tag{8.15}$$

D: Jährliche potentielle Dosisrate (kg/a)
i:  Jährliche Inhalationsrate (m³/a)

Eine konservative Schätzung der Inhalationsrate i ist 8760 m³/a, bzw. ca. 1 m³/h.

Hinweis: Zur Durchführung von Ausbreitungsrechnungen nach TA Luft im Rahmen des Bundes-Immissionsschutzgesetzes für genehmigungsbedürftige Anlagen gibt es spezielle Programme zu kaufen (z. B. Bundesanzeiger 1987).

**Aufgaben zu Kapitel 8** Ausbreitung von Stoffen in der Luft

Berechnen Sie von Formaldehyd im Boxmodell AIR

8.1 Konzentration in der Box
8.2 Dosis in der Box (kg/a)
8.3 Deposition in der Box kg/(m² a)

Daten Formaldehyd: Dampfdruck p= 5,177 · 10⁵ Pa; molare Masse M = 30 g/mol; $K_{AW}$ =1,337 · 10⁻⁵; Input 1 kg/d; Abbau unbekannt.

Box: Boxhöhe $z_0$ 500 m, Länge $x_0$ und Breite $y_0$ 1 000 m.

Windgeschwindigkeit 5 m/s (in x-Richtung), Niederschlag 2,1 mm/d, Partikel-oberfläche 1,5 $10^{-6}$ cm$^2$/cm$^3$, Deposition Partikel 10 mm/s, Deposition Referenzgas (M = 300 g/mol) 5 mm/s, Inhalation 20 m$^3$/d.

8.4 Weil Sie lange arbeiten, kaufen Sie regelmäßig Lebensmittel an der Tankstelle. Die Luft enthält Benzol (50 $\mu$g/m$^3$). Beim Kauf einer Butter (250 g, Volumen etwa 0,3 Liter) überlegen Sie, ob ein erhöhtes gesundheitliches Risiko aufgrund von Benzolan-reicherung in der Butter besteht .

a) Wie hoch ist die Gleichgewichtskonzentration in der Butter? Wieviel Benzol haben Sie mit der Butter (höchstens) gekauft? (log $K_{OW}$ Benzol = 2,1; $K_{AW}$ = 0,23); Butter = Oktanolähnlich.

b) Wieviel Benzol inhalieren Sie beim Kauf (12 min Dauer); Atem (12 min) = 0,2 m$^3$.

c) Beantworten Sie die Frage nach dem erhöhten gesundheitlichen Risiko unter dem Aspekt, daß die Konzentration von Benzol in Stadtluft bis zu 10 $\mu$g/m$^3$ beträgt.

# Kapitel 9
# Schadstoffaufnahme in Pflanzen

## 9.1
## Signifikanz des Problems

Terrestrische Pflanzen werden auf verschiedene Arten mit Fremdsubstanzen kontaminiert. Besonders groß ist die Gefahr einer Kontamination von Pflanzen, wenn sie auf belasteten Flächen wachsen. Hierzu gehören zum Beispiel Altlasten oder mit Klärschlamm gedüngte Flächen. Eine weitere Risikosituation ist die Aufnahme von Schadstoffen aus der Luft, denn Pflanzen sind gegenüber luftbürtigen Stoffen besonders exponiert. Die Aufnahme von toxischen Stoffen gefährdet aber nicht nur Pflanzen. Gleichzeitig ist dies ein erster Schritt zur Kontamination der Nahrungskette und auch des Menschen.

In manchen Fällen wird die Aufnahme von toxischen Stoffen auch gewünscht: Systemische Herbizide können ihre Wirkung generell nur entfalten, wenn sie den geeigneten Ort innerhalb der Zielpflanze erreichen.

Es gibt also eine Reihe von Gründen für die Erforschung der Aufnahme von Chemikalien in Pflanzen. Das Modell PLANT zur Abschätzung der gleichzeitigen Aufnahme aus Boden und Luft wird hier vorgestellt.

Es ist interessant, zunächst einmal die Grenzwerte zu vergleichen, die für Wasser und Lebensmittel aufgestellt wurden. Tabelle 9.1 zeigt diese für einige giftige Stoffe, und zwar für die BRD (bzw. die EU) sowie die USA. Die meisten Werte sind für Pestizide, Werte für andere Stoffe gibt es selten gleichzeitig in Wasser, Pflanzen und Fleisch.

**Tabelle 9.1** Grenzwertevergleich (aus BBA 1989, BGBl 1986, Rippen 1993; für amerikanische Angaben Dank an *J.C. Mc Farlane*)

| | Wasser EU[a] | mg/l US | Fleisch EU | mg/kg US | Pflanzen EU | mg/kg US |
|---|---|---|---|---|---|---|
| $CCl_4$ | 0,003 | 0,005 | k. A. | k. A. | 0,01-0,1 | k. A. |
| Aldicarb | 0, 0001 | 0,003 | 0,01 | 0,01 | 0,1–0,5 | 0,05–1,0 |
| DDT | 0, 0001 | k. A. | 1,0[b] | 5,0 (Fisch) | 0,05–1,0 | 0,1–3,0 |
| Endosulfan | 0, 0001 | k. A. | 0,1[b] | 0,2 | 0,1–30[c] | 0,1–2,0 |
| HCB | 0, 0001 | 0,001 | 0,2[b] | 0,3 | 0,01–0,1 | 0,05–1,0 |
| Lindan | 0, 0001 | 0, 0002 | 1,0–2,0[b] | 4,0–7,0 | 0,1–2,0 | 0,01–3,0 |
| Mirex | 0, 0001 | k. A. | 0,1[b] | 0,1 | 0,01 | k. A. |
| Simazin | 0, 0001 | 0,004 | 0,1 | 0,02 | 0,1–1,0 | 0,2–12,0 |

[a] In der EU: Maximale Pestizidkonzentration in Trinkwasser 0, 0001 mg/l; Summe max. 0, 0005 mg/l
[b] in Fett; c) Mais 0,2 mg/kg, Früchte und Gemüse 1,0 mg/kg, Hopfen 10 mg/kg, Tee 30 mg/kg.
k. A.: keine Anagben

Aufgrund einer europäischen Verordnung wurde für Pestizide und ihre Metaboliten ein *Vorsorge*grenzwert von 0, 0001 mg/l (Summe 0, 0005 mg/l) in Trinkwasser aufgestellt. Werte in Lebensmitteln sind demgegenüber *toxikologisch* begründet.

Dies führt zu der paradoxen Situation, daß Grenzwerte in den Lebensmitteln ca. 1 000 mal höher sind als im Trinkwasser – auch in den USA. Zudem gibt es für Pestizide in Pflanzen keine Summengrenzwerte. Es ist aufgrund dieser Situation anzunehmen, daß bei vielen Schadstoffen die Belastung des Menschen durch die Nahrung erheblich höher liegt als durch Aufnahme mit dem Trinkwasser.

## 9.2
## Pflanzen: Anatomische und physiologische Grundlagen

Fast alle Landpflanzen besitzen im Grunde den gleichen Bau. Trotz der großen Formenvielfalt und der unterschiedlichsten Ausprägung sind sie untergliedert in die Grundorgane Wurzeln, Sproßachse und Blätter. Auch die Aufgaben, die diese pflanzlichen Organe übernehmen, sind bei allen Arten weitgehend identisch. Pflanzen der Abteilung Samenpflanzen (Spermatophyta, mit ca. 250. 000 Arten größte und wichtigste Abteilung des Pflanzenreiches) verfügen meist über interne Transportsysteme für das aufgenommene Wasser (den Transpirationsstrom im Xylem) und die Assimilate (Phloem) und bilden Früchte und Samen aus (Jacob et al. 1987). Der schematische Aufbau einer Getreidepflanze ist in Abbildung 9.1 dargestellt.

Die Wurzeln dienen der Verankerung sowie der Aufnahme von Wasser und Nährsalzen aus dem Boden. Zu diesem Zweck bildet die Wurzel eine große Oberfläche aus, die durch Wurzelhaare noch beträchtlich erweitert werden kann. Nimmt man an, daß eine Wurzel mit 1 Gramm Masse zylindrische Form und die Dichte 1 g/cm$^3$ hat, dann beträgt bei einem Durchmesser von 1 mm die Oberfläche dieser Wurzel 40 cm$^2$ bei einer Gesamtlänge von 1,27 m (für kleinere Wurzeldurchmesser nimmt dieser Betrag noch erheblich zu). Da die Diffusion proportional zur Fläche ist, ist der diffusive Austausch zwischen Boden und Wurzel sehr bedeutend.

Als innerste Rindenschicht besitzt die Endodermis der Wurzel den ‚Casparyschen Streifen' (bestehend aus wachsähnlichen Einlagerungen zwischen den Zellen), der für Wasser undurchlässig ist. Der Diffusionsweg zwischen Rinde und Zentralzylinder wird durch diese Einlagerungen weitgehend blockiert. Stoffe müssen, um in das Innere des Zentralzylinders zu gelangen, die Biomembranen der Zellschicht durchdringen. Eine der wichtigsten Eigenschaften der Membranen ist, daß sie semipermeabel sind, das heißt, bestimmte Moleküle können sie schnell durchdringen, andere nicht (Mauseth 1988). Dadurch wirkt die Endodermis wie ein selektiver Filter, der die Zusammensetzung des Transpirationsstroms kontrolliert.

Im Zentralzylinder befindet sich das (apoplastische=tote) Xylemleitgewebe, in dem Wasser und darin gelöste Stoffe nach oben in die Blätter transportiert werden. Mit dem Wasserstrom passiv mitgeführt werden darin gelöste Stoffe. Abhängig von den Transpiratonsbedingungen und den jeweiligen anatomischen Verhältnissen bewegt sich der Wasserstrom mit einer Geschwindigkeit von einem bis 150 Meter pro Stunde (Huber 1956). Zum Aufbau eines Kilogramms Trockensubstanz verdunsten Pflanzen

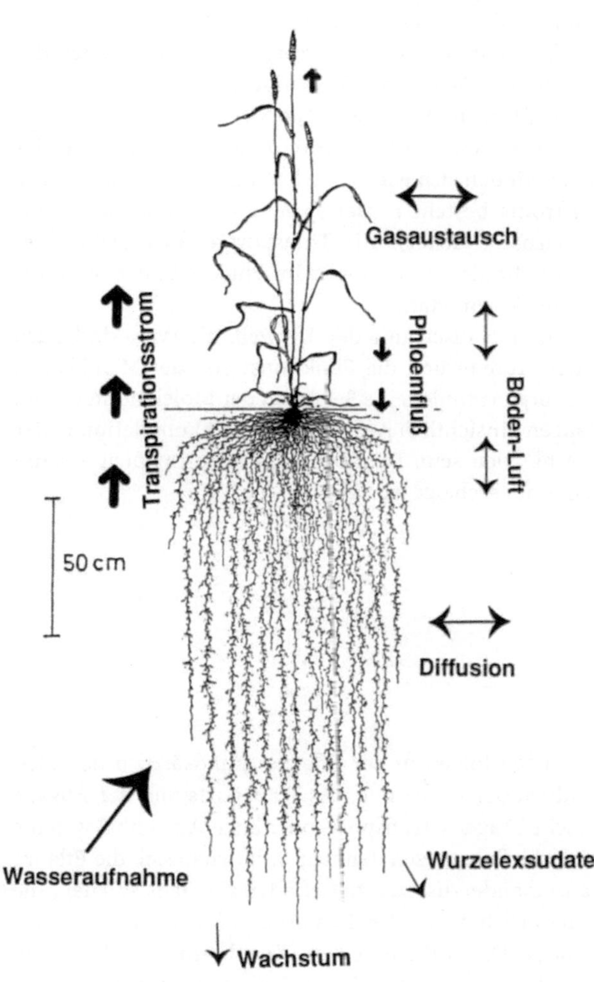



**Abb. 9.1.**
Schematischer Aufbau
einer Pflanze mit
Transportsystemen

zwischen 300 und 650 Liter Wasser (Mitteleuropa). In einer Vegetationsperiode ist das umgerechnet etwa das 50fache ihres Frischgewichtes.

Die Wasserabgabe erfolgt vorwiegend von den Blättern. Deren Hauptaufgabe ist die Photosynthese. Um diese Funktion zu erfüllen, müssen die Blätter Kohlendioxid aus der Luft aufnehmen und Sonnenlicht auffangen. Dazu bilden sie im gemäßigten Klima eine große Oberfläche aus. Die Außenhaut (Epidermis) der Blätter ist auf der Oberseite anders gestaltet als auf der Unterseite und hat auch andere Funktionen. Die Oberseite besitzt charakteristischerweise eine dickere Kutikula (tote Außenschicht) und mehr Wachse, um ungewollte Transpiration zu verhindern und um zu starke Sonneneinstrahlung zu mindern. Dagegen sind auf der Unterseite sehr viel mehr Spaltöffnungen (Stomata), die den Gasaustausch ermöglichen. Die Stomata können aufgrund von Wassermangel sowie nachts geschlossen werden. An der Unterseite des

Blattes befinden sich hinter den Stomata große Hohlräume. Dies erlaubt ein tiefes und schnelles Eindringen von $CO_2$ und anderen Gasen von unten in das Blatt.

Die in den Blättern produzierten Assimilate werden im Phloem zu den Orten des Verbrauchs transportiert, also zu den Wurzeln, Vegetationspunkten (wachsende Pflanzenteile) und Speicherorganen (Jacob et al. 1987). Die Siebröhren des Phloems bilden ein Transportsystem, das die ganze Pflanze durchzieht. Die Elemente des Phloems sind lebende Zellen und befinden sich wie das Xylem im Zentralzylinder. Die Trockensubstanz des Assimilatstroms besteht in der Regel zu mehr als 90 % aus Kohlehydraten, vor allem Saccharose (Zucker). Die Transportgeschwindigkeit des Phloems beträgt bis zu 180 cm pro Stunde (Huber 1956). Im Phloem findet ca. 10 bis 100 mal weniger Wasserfluß als im Xylem statt.

Die Pflanze lebt durch den Stoffaustausch mit der Umwelt. Hiervon sind auch Xenobiotika betroffen. Durch den Aufbau und die Funktionsweise der Membranen und der Oberflächen der Pflanzenorgane findet eine Selektion der Moleküle statt, und das Verhalten von Fremdsubstanzen hinsichtlich Aufnahme und Akkumulation in der Pflanze kann daher sehr unterschiedlich sein. Dennoch kann es prinzipiell – wenn auch nicht in allen Einzelheiten – abgeschätzt werden.

## 9.3
## Modellentwicklung

Anthropogene organische Substanzen folgen in der Pflanze grundsätzlich den gleichen Gesetzmäßigkeiten hinsichtlich der Aufnahme, des Transports und der Abgabe wie alle anderen Stoffe. ‚Spezifische Träger-, Transport- oder auch Ausschlußsysteme sind, wenn überhaupt, nur für solche Substanzen denkbar, mit denen sich die Pflanze natürlicherweise seit langem auseinanderzusetzen hatte, oder allenfalls solchen, die von der Pflanze mit solchen natürlichen, in der Evolution wirksam gewordenen verwechselt werden' (Ziegler 1984). Die Aufnahme von Xenobiotika wird also im allgemeinen passiv erfolgen, das heißt, entweder durch Diffusion oder durch Mittransport in Pflanzensäften (Advektion).

Die physiologischen und chemischen Grundlagen sowie mehrere Modellkonzepte finden sich ausführlich in Trapp und McFarlane (1994).

## 9.3.1
## Herleitung von Verteilungskoeffizienten für pflanzliche Gewebe

Die Verteilungskoeffizienten zwischen pflanzlichem Gewebe und anderen Medien spielen eine Schlüsselrolle bei der Berechnung des Verhaltens von Fremdsubstanzen in der Pflanze.

Pflanzliches Gewebe besteht aus einer lipoiden (fettähnlichen) sowie einer wäßrigen Phase. Die Sorption an Lipide wird – wie bereits bei Fischen – mit Hilfe des Verteilungskoeffizienten Oktanol-Wasser beschrieben (Gl. 4.12):

$$K_{PW} = (W + 1 \cdot a \cdot K_{OW}{}^b)\rho_P / \rho_W \qquad\qquad (9.1)$$

$K_{PW}$ ist das Konzentrationsverhältnis Pflanzengewebe zu wäßriger Lösung im Gleichgewicht (Masse pro Volumen zu Masse pro Volumen), W ist der Wassergehalt des Pflanzengewebes (Masse pro Masse), l ist der Lipidgehalt (Masse pro Masse); a ist ein empirischer Korrekturfaktor (siehe Kap. 11) und b ist ein Korrekturexponent für Unterschiede zwischen der Sorption in/an Pflanzenlipide und n-Oktanol, $\rho_P$ ist die Dichte der Pflanze und $\rho_W$ ist die Dichte der Außenlösung bzw. von Wasser.

Für b wurden bisher Werte bestimmt für Gerstenwurzeln (b=0,77, Briggs et al. 1982), Bohnenwurzeln (b=0,75, Trapp und Pussemier 1991), Gerstenblätter (b=0,95, Briggs et al. 1983) und isolierte Kutikula (Wachsschicht auf den Blättern, b=0,97, Kerler und Schönherr 1988). Bei gleichem Sorptionsverhalten von Lipiden und Oktanol ist a = $\rho_{Wasser} / \rho_{Oktanol}$ = 122.

### 9.3.2
### Aufnahme- und Transportkinetik

Der tatsächliche Stofftransport in die Pflanze ist abhängig von der Kinetik der Aufnahme und des Transports.

### Aufnahme in die Wurzel

Aufgrund der extrem hohen Oberfläche von Wurzeln kann man i.A. davon ausgehen, daß Wurzeln im Gleichgewicht mit dem Boden stehen (ausgenommen dickere Pfahl- bzw. Speicherwurzeln). Dieses Gleichgewicht kann man rechnerisch erhalten indem man den Verteilungskoeffizienten Wurzel zu Wasser (Gl. 9.1 bzw. 4.12) durch den Verteilungskoeffizienten Boden zu Wasser (Gl. 4.7, 4.10 und Gl. 4.11ab) teilt. Dabei sind die *Konzentrationen in den Wurzeln meist ähnlich hoch wie im Boden* (Abweichung bis zu Faktor 10 ohne weiteres möglich). Dies erspart eine Menge Rechnerei. Auch experimentell konnte dieses Ergebnis bestätigt werden (Abb. 9.2). Eine genauere Darstellung der Aufnahmekinetik findet sich in Trapp (1992).

Das Gleichgewicht stellt sich nicht ein, wenn der untersuchte Stoff schnell abgebaut wird, sehr hohe potentielle Verteilungskoeffizienten zeigt (log $K_{OW}$ hoch) *und* langsame Aufnahme ($K_{AW}$ niedrig, dadurch keine Diffusion in der Bodenluft) oder die Wurzel eine geringe Oberfläche hat (Knollen, Pfahlwurzeln usw.). Zeigt der Stoff Säure-Base-Reaktionen, kann es zu Anreicherung in der Pflanze und insbesondere im Phloem kommen (pH Phloem ca. 8, Xylem ca. 5,5; weitgehend unabhängig vom pH des Bodens; siehe dazu Briggs et al. 1987 sowie Rigitano et al. 1987).

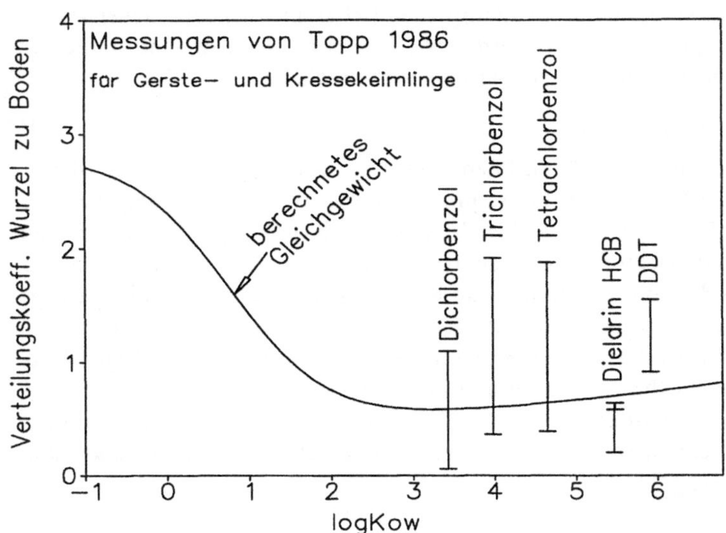


**Abb. 9.2.** Berechnetes und gemessenes Gleichgewicht zwischen Wurzel und Boden. Nach Trapp et al. (1990).

## Verlagerung mit dem Transpirationsstrom

Die Wurzel nimmt (viel) Wasser auf und damit die im Wasser gelösten Mineralsalze und natürlich alle anderen im Wasser gelösten Substanzen, auch Fremd- und Giftstoffe. Die Gesamtaufnahme einer Substanz in die Pflanze mit dem aufgenommenen Wasser (kg/s) ist der Fluß des Wassers $Q_W$ (Transpirationsstrom, $m^3/s$) multipliziert mit der Konzentration der Chemikalie im Bodenwasser $C_W$ (kg/$m^3$), Berechnung von $C_W$ siehe Gl. 4.7:

$$N_Q = Q_W \cdot C_W \tag{9.2}$$

Die Aufnahme in die Wurzel hat nicht zwingend eine Verlagerung in den Sproß (= oberirdische Pflanzenteile) mit dem Transpirationsstrom zur Folge (Shone und Wood 1974). Für die meisten untersuchten organischen Xenobiotika ist das Konzentrationsverhältnis zwischen Xylem- und Außenlösung (TSCF, = Transpiration Stream Concentration Factor) kleiner als eins (Shone und Wood 1974, Briggs et al. 1982).

$$TSCF = \frac{\text{Masse Chemikalie im Sproß/ml transpiriertes Wasser}}{\text{Masse Chemikalie/ml Außenlösung}}$$

Briggs et al. (1982) beschrieben das Ergebnis der Aufnahme von (nichtdissoziierenden) Fremdstoffen in Abhängigkeit von der Lipophilität, ausgedrückt durch den $K_{OW}$:

$$TSCF = 0{,}784 \cdot \exp\left[-(\log K_{OW} - 1{,}78)^2 / 2{,}44\right] \tag{9.3}$$

Folglich ist die Konzentration einer Chemikalie im Transpirationsstrom des Xylems $C_{Xy}$ (kg/m³):

$$C_{Xy} = TSCF \cdot C_W \tag{9.4}$$

und die Verlagerung in den Sproß im Xylem $N_{Xy}$ (kg/s) ist

$$N_{Xy} = Q_W \cdot C_{Xy} = Q_W \cdot TSCF \cdot C_W \tag{9.5}$$

Dies bedeutet, daß nicht die gesamte Menge der mit dem Transpirationsstrom in die Pflanze aufgenommenen Chemikalie auch in oberirdische Pflanzenteile weiterverlagert wird. Ein Teil verbleibt in der Wurzel. Wenn der TSCF höhere Werte annimmt (Maximum 0,784), ist die Verlagerung höchst effektiv, weil der Wasserfluß $Q_W$ hoch ist. Der TSCF nimmt die höchsten Werte an für Chemikalien mittlerer Lipophilität, d. h. log $K_{OW}$ ca. 1 bis 3 (Abb. 9.3). Warum dies so ist, ist bislang nicht geklärt. Meßwerte streuen recht stark um die Anpassungskurve (aus Briggs et al. 1982), so daß der TSCF eine gewisse Unsicherheit darstellt. Ionen werden überwiegend aktiv (d. h. durch spezielle Transportsysteme der Pflanze) über Biomembranen verlagert, weil geladene Moleküle diese nur äußerst schwer überqueren können (Briggs et al. 1987). Eine Akkumulation im Sproß, speziell im Blatt, findet dann statt, wenn der Stoff weder gut abgebaut wird noch in die Luft ausgast. Wichtig: Die Berechnung der Konzentration in den oberirdischen Pflanzenteilen erfolgt getrennt von der in Wurzeln, da der TSCF auf die Bodenlösung bezogen ist.

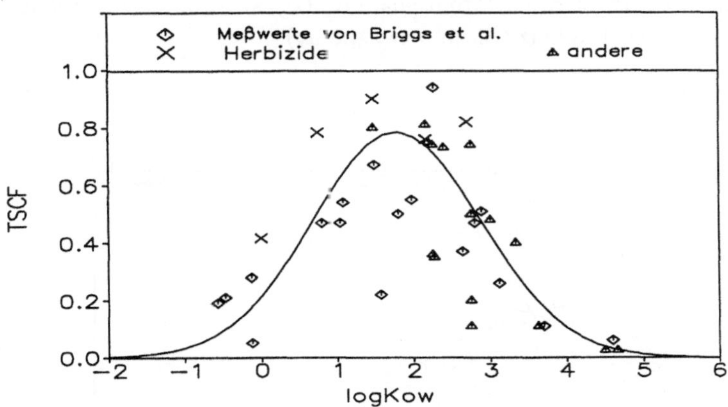


**Abb. 9.3.** TSCF in Abhängigkeit vom log $K_{OW}$ mit Meßwerten aus Briggs et al. (1982).

## Austausch zwischen Blatt und Atmosphäre

Blätter haben aufgrund ihrer hohen Oberfläche üblicherweise einen starken Austausch mit der Atmosphäre. Aus den Blättern können Stoffe in die Luft ausgasen, es kann aber auch zur Eingasung kommen.

Der Widerstand gegen die Aus/Eingasung r setzt sich zusammen aus den Teilwiderständen von Stomata, Atmosphäre und Kutikula. Kutikula- und Stomatawiderstand wirken parallel. Der atmosphärische Widerstand, gebildet von der laminaren

Luftschicht um die Blätter, ist dazu seriell (Thompson 1983). Weitere Widerstände im Blattinnern sind in ihrer Bedeutung bisher kaum untersucht.

Die Kutikula ist eine Wachsschicht und kann daher vor allem von lipophilen Stoffen ($K_{OW}$ groß) gut durchdrungen werden (Schönherr und Riederer 1989). Demgegenüber nehmen Gase ($K_{AW}$ groß) einfacher den Weg über die Stomata (die dafür ja da ist, nämlich Aufnahme von $CO_2$). Als ungefähre Grenzen für den Austauschwiderstand bzw. -leitwert können gelten:

Nach unten: Kutikula völlig undurchdringlich (für nicht lipophile Stoffe), Aufnahme nur über Stomata; r ca. 1 000 bis 3 000 s/m; Leitwert g = 1/r ca. 0,001 bis 0, 00033 m/s.

Nach oben: Kutikula vergleichsweise völlig durchlässig, Hauptwiderstand bildet die Atmosphäre. Richtwert für r = 200 s/m, bzw. g = 0,005 m/s

Selbst bei sehr geringen Konzentrationen in der Luft können Blätter stark kontaminiert werden, da die Verteilungskoeffizienten zwischen Blatt und Atmosphäre $K_{LA}$ häufig sehr hoch sind (und damit auch die Konzentrationsgradienten).

$$K_{LA} = C_L/C_A = K_{LW}/K_{AW} \tag{9.6}$$

$C_L$: Gleichgewichtskonzentration im Blatt (engl. *leaves*) (kg/m³)
$C_A$:Gleichgewichtskonzentration in der Luft (kg/m³)
$K_{LW}$:Verteilungskoeff. zwischen Blättern und Wasser, Berechnung nach Gl. 9.1 mit
    b=0,95.

Der Nettostofffluß zwischen Blatt und Atmosphäre $N_A$ (kg/s) ist diffusiv und leitet sich ab aus dem 1. Fickschen Gesetz (Gl. 3.1, bzw. 4.18–19):

$$N_A = A \cdot g \cdot (C_A - C_L/K_{LA}) \tag{9.7}$$

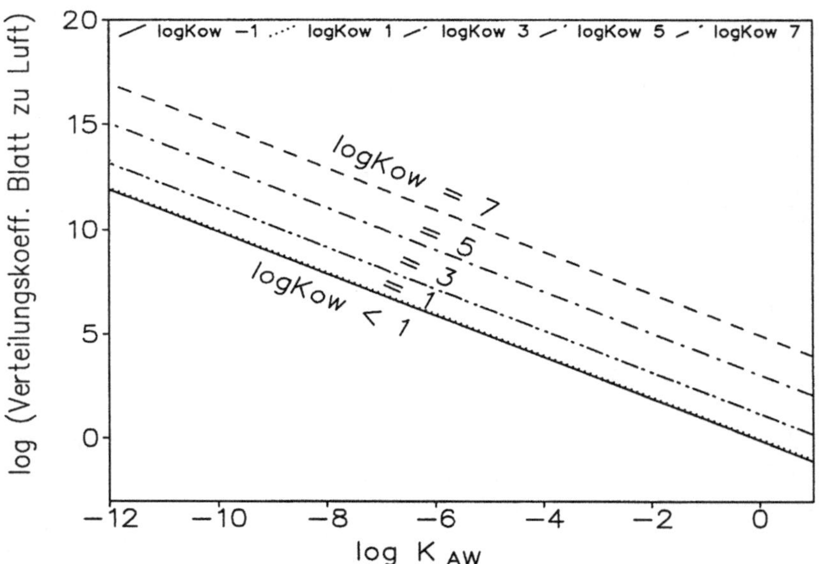


**Abb. 9.4.** Verteilungskoeffizient Blatt zu Luft.

A: Blattoberfläche (m²)
g: Leitwert (m/s)
$C_A$: tatsächliche Konzentration in der Luft (kg/m³)
$C_L$: tatsächliche Konzentration im Blatt (kg/m³)

**Metabolisierung**

Es ist bekannt, daß Pflanzen eine sehr reaktive Umgebung für die Metabolisierung xenobiotischer Stoffe sind, obwohl nicht viel über die Vorhersage von Raten ausgesagt werden kann. Ein wichtiger Unterschied zum Metabolismus von Bakterien und Tieren ist die bevorzugte Bildung von gebundenen Rückständen ('bound residues'), z. B. durch Glykosidkomplexe. Man kann die Metabolisierung z. B. über Raten 'pseudo'-erster Ordnung rechnen (Gl. 3.29).

**Wachstum**

Das Wachstum der Pflanzen kann in drei Phasen unterteilt werden (Jacob et al. 1987): Die Keimungsphase, die Hauptwachstumsphase (vegetative Phase) und die Absterbephase (Reifung).

Das Wachstum bedingt einen Verdünnungseffekt. Dieser kann aufgrund des Massenerhaltungsgesetzes leicht berechnet werden. Für jedes wachsende Kompartiment gilt:

$$C_0 \cdot V_0 = C_t \cdot V_t \tag{9.8}$$

$C_0$ und $V_0$ sind Konzentration und Volumen zum Zeitpunkt 0, $C_t$ und $V_t$ sind Konzentration und Volumen zum Zeitpunkt t.

Die Hauptwachstumsphase läßt sich in guter Näherung durch eine Exponentialfunktion beschreiben. Die Wachstumsrate $\lambda_w$ ($s^{-1}$) ist

$$\lambda_w = \ln(V_t/V_0)/t$$

Diese Rate erster Ordnung wird bei der analytischen Lösung für die *Konzentration* zur Abbaurate addiert.

Hinweis: In *CemoS* Version 1.0 muß dieses Addieren vom Benutzer vorgenommen werden, und zwar im Menue Substanzdaten, Abbau Pflanzen.

## 9.4
## Herleitung des Modells PLANT

Aus beiden Prozessen (Aufnahme aus dem Boden und aus der Luft) wird das Modell PLANT hergeleitet (Trapp und Matthies 1995). Es gilt

Änderung der Stoffmenge in den oberirdischen Teilen der Pflanze =
+ Fluß aus dem Boden in den Sproß
± Fluß aus/in die Luft
- Metabolisierung

$$V_L \cdot dC_L/dt = Q_W \cdot TSCF \cdot C_W + A \cdot g \cdot (C_A - C_L/K_{LA}) - \lambda \cdot C_L \cdot V_L \tag{9.9}$$

Es folgt

$$dC_L/dt + [A \cdot g/(K_{LA} \cdot V_L) + \lambda] \cdot C_L = Q_W \cdot TSCF \cdot C_W/V_L + A \cdot g \cdot C_A/V_L \quad (9.10)$$

$C_L$:    Konzentration im Blatt $(kg/m^3)$
$Q_W$:   Transpirationsstrom $(m^3/s)$
TSCF: Transpirationsstromkonzentrationsfaktor $(-)$
$C_W$:   Konzentration im Bodenwasser (Bodenlösung) $(kg/m^3)$
$V_L$:   Volumen des Blattes $(m^3)$
A:    Blattfläche $(m^2)$
g:    Leitwert zwischen Blatt und Luft $(m/s)$
$C_A$:   Konzentration in der Luft $(kg/m^3)$
$K_{LA}$:  Verteilungskoeffizient zwischen Blatt und Luft $(-)$
$\lambda$:    Metabolisierungsrate + Wachstumsrate erster Ordnung $(1/s)$

Nimmt man $C_W$ und $C_A$ als konstant an, erhält man eine Differentialgleichung der allgemeinen Form

$$dy/dt + ay = b$$

mit $a = A \cdot g/(K_{LA} \cdot V_L) + \lambda$ und $b = Q_W \cdot TSCF \cdot C_W/V_L + A \cdot g \cdot C_A/V_L$

Für ein gegebenes $C_L(o)$ ist die analytische Lösung für $C_L(t)$ (siehe Kapitel 2):

$$C_L(t) = C_L(o) \cdot e^{-at} + b/a \cdot (1-e^{-at}) \quad (9.11)$$

Der stationäre Zustand entspricht $C_L(\infty) = b/a$. Die Bedeutung der relativen Aufnahme aus Boden bzw. Luft zeigen die Anteile an b, die Eliminationswege Metabolisierung und Ausgasung kann man durch die Analyse des Koeffizienten a ermitteln. Die Zeit bis zum Erreichen (von 95 %) des stationären Zustandes ist leicht herzuleiten:

$$C_L(t)/C_L(\infty) = ca.\ 0{,}95 \rightarrow 1-e^{-at} = 0{,}95 \rightarrow e^{-at} = 0{,}05 \rightarrow at = -\ln 0{,}05 \rightarrow t = -\ln 0{,}05/a \quad (9.12)$$

Diese Modellgleichung kann unter anderem dazu verwendet werden, um die konkurrierende Aufnahme aus Boden und Luft zu vergleichen. Dies erlaubt eine rationale Bewertung von Bodenbelastungen, z. B. im Rahmen einer Gefährdungsabschätzung bei kontaminierten Standorten (Altlasten u. ä.) und zur Grenzwertfestsetzung.


**Aufgaben zu Kapitel 9**

9.1 Aufnahme aus dem Boden.
Nitrobenzol entsteht bei der Explosion von TNT. Es findet sich häufig auf militärischen Altlasten. Die Konzentration von Nitrobenzol $(\log K_{OW}=1{,}85)$ in der trockenen Bodenmatrix betrage 5 ppm (5 mg Nitrobenzol/kg Trockenboden).
    Daten: $K_d = 0{,}58\ cm^3$ (Bodenlösung)$/g$ (Trockenboden);
    Kopfsalat: Transpiration 50 Liter in 50 Tagen (Vegetationszeit); Erntegewicht 1 kg.

a)  Wie hoch ist die Konzentration in der Bodenlösung?

b)  Wieviel Nitrobenzol wird von 1 kg Kopfsalat insgesamt mit dem Bodenwasser aufgenommen?

c)  Wieviel davon wird in oberirdische Pflanzenteile verlagert?

9.2  Aufnahme aus der Luft.
Die Konzentration von Nitrobenzol in der Luft betrage 3 $\mu g/m^3$.

a)  Wie hoch ist die Konzentration im Kopfsalat bei Gleichgewicht?
    weitere Daten: Lipidgehalt 2 %, Wassergehalt 80 %, $K_{AW}$ 0, 00061, Dichte 1 kg/l.

b)  Wie hoch ist die Konzentration nach 1 Stunde, 50 Tagen (Ernte)?
    weitere Daten: Leitwert g = 3 · $10^{-4}$ m/s, Blattfläche A=2 $m^2$, Gewicht = 1 kg,
    Volumen V = 1 Liter ($10^{-3}$ $m^3$), Wachstumsrate $\lambda_w$ = 0,23 $d^{-1}$ = 2,66 · $10^{-6}$ $s^{-1}$, Abbau
    Halbwertszeit = 1,44 Tage, $\lambda$ = 0,48 $d^{-1}$ = 5,6 · $10^{-6}$ $s^{-1}$.

9.3  Konkurrierende Aufnahme aus Luft und Boden.
Berechnen Sie obiges Beispiel bei gleichzeitiger Aufnahme aus Luft und Boden für den stationären Zustand. Welchen Weg nimmt Nitrobenzol? Wann wird der stationäre Zustand (95 %) erreicht?

# Kapitel 10
# Ein einfaches Modell für Nahrungsketten

## 10.1
## Problemstellung

Persistente, lipophile Chemikalien akkumulieren in der Nahrungskette. Eine grobe Faustregel ist, daß ein in der (terrestrischen) Nahrungskette (besser wäre der Ausdruck Nahrungsnetz) höherstehendes Glied etwa ein Zehntel der zugenommenen Nahrung in Eigengewicht umsetzt. Eine Anreicherung eines Schadstoffes um das Zehnfache je trophischer Ebene wäre also möglich.

Typische Nahrungsketten sind:

Algen → Daphnien → Kleinfische → Raubfische → Raubvögel
Algen → Daphnien → Kleinfische → Raubfische → Robben → Eisbären
Pflanzen → Kaninchen → Habicht
Pflanzen → Kühe → Milch → (Mutter → Milch) → Baby

Man ersieht, daß Raubtiere, Menschen – und insbesondere Neugeborene – am Ende der Nahrungskette stehen ! Tatsächlich ist die Belastung der Muttermilch in vielen Fällen (chlororganische Substanzen) über den zulässigen Grenzwerten für Nahrungsmittel. Muttermilch zählt jedoch rechtlich nicht zu den Nahrungsmitteln.

## 10.2
## Mathematische Formulierung des Modells CHAIN

Mathematisch kann eine Nahrungskette analog zum Übungsbeispiel 2.3 bzw. 2.4 als „Kaskade" behandelt werden (Gl. 2.19 folgende). Die Massenbilanz für Systemelemente 1,2,...,n ist allerdings etwas unterschiedlich.

In der ersten Ebene der Nahrungskette wird ein Teil der vorhandenen Schadstoffmenge metabolisiert, ein Teil wird von der nächsten Stufe „weggefressen". Bezeichnet man die Metabolisierungsrate mit $\lambda_1$, die Rate für die Aufnahme in die nächste Stufe mit $k_{12}$, folgt als Massenbilanzgleichung:

$$dm_1/dt = -\lambda_1\, m_1 - k_{12}\, m_1 \tag{10.1}$$

In die zweite Ebene gelangt der Schadstoff durch Nahrungsaufnahme. Wiederum wird ein Teil der vorhandenen Schadstoffmenge metabolisiert, ein Teil wird von der nächsten Stufe „weggefressen".

$$dm_2/dt = k_{12}\, m_1 - \lambda_2\, m_2 - k_{23}\, m_2 \tag{10.2}$$

In der dritten Ebene sei das Endglied der Nahrungskette erreicht, es erfolge nur noch Aufnahme und Abbau:

$$dm_3/dt = k_{23}\, m_2 - \lambda_3\, m_3 \tag{10.3}$$

Es ergibt sich also die Matrix

$$\dot{m} = \left\{ \begin{array}{ccc} -k_{12}-\lambda_1 & 0 & 0 \\ k_{12} & -k_{23}-\lambda_2 & 0 \\ 0 & k_{23} & -\lambda_3 \end{array} \right\}\, m$$

Analog zum Übungsbeispiel 2.4 erfolgt die Lösung. Für die Anfangsbedingung $m_1(0)= m_0$, $m_2(0)= m_3(0) = 0$ ergibt sich

$$m_1 = m_0\, e^{-(k_{12}+\lambda_1)\, t} \tag{10.4}$$

$$m_2 = m_0 \cdot k_{12}/(\lambda_2+k_{23} -\lambda_1-k_{12}) \cdot \left\{ e^{-(k_{12}+\lambda_1)t} - e^{-(k_{23}+\lambda_2)t} \right\} \tag{10.5}$$

Für die dritte Stufe der Nahrungskette gilt dann (10.6):

$$m_3 = k_{12}\, k_{23}\, m_0 \left\{ \frac{e^{-(k_{12}+\lambda_1)t}}{(\lambda_2+k_{23}-\lambda_1-k_{12})(\lambda_3-\lambda_1-k_{12})} + \frac{e^{-(k_{23}+\lambda_2)t}}{(\lambda_2+k_{23}-\lambda_1-k_{12})(\lambda_2+k_{23}-\lambda_3)} \right.$$
$$\left. + \frac{e^{-\lambda_3 t}}{(\lambda_3-\lambda_2-k_{23})(\lambda_3-\lambda_1-k_{12})} \right\}$$

### Übungsbeispiel 10.1: 2,3,7,8-TCDD in der Nahrungskette

Das Seveso-Dioxin 2,3,7,8-TCDD ist ein Beispiel für einen Stoff, der persistent ist und in der in der Nahrungskette weitergegeben wird. Betrachtet wird der Pfad Wiese – Kuh – Milch.

a) *Die Nahrungskette*: Die betrachtete Wiese mit der Fläche von einem Hektar weist etwa 1 kg Frischgewicht je m² auf. Der Zuwachs beträgt (in der Frühsommerzeit) 0,3 kg je m² in 60 Tagen bzw. 50 kg je Hektar und Tag.

   Auf dieser Wiese weidet die Kuh Xarne. Sie frißt 50 kg je Tag – also den gesamten Zuwachs. Die Milchleistung der Kuh beträgt 25 l/d bzw. 25 kg/d.

b) *Der Eintrag*: Die Wiese liegt in der Nähe einer chemischen Anlage, bei der durch einen Unfall einmalig 2,3,7,8-TCDD ('Seveso-Dioxin') freigesetzt wird. Auf die Wiese gelangen 100 µg des Stoffes, bzw. 10 ng/kg Gras.

c) *Das Stoffverhalten* (Annahmen):
   2,3,7,8-TCDD wird 'abgewettert' (d. h. es gast weg, wird abgewaschen, unterliegt Photoabbau usw.) mit einer Halbwertszeit von 2 Wochen bzw. einer Rate von 0,05 d⁻¹. Im Darm der Kuh wird etwa 70 % des Dioxins resorbiert (McLachlan 1992). Der Rest wird über den Kot wieder der Wiese zugeführt. 2,3,7,8-TCDD ist in der Kuh persistent. Es wird von Clearance-Halbwertszeiten von 40 Tagen berichtet, und zwar aufgrund der Ausscheidung über die Milch (McLachlan 1992). Die Transferrate von der Kuh in die Milch $k_{23}$ beträgt also 0,017 d⁻¹. In der Milch erfolgt kein Abbau. Die Rechnung erfolgt unter der Annahme, daß Transfer und Abbau zeitlich konstant sind.

d) *Eingabe in die Bilanzgleichungen:*
Die Eingabewerte für die Gleichungen 10.4 bis 10.6 sind also:

$m_0 = 100\ \mu g$; $\lambda_1 = 0{,}05\ d^{-1}$; $k_{12} = 0{,}7 \cdot 50\ kg / 1\ 0000\ kg = 0{,}0035\ d^{-1}$;
$\lambda_2 = 0$; $k_{23} = \ln 2 / 40\ d = 0{,}017\ d^{-1}$. $\lambda_3 = 0$

e) Umrechnung von Masse auf Konzentration
Die Konzentration ergibt sich durch Teilung der Masse durch das Volumen. Das
Volumen der Wiese bleibt konstant, da ja die Kuh den Zuwachs abweidet. Ebenso
bleibt das Volumen der erwachsenen Kuh konstant.

Konzentration im Wiesengras: $m_1 / 10\ 000\ kg$
Konzentration in der Kuh: $m_2 / 500\ kg$
Das Milchvolumen wächst linear. Die Konzentration in der Milch zu einem be-
stimmten Zeitpunkt ergibt sich aus

$$C_3(t) = \{ m_3(t) - m_3(t - \Delta t) \} / \{ V_3(t) - V_3(t - \Delta t) \}$$

$\Delta t$: gewöhnlich 1 Tag, entspricht einem Volumenunterschied von 25 l bzw. kg

Das Ergebnis der Rechnung findet sich in den Abbildungen 10.1 und 10.2.

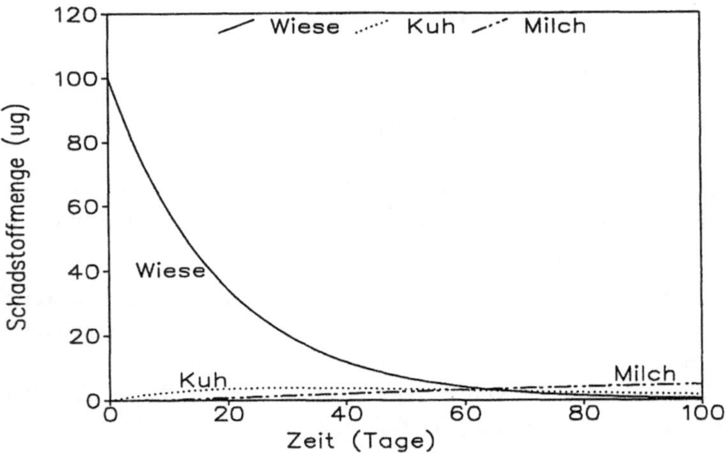


**Abb. 10.1.** Ergebnis massenbezogen.

Die Hauptmasse des Stoffes ist im ersten Monat in der Wiese zu finden. Nach etwa 2
Monaten übersteigt jedoch die Menge in der Milch die anderen Mengen, da deren
Volumen beständig wächst. Die Konzentration im Gras ist zunächst am höchsten,
doch bereits nach einem Monat übersteigen die Konzentration von 2,3,7,8-TCDD in
der Kuh Xarne sowie in der Milch diejenigen in der Wiese bei weitem. Während die
Konzentration in der Wiese rasch abnimmt, bleibt das persistente Dioxin in der
Nahrungskette noch einige Zeit erhalten. Untersuchungen der Milch am Tag nach
dem Unfall sind deshalb auch nicht aussagekräftig !

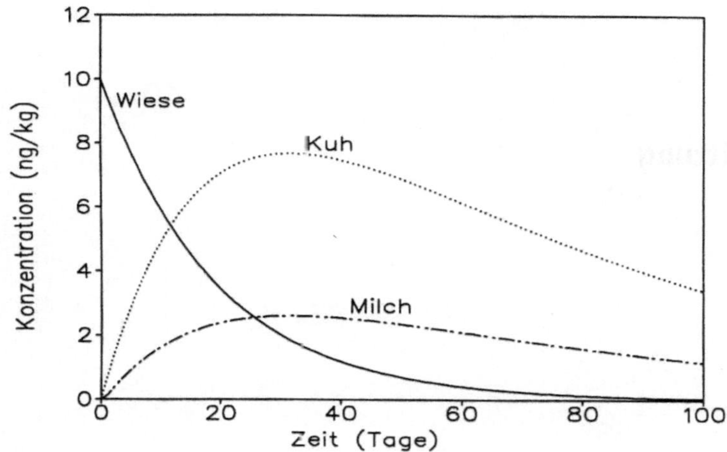


**Abb. 10.2.** Ergebnis konzentrationsbezogen.

## Aufgaben zu Kapitel 10

Berechnen Sie die Mengen und Konzentration von 2,3,7,8-TCDD in Fleisch und Milch von Xarne 60 Tage nach dem Unfall, wenn kein Abbau im Gras vorläge ($\lambda_1 = 0{,}0$).

# Kapitel 11
# Datenabschätzung

## 11.1
## Problemstellung

Im wesentlichen benötigen die vorgestellten Modelle jeweils die gleichen Stoffdaten. Das sind molare Masse (Molekulargewicht), die Verteilungskoeffizienten $K_{AW}$ (Luft zu Wasser) und $K_{OC}$ (organischer Kohlenstoff zu Wasser) sowie $K_{OW}$ (Oktanol zu Wasser). Hinzu kommen die verschiedenen Abbau- und Transformationskinetiken.

Häufig wird man das Problem haben, daß trotz umfangreicher Recherche kein vollständiger Datensatz aufzutreiben ist. Dann hilft die *Abschätzung* fehlender Stoffeigenschaften aus anderen Stoffeigenschaften weiter. Man bedenke jedoch, daß jede Abschätzung fehlerbehaftet sein kann. Deshalb sollte möglichst nicht aus einer abgeschätzten Größe eine weitere abgeschätzt werden. Andererseits kann man Abschätzgleichungen auch verwenden, um nicht sicher erscheinende Meßwerte zu überprüfen. Für Abbaudaten werden keine Abschätzroutinen vorgegeben, da diese mit den physikalisch-chemischen Eigenschaften eines Stoffes nur bedingt korrelieren.

Zur Vertiefung wird das ‚Handbook of Chemical Property Estimation Methods' von Lyman et al. (1990) empfohlen, das auch wichtige Hinweise auf Fehlermöglichkeiten bei der Abschätzung von Stoffdaten enthält.

Die folgenden Gleichungen 11.1 bis 11.14 werden im Programm *CemoS* verwendet.

## 11.2
## Berechnung der molaren Masse

Die molare Masse M (auch *molecular weight*, Molekulargewicht genannt) (g/mol) kann einfach aus der chemischen Summenformel berechnet werden, indem man die Massen der einzelnen Elemente, die im Periodensystem der Elemente üblicherweise mitangegeben werden, addiert (z. B. Kuchling 1981). Beispiel:

molare Masse von Chloroform $CHCl_3$ = 1 C + 1 H + 3 Cl

M = 12,01 g/mol + 1,0 g/mol + 3 · 35,45 g/mol = **119,36 g/mol**

## 11.3
## Berechnung des Verteilungskoeffizienten Oktanol-Wasser $K_{OW}$

Der Verteilungskoeffizient Oktanol zu Wasser $K_{OW}$ dient der Beschreibung der Lipophilität ('Fettliebe') eines Stoffes und ist damit eine zentrale Größe in (fast) allen Expositionsmodellen. Er ist negativ korreliert mit der Wasserlöslichkeit. Deshalb kann diese zur Abschätzung des $K_{OW}$ verwendet werden. Von Yalkowski und Valvani (1980) stammt folgende Regressionsbeziehung, die auch den Aggregatszustand bei 25 °C (fest bzw. flüssig) berücksichtigt:

$$\log S_m = -1,05 \cdot \log K_{OW} + 0,87 - 0,012 \cdot f(T_m) \tag{11.1}$$

analog: $S = \{ 10^{-1,05 \log K_{OW} + 0,87 - 0,012\, f(T_m)} \} \cdot M$

$S_m$:   Wasserlöslichkeit (hier: mol/L)
$S$:   Wasserlöslichkeit in g/L bzw. kg/m$^3$ (SI-Einheit).
$T_m$:   Schmelzpunkt °C
$f(T_m)$: für $T_m > 25$ °C $= T_m$; ansonsten $= 25$ °C;

Eine umfangreiche Analyse zeigt, daß diese Beziehung bei einigen Stoffklassen mit OH-Gruppe (insbesondere Phenolen) versagt. Ansonsten erwies sich diese Beziehung gegenüber 25 ähnlich aufgebauten Gleichungen als zuverlässigste (Brüggemann und Altschuh 1991).

Umgekehrt folgt aus der Wasserlöslichkeit $S_m$ der $K_{OW}$:

$$\log K_{OW} = -0,95 \cdot \log S_m + 0,83 - 0,0114 \cdot f(T_m) \tag{11.2}$$

analog: $\log K_{OW} = -0,95 \cdot \log(S/M) + 0,83 - 0,0114 \cdot f(T_m)$

Hinweis: Löslichkeit $S_m$ [mol/L] $\cdot$ M [g/mol] $= S$ [g/L $=$ kg/m$^3$]

## 11.4
## Verteilungskoeffizient organischer Kohlenstoff zu Wasser $K_{OC}$

Für die Sorption lipophiler organischer Stoffe an organische Substanz (Humus etc.) findet der $K_{OC}$ Verwendung. Bereits erwähnt wurden die Gleichungen von *Karickhoff* und *Schwarzenbach* (Gl. 4.11 a und b):

$$K_{OC} = 0,411 \cdot K_{OW} \quad \text{(Karickhoff 1981)} \tag{11.3}$$

$$\log K_{OC} = 0,72 \cdot \log K_{OW} + 0,49 \quad \text{(Schwarzenbach und Westall 1981)} \tag{11.4}$$

$K_{OC}$ ist der Verteilungskoeffizient zwischen organischem Kohlenstoff und Wasser (cm$^3$/g).

   Gültigkeitsbereich: Diese Gleichungen gelten nur für nichtdissoziierende organische Chemikalien, also weder für Ionen noch für dissoziierte Säuren und Basen (siehe Kapitel 4.3, Gl. 4.15). Die Konzentration in der wäßrigen Phase (bei Verteilung zwischen OC und Wasser) darf die halbe Löslichkeit nicht überschreiten. Desweiteren ergeben sich vor allem für extreme $K_{OW}$-Werte, also niedrige oder hohe, beträchtliche Abweichungen zwischen beiden Gleichungen (siehe hierzu *Lyman* et al. 1990).

Die Gleichung von *Karickhoff* (11.3 bzw. 4.11a) wurde für 5 polyzyklische aromatische Kohlenwasserstoffe und mehrere Sedimente aufgestellt ($r^2 = 0{,}994$), deren log $K_{OW}$ zwischen 1,0 und 6,72 lag. Die Gleichung von *Schwarzenbach* (Gl. 11.4 bzw. 4.11b) wurde vorwiegend anhand einer Serie alkylierter und halogenierter Benzole mit einem log $K_{OW}$ von 2,6 bis 4,72 und verschiedener Böden mit OC von 0,04 % bis 33 % aufgestellt. Gl. 11.4 gibt laut Autoren für OC > 0,1 % Ergebnisse mit weniger als Faktor 2 Abweichung.

Hat man als Ausgangsparameter nur die Wasserlöslichkeit eines Stoffes, könnte man daraus den $K_{OW}$ und anschließend den $K_{OC}$ abschätzen. Es gibt jedoch auch direkte Beziehungen, z.B aus *Kenaga und Goring* (1980):

$$\log K_{OC} = 3{,}64 - 0{,}55 \log (S \cdot 1\,000) \qquad (N = 106; \; r^2 = 0{,}71) \tag{11.5}$$

S: Wasserlöslichkeit in $kg/m^3$ (in der Originalveröffentlichung in $mg/L$); Regressionsbereich von S $[kg/m^3] = 0{,}5 \cdot 10^{-6}$ bis 1 000 (Lyman et al. 1990); verschiedene Substanzen, hauptsächlich Pestizide.

Aus *Chiou* et al. (1979):

$$\log K_{OC} = -0{,}686 \log (S \cdot 1\,000) + 4{,}273 \qquad (N = 22, \; r^2 = 0{,}933) \tag{11.6}$$

Wasserlöslichkeit S hier wiederum einzugeben in $kg/m^3$.

## 11.5
## Abschätzung des Verteilungskoeffizienten Luft zu Wasser $K_{AW}$

Der Verteilungskoeffizient zwischen Luft und Wasser $K_{AW}$ kann aus Sättigungsdampfdruck $p_s$ und Wasserlöslichkeit S abgeschätzt werden. Der Dampfdruck wird häufig in verschiedenen Einheiten angegeben. Zur Umrechnung in die SI-Einheit Pascal ($N/m^2$) dient Tabelle 11.1 (aus Kuchling 1981). Der Verteilungskoeffizient zwischen Luft und Wasser $K_{AW}$ (dimensionslose Henrykonstante) folgt daraus:

$$K_{AW} = H/(R \cdot T) = p_s/(S_m \cdot R \cdot T) = M \cdot p_s/(1\,000 \cdot S \cdot R \cdot T) \tag{11.7}$$

$p_s$ ist der Sättigungsdampfdruck (Pa) (bei Feststoffen: der Sättigungsdampfdruck über der unterkühlten Schmelze), $S_m$ die Wasserlöslichkeit der Substanz in $mol/m^3$ und S in $kg/m^3$.

**Tabelle 11.1** Umrechnungsfaktoren für verschiedene Einheiten des Drucks p

Pascal, $Pa = N/m^2 = kg \cdot m \cdot s^{-2}$ (SI)
Bar, $bar = 0{,}1$ MPa $= 10^5$ Pa
techn. Atmosphäre, $at = 1\ kp/cm^2 = 98066{,}5$ Pa
physik. Atmosphäre, $atm = 760$ Torr $= 101325$ Pa
mm Quecksilbersäule, $Torr = 133{,}3224$ Pa
Meter Wassersäule, $m\ WS = 0{,}1\ at = 9806{,}65$ Pa
pound-force per square inch, $lbf/in^2 = psi = 6894{,}76$ Pa

R ist die allgemeine Gaskonstante (8,314 J $\cdot$ mol$^{-1}$ $\cdot$ K$^{-1}$) und T ist die Temperatur (K).

Die Gleichung ist gültig im Bereich von S $<$ 1 000 mol/m$^3$. Für Stoffe, deren Aggregatszustand bei gegebener Temperatur gasförmig ist (Siedetemperatur $<$ Umgebungstemperatur) wird anstelle von p$_s$ der Atmosphärendruck (im Bereich 10$^5$ Pa) eingesetzt. Für weitgehend mit Wasser mischbare Stoffe (z. B. Ethylalkohol) gilt das Henry'sche Gesetz nicht (anstelle dessen muß das Raoult'sche Gesetz verwendet werden). Für Salze und voll dissoziierte Säuren bzw. Basen ist der K$_{AW}$ = 0; für teils dissozoiierte Säuren bzw. Basen siehe Gl. 4.16 in Kapitel 3.

## 11.6
## Abschätzung des Biokonzentrationsfaktors für Biota

Der Biokonzentrationsfaktor (üblicherweise Konzentration in Biota zu Konzentration des umgebenden Wassers, Frischmasse/Masse) wird im Pflanzenmodell über folgende Gleichung intern abgeschätzt:

$$BCF = W + l \cdot a \cdot K_{OW}{}^b \tag{11.8a}$$

W: Wassergehalt (Masse Wasser je Gesamtmasse Frischgewicht)
l: Lipidgehalt (Masse Lipid je Gesamtmasse Frischgewicht)
a: empirischer Korrekturfaktor für abweichendes Verhalten der Lipide von Oktanol; aus Dimensionsgründen sollte bei gleicher Sorption in/an Lipide und n-Oktanol der Wert a = $\varrho_{Wasser}/\varrho_{Oktanol}$, mit $\varrho_{Oktanol}$ = 0,822 eingesetzt werden.
b: empirischer Korrekturexponent für abweichendes Verhalten der Lipide von Oktanol; im Modell PLANT ist b 0,77 für Wurzeln und 0,95 für Blätter.

Gleichung 11.8a wird oft als log/log-Regression in folgender Form angegeben:

$$\log (BCF - W) = b \cdot \log K_{OW} + c$$

$$\text{mit } c = 10^{l\,a} \tag{11.8b}$$

**Biokonzentrationsfaktoren für pflanzliches Gewebe**
In der Literatur finden sich folgende Regressionsgleichungen:

$$\log (SXCF - 0,82) = 0,95 \log K_{OW} - 2,05 \quad (n=8; \ r^2 = 0,96)$$

$$\text{bzw. } SXCF = 0,82 + 0,0089 \cdot K_{OW}{}^{0,95} \tag{11.8c}$$

mit SXCF = Konzentrationsfaktor Stengel zu Xylemsaft ('stem xylem concentration factor'), *Briggs* et al. (1983), vorwiegend Phenylharnstoffe, im Bereich von log K$_{OW}$ zwischen – 0,7 und 4,3, mazerierte Gerstenkeimlinge.

$$\log (RCF - 0,82) = 0,77 \log K_{OW} - 1,52 \quad (n=7; \ r^2 = 0,96)$$

$$\text{bzw. } RCF = 0,82 + 0,03 \cdot K_{OW}{}^{0,77} \tag{11.8d}$$

mit RCF = Konzentrationsfaktor Wurzel zu Außenlösung („root concentration faktor'), *Briggs* et al. 1982, vorwiegend Phenylharnstoffe, im Bereich von log $K_{OW}$ zwischen – 0,7 und 4,3, mazerierte Gerstenwurzeln.

$$\log (RCF - 0,85) = 0,557 \cdot \log K_{OW} - 1,34 \quad (n = 12, r^2 = 0,92)$$

$$\text{bzw. } RCF = 0,85 + 0,046 \, K_{OW}^{0,557} \tag{11.8e}$$

*Trapp und Pussemier* (1991), 12 Carbamate mit 1,16 ‹ log $K_{OW}$ ‹ 3,21, geschnittene Bohnenwurzeln und -stengel.

$$\log (RCF - 0,85) = 0,75 \cdot \log K_{OW} - 1,96 \quad (n = 12)$$

$$\text{bzw. } RCF = 0,85 + 0,011 \, K_{OW}^{0,75} \tag{11.8f}$$

*Trapp und Pussemier* (1991), 12 Carbamate mit 1,16 ‹ log $K_{OW}$ ‹ 3,21, geschnittene Bohnenwurzeln und -stengel; 0,011 ist der Lipidgehalt (1,1 %).

**Biokonzentrationsfaktoren für Fische**
Für Fische schlagen *Mackay* et al. (1985) aufgrund thermodynamischer Überlegungen eine lineare Beziehung zwischen BCF, Lipidgehalt und $K_{OW}$ vor (a = 1,22, b = 1, ohne Wassergehalt):

$$BCF = l \cdot a \cdot K_{OW} \tag{11.9}$$

Von *Veith* stammt folgende Beziehung ($N = 84$; $r^2 = 0,82$):

$$\log BCF = 0,76 \log K_{OW} - 0,23 \tag{11.10}$$

(Spezies: blue gill sunfish, fathead minnow, mosquitofish, Regenbogenforelle; vorwiegend chlorierte Kohlenwasserstoffe; $0,89 \leq \log K_{OW} \leq 6,9$)

Aufgrund umfangreicher Literaturdaten gelangen *Isnard und Lambert* (1988) zu der ähnlichen Beziehung ($N = 107$, $r^2 = 0,82$; $0,98 \leq \log K_{OW} \leq 6,89$, verschiedene Stoffklassen):

$$\log BCF = 0,80 \log K_{OW} - 0,52 \tag{11.11}$$

und bezogen auf Wasserlöslichkeit S ($kg/m^3 = g/L$; $2 \cdot 10^{-7} \, g/L \leq S \leq 36,308 \, g/L$):

$$\log BCF = 3,13 - 0,51 \log (1000 \cdot S) \quad r^2 = 0,75; \tag{11.12}$$

Aus **Biokonzentrationsfaktoren** BCF (Einheit Masse Stoff pro Masse Biota : Masse Stoff pro Masse Wasser) können **Verteilungskoeffizienten K** (Einheit Masse Stoff pro Volumen Biota : Masse Stoff pro Volumen Wasser) mit Hilfe der Dichten $\varrho_B$ und $\varrho_W$ errechnet werden:

$$K_{BW} = BCF \cdot \varrho_B / \varrho_W$$

## 11.7
## Abschätzung der molekularen Diffusionskoeffizienten

Der Diffusionskoeffizient in flüssiger oder gasförmiger Phase wird häufig verwendet. Zum Zwecke der Ausbreitungsberechnung in der Umwelt genügt meist eine einfache Abschätzung anhand von Gl. 3.2.

$$D_i / D_j = (M_j / M_i)^{0,5} \tag{11.13}$$

M ist die molare Masse (g/mol), i und j sind Indizes für zwei verschiedene Chemikalien.

Als Referenzdiffusionskoeffizienten dienen die von Sauerstoffgas in wäßriger Lösung mit M $(O_2)$ = 32 g/mol und von Wasserdampf in Luft mit M $(H_2O)$ = 18 g/mol:

$$D_G \ (H_2O) = 2{,}57 \cdot 10^{-5} \ m^2/s = 2{,}22 \ m^2/d$$
$$D_W \ (O_2) = 2{,}0 \cdot 10^{-9} \ m^2/s = 1{,}728 \cdot 10^{-4} \ m^2/d$$

**Aufgaben zu Kapitel 11**

*Unsicherheitsanalyse*

Brodsky (1986) hat Wasserlöslichkeiten und Log $K_{OW}$ von 200 Stoffen auf verschiedene Art und Weise bestimmt. Für Benzol findet man folgende Angaben:

Log $K_{OW}$ = 2,1   (Literaturwert)
Log $K_{OW}$ = 2,45 (Methode 1)
Log $K_{OW}$ = 2,28 (Methode 2)
Log $K_{OW}$ = 2,39 (Methode 3)
Log $K_{OW}$ = 2,26 (Methode 4)

Wasserlöslichkeit S (kg/m³) S = 1,65 (Literaturwert)

S = 0,95 (Methode 1)
S = 1,58 (Methode 2)
S = 1,15 (Methode 3)
S = 1,65 (Methode 4)

Schätzen Sie den $K_{OC}$ mit den Gleichungen von Karickhoff (Gl. 11.3), Schwarzenbach & Westall (Gl. 11.4), Kenaga und Goring (Gl. 11.5) und Chiou (Gl. 11.6) ab.

11.1 Wie ist die maximal mögliche Schwankungsbreite des $K_{OC}$?

11.2 Wie schnell ist die Wanderungsgeschwindigkeit $u_c$ von Benzol in einem Sandboden, der zwischen 1 % und 3 % OC enthält, 10 %-30 % Wassergehalt $\theta$, 30-50 % Gesamtporen $\varepsilon$, Bodendichte $\rho_B$ 1,2-1,4 g/cm³, bei einer Fließgeschwindigkeit u des Wassers von 0,2 bis 2 cm/Tag, und einem $K_{AW}$ von 0,12 bis 0,5?

a) $u_c$ im ‚Schnitt' (nehmen Sie jeweils die mittleren Werte)
b) Maximale Spannbreite von $u_c$?
c) Welcher Parameter trägt am meisten zur Spannbreite bei?

11.3 Programmieren Sie die Gleichungen, so daß sie die Parameter zufällig (Rechteck-verteilung) zwischen den genannten Bereichen variieren können.

Monte-Carlo-Analyse: Lesen Sie sieben mal 500 Zufallszahlen ein und variieren Sie 500 mal alle Parameter gleichzeitig in den angegebenen Bereichen. Stellen Sie das Ergebnis für $u_c$ grafisch dar. Kommt Ihnen die Kurve bekannt vor?

11.4 Wie hoch schätzen Sie die Wahrscheinlichkeit für $u_c > 1$ Meter / Jahr?

# 11.8
# Stoffdatensammlung

Erläuterungen zur nachfolgenden Tabelle (aus: G.Rippen, Handbuch Umweltchemikalien).

Name: Hier wird der Trivialname gewählt, also nicht die IUPAC-Nomenklatur

Summenformel: chemische Summenformel

Produktion t/a BRD (a): Die jährliche Produktion in der BRD, möglichst auf aktuellem Stand. Die Jahreszahl, für die eine Angabe existiert, ist in Klammern gegeben. Findet sich keine Angabe zur BRD, wurde USA gewählt, dies ist in Klammern vermerkt. Viele Umweltschadstoffe werden nicht produziert, sondern entstehen bei verschiedenen menschlichen Aktivitäten, z. B. Dioxine und PAK. V.a. Kraftstoffbestandteile werden ebenfalls nicht in der BRD produziert, sondern mit dem Rohöl importiert. In diesen Fällen ist der Verbrauch erheblich höher als die Produktion.

Emission %Prod.: Schätzung über den Anteil des Stoffes, der in die Umwelt gelangt, ausgedrückt als % der Produktion. Es handelt sich hierbei um Schätzungen. Lediglich für Pestizide und Lösungsmittel kann relativ genau der Anteil bestimmt werden, der in die Umwelt gelangt (100 %). Bei den anderen Stoffen ist es fraglich, ob letztendlich nicht ein hoher Anteil über Müll/Abluft/Abwasser doch in die Umwelt gelangt. Ausgenommen sind Zwischenprodukte und Stoffe, die beim Verbrauch zerstört werden (z. B. Sprengstoffe).

M: molare Masse in g/mol

log $K_{OW}$: Verteilungskoeffizient Oktanol-Wasser

$K_{AW}$: Verteilungskoeffizient Atmosphäre-Wasser, dimensionslose Henry-Konstante, bei 20° C

$t_{1/2}$ Boden: Halbwertszeit (Richtwert) für den Abbau im Boden. Dieser Wert ist sehr stark abhängig von Umwelteigenschaften. Der Abbau beinhaltet nicht Ausgasung und Auswaschung. Oft erfolgt der Abbau nicht 1. Ordnung, weil eine Adaptionszeit erforderlich ist. Qualitative Angaben: Abbau kurz: $t_{1/2} < 1$ Woche; lang: mehrere Monate, sehr lang: kein signifikanter Abbau.

$\lambda'_{OH}$ Luft: Rate 2. Ordnung für Abbau via [OH] · -Radikale in der Einheit $10^{-12}$ cm³/(s mol). Die mittlere Konzentration an [OH] · in der Luft ist etwa $5 \cdot 10^5$ mol/cm³. Zur Rate pseudo-erster Ordnung kommt man durch Multiplikation: $\lambda = \lambda'_{OH} \cdot$ [OH] · z. B. Acenapthen $\lambda = 79 \cdot 10^{-12}$ cm³/(s mol) $\cdot 5 \cdot 10^5$ mol/cm³ $= 3,95 \cdot 10^{-5}$ s⁻¹. Teilweise Halbwertszeit oder qualitative Angabe.

$LC_{50}$ 96h: Letale Konzentration in Wasser für Fischspezies in mg/l über 96h, soweit nicht anders vermerkt. Forelle: Regenbogenforelle *Salmo gairdneri*; Elritze: amerik. Elritze (Fathead Minnow) *Pimephales promelas*; Guppy: *Pecilia reticulata*; Goldorfe: *Leuciscus idus*; Goldfisch: *Carassius auratus*;

$LD_{50}$ oral: Letale Dosis in der Nahrung für Ratten in mg/kg Körpergewicht.

K = kanzerogen (krebserregend), M = mutagen (ruft Mutationen hervor), T = teratogen (embryoschädigend),? = Verdacht.

| Name | Summenformel | Produktion | | Emission | M | log $K_{OW}$ |
|---|---|---|---|---|---|---|
| | | t/a BRD | (a) | %Prod | g/mol | (–) |
| Acenapthen | $C_{12}H_{10}$ | > 1 000 | | | 154,21 | 3,92 |
| Acetaldehyd | $C_2H_4O$ | 294 000 | (83) | | 44,05 | 2,7 |
| Aceton | $C_3H_6O$ | 188 000 | (81) | 25 | 58,08 | –0,23 |
| Acetonitril | $C_2H_3N$ | 200 000 | | | 41,05 | –0,34 |
| Acrylnitril | $C_3H_3N$ | 400 000 | | 0,3–0,5 | 53,06 | 0,06 |
| Aldrin | $C_{12}H_8Cl_6$ | | | 100 | 364,91 | 5,52 |
| Anilin | $C_6H_7N$ | 140 000 | (87) | 1,5 | 93,15 | 0,96 |
| Anthracen | $C_{14}H_{10}$ | 20 000 | (74) | | 178,24 | 4,45 |
| Atrazin | $C_8H_{14}ClN_5$ | 750 | (EG79) | 100 | 215,69 | 2,64 |
| Benzol | $C_6H_6$ | 1336 000 | (83) | 1–4 | 78,12 | 2,10 |
| Benzo(a)pyren | $C_{10}H_{12}$ | keine[c] | | | 252,3 | 6,15 |
| Butan | $C_4H_{10}$ | ca.1 000 000 | | 10 | 58,13 | |
| 2-Butanon | $C_4H_8O$ | 50 000 | | | 72,12 | 0,36 |
| 4-Chloranilin | $C_6H_6ClN$ | 1 000 | | < 1 | 127,52 | 2,32 |
| Chlorbenzol | $C_6H_5Cl$ | 80 000 | (79) | < 1 | 112,56 | 2,83 |
| 3-ClNitrobenzol | $C_6H_4ClNO_2$ | 1 000 | | 1 | 157,56 | 2,49 |
| Chloroform | $CHCl_3$ | > 34 000 | (84) | 5–10 | 119,38 | 1,95 |
| 2-Chlorphenol | $C_6H_5ClO$ | < 1 000 | | 2 | 128,56 | 2,16 |
| 3-Chlorphenol | $C_6H_5ClO$ | < 1 000 | (85) | 1 | 128,56 | 2,49 |
| 4-Chlorphenol | $C_6H_5ClO$ | 2 000 | (90) | 10 | 128,56 | 2,42 |
| 3-Chlorpropen | $C_3H_5Cl$ | 60 000 | (75) | 1 | 76,53 | 1,53 |
| 2,4-D | $C_6H_6Cl_2O_3$ | 5 000 | | 100 | 221,04 | 1,57 |
| p,p'-DDD | $C_{14}H_{10}Cl_4$ | Metabolit v. DDT | | | 320,05 | 6,02 |
| p,p'-DDE | $C_{14}H_8Cl_4$ | Metabolit v. DDT | | | 318,03 | 5,73 |
| p,p'-DDT | $C_{14}H_9Cl_5$ | Verbot | | 100 | 354,49 | 6,04 |
| DEHP | $C_{24}H_{38}O_4$ | 224 000 | (84) | > 1 | 390,56 | 5,00 |
| Dibutylphtalat | $C_{16}H_{22}O_4$ | 22 100 | (86) | 5 | 278,34 | 4,64 |
| 1,2-DiCl-Benzol | $C_6H_4Cl_2$ | 20 000 | (86) | > 25 | 147,01 | 3,40 |
| 1,4-DiCl-Benzol | $C_6H_4Cl_2$ | 25 000 | (86) | > 25 | 147,01 | 3,45 |
| 1,1-Dichlorethan | $C_2H_4Cl_2$ | < 1 000 | (85) | 1–10 | 98,96 | 1,79 |
| 1,2-Dichlorethan | $C_2H_4Cl_2$ | 1590 000 | (81) | 1 | 98,96 | 1,46 |
| 1,1-Dichlorethen | $C_2H_2Cl_2$ | 1470 | (87) | 1–5 | 96,94 | 2,00 |
| Dichlormethan | $CH_2Cl_2$ | 155 000 | (87) | > 80 | 84,93 | 1,26 |
| 2,4-Dichlorphenol | $C_6H_4Cl_2O$ | 0 | ( > 88) | 10 | 163,0 | 3,11 |
| 1,3-Dichlorpropen | $C_3H_4Cl_2$* | 2 000 | | 80 | 110,97 | 1,41 |
| Dieldrin | $C_{12}H_8Cl_6O$ | | | 100 | 380,91 | 5,14 |
| Diethylenglykol | $C_4H_{10}O_3$ | 50 000 | | | 106,12 | 1,0 |
| Diethylether | $C_4H_{10}O$ | > 1 000 | | viel | 74,12 | 0,89 |
| Dimethylether | $C_2H_6O$ | > 60 000 | (90) | 100 | 46,07 | |
| 2,4-Dinitrophenol | $C_6H_4N_2O_5$ | 500 | | b) | 184,11 | 1,66 |
| 2,4-Dinitrotoluol | $C_7H_6N_2O_4$ | 97 000 | (87) | | 182,14 | 2,00 |
| 2,6-Dinitrotoluol | $C_7H_6N_2O_4$ | 22 500 | (87) | < 1 | 182,14 | 2,27 |
| DMDSAC | $C_{38}H_{80}NCl$ | > 1 000 | | 40 | 586,48 | 2,69[a] |
| Epichlorhydrin | $C_3H_5ClO$ | 50 000 | (90) | 5 | 92,53 | 0,30 |
| Ethanol | $C_2H_6O$ | 200 000 | (79) | 20 | 46,07 | –0,32 |
| Ethen | $C_2H_4$ | 3550 000 | (79) | 2,5 | 28,05 | 1,13 |
| Ethylacetat | $C_4H_8O_2$ | 80 000 | (79) | 90 | 88,12 | 0,71 |
| Ethylamin | $C_2H_7N$ | | | | 45,09 | –0,27 |
| Ethylbenzol | $C_8H_{10}$ | 1500 000 | (90) | 2 | 106,16 | 3,13 |
| Ethylenoxid | $C_2H_4O$ | 450 400 | (83) | | 44,05 | –0,30 |
| Fluoranthen | $C_{16}H_{10}$ | < 500[c] | | | 202,26 | 4,97 |
| Formaldehyd | $CH_2O$ | 320 000 | (85) | 20? | 30,03 | 0,0 |

[q] Dampfdruck = 105 000 Pa, mit Wasser vollständig mischbar.

* cis und trans Form verschieden

[a] $K_{OC}$ 190 000 – 1 800 000

| $K_{AW}$ (-) | $t_{1/2}$ Boden ca. Tage | $k'_{OH}$ Luft $10^{-12}\,cm^3/s$ | $LC_{50}$ 96h mg/1 Fisch | | $LD_{50}$ oral mg/kg Ratte | |
|---|---|---|---|---|---|---|
| 0,0052 | < 10 | 79 | Forelle: | 0,68 | 1 0000 | M |
| $(0,002)^q$ | kurz | 15 | Barsch: | 53 | 1930 | |
| $10^{-3}$ | 5 | 0,23 | Forelle: | 2 000 | 9750 | |
| 0,0011 | kurz | 0,023 | Guppy: | 1650 | 200 | |
| 0,0035 | kurz | 4,1 | Elritze. | 10,1 | 82 | M,K,T |
| 0,021 | 180 | | Forelle: | 0,01 | 39 | |
| $6\cdot10^{-5}$ | 2 | 118 | Forelle: | 20 | 1400 | |
| 0,0015 | 180 | 110 | | | | |
| $8\cdot10^{-9}$ | lang | | Forelle: | 0,029 | 840 | |
| 0,23 | 5 | 1,1 | Forelle: | 22 | 3800 | |
| $1,6\cdot10^{-5}$ | 2–700 | schnell | Daphnia: | 0,005 | | K |
| 82 | | 2,5 | | | gering | |
| $10^{-3}$ | kurz | 2,1 | Goldorfe: | 4600 | 810 | |
| $5\cdot10^{-5}$ | mittel | 82 | Forelle: | 14 | 370 | M? |
| 0,13 | mittel | 0,82 | Forelle: | 5 | 2200 | |
| $1,8\cdot10^{-4}$ | 30 | 0,087 | Lepomis: | 1,2 | 390 | |
| 0,12 | < 27 | 0,17 | Forelle: | 9,4–67 | 450 | |
| $4,3\cdot10^{-4}$ | 12 | | Forelle: | 2,6 | 670 | |
| $6,1\cdot10^{-5}$ | 80 | | Forelle: | 48h 10 | 670 | |
| $2,5\cdot10^{-5}$ | 1 | | Forelle: | 1,9 | 260 | |
| 0,44 | | 28 | Bluegill: | 42 | 700 | M,K? |
| $5,5\cdot10^{-9}$ | 4 | | Forelle: | 100 | 375 | K? |
| < 0,001 | > 10 Jahre | | Catfish: | < 2,6 | 113 | K,M? |
| 0,013 | lang | schnell | Polycelis: | 1,2 | 880 | K,M |
| 0,0011 | 10 Jahre | 10 | Forelle: | 0,004 | 113 | K,M |
| $3\cdot10^{-4}$ | 31–98 | 28 | Goldorfe | 48h 61 | 31 000 | |
| $6,4\cdot10^{-5}$ | 25 | 8,7 | Forelle: | 1,6 | 3050 | T? |
| 0,07 | 100 | 0,4 | Forelle: | 1,1 | 500 | |
| 0,09 | | 0,44 | Forelle: | 1,1 | 500 | |
| 0,19 | mittel | 0,26 | Goldorfe | 250 | 730 | |
| 0,053 | lang | 0,25 | Goldorfe | 250 | 680 | K,M |
| 1,49 | 7–28 | 9,7 | Elritze: | 108 | 200 | M,K |
| 0,095 | 1–2 a | 0,13 | Forelle: | 13,1 | 167 m,K? | |
| $1,3\cdot10^{-4}$ | < 7 | 1,06 | Forelle: | 2,6 | 580 | |
| 0,07–0,09 | 20–70 | 0–7,7 | Fisch: | 10–100 | 250 m,K? | |
| 0,0044 | 870 | langsam | Forelle: | 0, 00012 | 46 | |
| $1,95\,10^{-5}$ | | 33 | Fisch: | > 32 000 | 14 | 800 |
| 0,033 | | 11,4 | Goldorfe | 2100 | 110 000 | |
| 0,13 | | 3,0 | | kaum toxisch | | |
| $6,5\cdot10^{-7}$ | > 30 | 13 | Forelle: | 1,2 | 30 | M?T? |
| $2,4\cdot10^{-6}$ | | $t_{1/2}$ 8h | Forelle: | 13,6 | 1920 | K |
| $7,0\cdot10^{-6}$ | | $t_{1/2}$ 8h | Elritze: | 18,5 | 177 | |
| | 5 | | Forelle: | 1,1 | > 5 000 | |
| $10^{-3}$ | | 1,3 | Elritze: | 10,6 | 40 | K,M |
| $1,4\cdot10^{-4}$ | kurz | 3,2 | Fisch: | > 10 000 | 14 000 | |
| 9,1 | kurz | 7,9 | Fisch: | 22–1 000 | | |
| 0,0055 | kurz | 1,74 | Forelle: | 450 | 5600 | |
| 3,2 | kurz | 28 | Gründling: | 30 | 400 | |
| 0,24 | | 7,5 | Forelle: | 4,1 | 3500 | |
| 0,127 | mittel | 0,076 | Elritze: | 84 | 72 | M,K |
| $2,7\cdot10^{-4}$ | mittel | $t_{1/2}$ 21h | Elritze: | 0,20 | 1620 | |
| $3,0\cdot10^{-6}$ | kurz | 11 | Forelle: | 62–1020 | 100 | M,K? |

b) Bildung im Photosmog, weltweit ca. 5 000 t/a
c) polyzyklischer aromatischer Kohlenwasserstoff (PAK), entsteht bei unvollständigen Verbrennungsprozessen

| Name | Summenformel | Produktion t/a BRD | (a) | Emission %Prod | M g/mol | $\log K_{OW}$ (–) |
|---|---|---|---|---|---|---|
| Freon 11 | $CCl_3F$ | 24 000 | (75) | 100 | 137,38 | 2,53 |
| Freon 12 | $CCl_2F_2$ | 32 000 | (75) | 90 | 120,91 | 2,16 |
| Harnstoff | $CH_4N_2O$ | 830 000 | (75) | 90 | 60,06 | –1,56 |
| $\alpha$-HCH | $C_6H_6Cl_6$ | 0 | (90) | 100 | 290,83 | 3,76 |
| $\beta$-HCH | $C_6H_6Cl_6$ | 0 | (90) | 100 | 290,83 | 4,17 |
| $\gamma$-HCH | $C_6H_6Cl_6$ | < 1 000 | (85) | 100 | 290,83 | 3,63 |
| Hexachlorbenzol | $C_6Cl_6$ | 5 000 | (80) | 20–100 | 284,79 | 5,72 |
| Hexan | $C_6H_4$ | < 1 000 | (84) | | 86,18 | 4,01 |
| m-Kresol | $C_7H_8O$ | > 1 000 | (85) | | 108,14 | 1,98 |
| o-Kresol | $C_7H_8O$ | > 1 000 | (85) | | 108,14 | 1,95 |
| p-Kresol | $C_7H_8O$ | < 1 000 | (85) | | 108,14 | 1,93 |
| LAS | $C_{18}H_{29}NaO_3S$ | 165 000 | (USA74) | < 50 | 348,48 | 0,66 |
| Methanol | $CH_4O$ | 684 000 | (84) | 10–20 | 32,04 | –0,71 |
| Methyl-t-butylether | $C_5H_{12}O$ | 100 000 | (89) | 2 | 88,15 | |
| Methylisocyanat | $C_2H_3NO$ | 1 800 | | 1 | 57,05 | |
| 2-Methylnitrobenzol | $C_7H_7NO_2$ | 45 000 | (88) | 1 | 137,14 | 2,30 |
| 4-Methylnitrobenzol | $C_7H_7NO_2$ | 25 000 | (88) | 1 | 137,14 | 2,38 |
| 4-Methyl–2-pentanon | $C_6H_{12}O$ | 30 000 | | | 100,16 | 1,1 |
| Naphtalin | $C_{10}H_8$ | 76 200 | (84) | < 1–3,1 | 128,19 | 3,37 |
| Nitrobenzol | $C_6H_5NO_2$ | < 240 000 | (85) | < 10 | 123,11 | 1,85 |
| 2-Nitrophenol | $C_6H_5NO_3$ | 5 000[b] | | | 139,11 | 1,79 |
| 4-Nitrophenol | $C_6H_5NO_3$ | 10 000[b] | | | 139,11 | 1,93 |
| OCDD | $C_{12}Cl_8O_2$ | keine | | | 459,72 | 8,20 |
| OCDF | $C_{12}Cl_8O$ | keine | | | 443,72 | 8,54 |
| Octachlorstyrol | $C_8Cl_8$ | keine | | | 379,71 | 6,5 |
| Octadecansäure | $C_{18}H_{36}O_2$ | 600 000 | | | 284,50 | 9,21 |
| Octan | $C_8H_{18}$ | 200 | | | 114,23 | 5,18 |
| Pentachlorphenol | $C_6HCl_5O$ | > 1 000 | (85) | hoch | 266,34 | 5,25 |
| Perylen | $C_{20}H_{12}$ | (c) | | | 252,32 | 5,67 |
| Phenantren | $C_{14}H_{10}$ | (c) | | | 178,24 | 4,43 |
| Phenol | $C_6H_6O$ | 250 000 | (80) | 2,5 | 94,11 | 1,48 |
| Propan | $C_6H_8$ | < 2 000 000 | | | 44,10 | |
| Pyren | $C_{16}H_{10}$ | (c) | | | 202,26 | 5,13 |
| Pyridin | $C_5H_5N$ | < 1 000 | (85) | 10–20 | 79,10 | 0,69 |
| QuecksilberIIchlorid | $Cl_2Hg$ | < 500 | | | 271,50 | 0,26 |
| Styrol | $C_8H_8$ | 1170 000 | (89) | 0,5–1 | 104,15 | 3,07 |
| 2,4,5-T | $C_8H_5Cl_3O_3$ | 0 | ( > 84) | 100 | 255,49 | 2,99 |
| 2,3,7,8-TCDD | $C_{12}H_4Cl_4O_2$ | ‚Sevesodioxin' | | | 321,97 | 6,76 |
| 2,3,7,8-TCDF | $C_{12}H_4Cl_4O$ | | | | 305,96 | 6,31 |
| 1,1,2,2-TetraClethan | $C_2H_2Cl_4$ | 27 900 | (86) | | 167,85 | 2,72 |
| Tetrachlorethen | $C_2Cl_4$ | 146 000 | (84) | | 165,83 | 2,87 |
| Tetrachlormethan | $CCl_4$ | 170 000 | (88) | | 153,84 | 2,77 |
| Toluol | $C_7H_8$ | 371 000 | (84) | 10–20 | 92,15 | 2,66 |
| Tributylzinn | $C_{24}H_{54}OSn_2$ | 300 | | 50–80 | 596,07 | 3,62 |
| 1,2,4-TriClbenzol | $C_6H_3Cl_3$ | 5 000 | | 1–2 | 181,45 | 4,06 |
| 1,1,1-TriClethan | $C_2H_3Cl_3$ | 36 000 | (82) | 80 | 133,41 | 2,49 |
| 1,1,2-TriClethan | $C_2H_3Cl_3$ | 25 000 | (90) | 10 | 133,41 | 2,34 |
| Trichlorethen | $C_2HCl_3$ | 30 400 | (84) | > 90 | 131,39 | 3,05 |
| 2,4,5-TriClphenol | $C_6H_3Cl_3O$ | < 1 000 | | < 30 | 197,45 | 3,90 |

[b] Bildung im Photosmog, weltweit ca. 5 000 t/a

| $K_{AW}$ (-) | $t_{1/2}$ Boden ca. Tage | $\lambda'_{OH}$ Luft $10^{-12}\,cm^3/s$ | $LC_{50}$ 96h mg/l Fisch | | $LD_{50}$ oral mg/kg Ratte | |
|---|---|---|---|---|---|---|
| 11 | > 40 a | < 0, 0001 | | | | |
| 9,2 | > 40 a | < 0,001 | Fisch: | > 1 000 | > 1 000 | |
| $3\cdot10^{-11}$ | < 7 | 0, 0001 | Fisch: | 15 000 | > 12 000 | |
| $4,2\cdot10^{-4}$ | 100 | $t_{1/2}$ 1,6d | Forelle: | 1,05 | > 0,1 | |
| $2,4\cdot10^{-5}$ | sehr lang | $t_{1/2}$ 1,6d | Forelle: | 0,5 | > 0,02 | |
| $8,2\cdot10^{-5}$ | 260 | $t_{1/2}$ 1,6d | Forelle: | 0,06 | 76 | M?K |
| 0,054 | 2 a | < 0,5 | Elritze: | 22 | 32 | K |
| 39 | kurz | 5,8 | Goldfisch: | < 4 | | |
| $1,1\cdot10^{-5}$ | kurz | 63 | Forelle: | < 7 | 2020 | |
| $5,0\cdot10^{-5}$ | 1 | 41 | Forelle: | < 2 | 121 | |
| $3,2\cdot10^{-5}$ | 1 | 48 | Forelle: | 7,5 | 1800 | |
| | kurz | | Fische: | 1–10 | 1260 | |
| 0, 00014 | 1–2 d | 1,0 | Forelle: | < 8 000 | 5300 | |
| 0,024 | | 3,1 | | | 3 000 | |
| | | $t_{1/2}$ 5d | | | 71 | |
| 0,0011 | > 64 | 0,70 | Elritze: | 37 | 890 | |
| 0,0015 | > 64 | 1,0 | Elritze: | 50 | 1960 | M? |
| 0,0016 | | 14 | Elritze: | 530 | 2080 | |
| 0,023 | kurz | 23 | Muscheln: | 1025 | 1780 | |
| 0,0029 | mittel | 0,17 | Elritze: | 117 | 520 | MT |
| $4\cdot10^{-4}$ | < 7 | 0,91 | Z.Bärbling: | 68 | 2800 | |
| $2,1\ 10^{-4}$ | 0,7–14 | | Z.Bärbling: | 14 | 220 | |
| $5,8\ 10^{-5}?$ | sehr lang | 7,0 | | | > 1 | |
| $6,5\ 10^{-5}?$ | sehr lang | schnell | | | | |
| | sehr lang | lang | *Crustaceae*: | 0,068 | | |
| $4,0\ 10^{-9}$ | 2–10,3 | | Goldfisch: | 14 | | |
| 103 | < 8 | 8,7 | Coholachs: | 100 | | |
| $5\cdot10^{-5}$ | 30 | schnell | Elritze: | 0,22 | 50 | M?T? |
| 0,0025 | lang | schnell | | | | M |
| 0,0022 | < 14 | 34 | Polychaete: | 0,6 | 700 | M? |
| $2,2\cdot10^{-5}$ | 1 | 28 | Forelle: | 5,4 | 414 | |
| 0,3? | < 13 | 1,2 | | | | |
| 0, 00037 | lang | schnell | Fisch: | 0,0026 | > 16 000 | M? |
| 0, 00014 | < 7 | 0,49 | Forelle: | < 540 | 890 | |
| $2\cdot10^{-8}$ | | | Forelle: | 0,042 | 11 | T |
| 0,1 | mittel | 55 | Elritze: | 29 | 5 000 | |
| $2,7\cdot10^{-10}$ | 6,6–31 | $t_{1/2}$ 1,12d | Forelle: | 0,98 | 300 | M,T? |
| 0,0015 | > 12 a | 0,5–9,0 | Elritze: | 1,7 ng/L | 0,02 | K,T |
| 0,0043 | sehr lang | 2,3 | Forelle $LC_0$: | < 3,9 ng/L | | |
| 0,01 | sehr lang | 0,30 | Elritze: | 20 | 42 | K?T |
| 0,83 | sehr lang | 0,138 | Forelle: | 5,0 | > 4 000 | K?,T |
| 0,94 | lang | 0, 0001 | Elritze: | 43 | 1770 | K |
| 0,23 | < 7 | 6,1 | Elritze: | 12,6 | 870 | |
| $5\cdot10^{-5}$ | 120 | | Forelle: | 0,005 | 110 | |
| 0,077 | sehr lang | 0,55 | Forelle: | 1,5 | 550 | |
| 0,91 | sehr lang | 0,018 | Elritze: | 53 | 10300 | M |
| 0,029 | sehr lang | 0,32 | Elritze: | 82 | 100–1140 | |
| 0,34 | sehr lang | 2,3 | Forelle: | < 42 | 4400 | M,K,T |
| $2,8\cdot10^{-4}$ | lang | schnell | Guppy: | 1,08 | 820 | M? |

| Name | Summenformel | Produktion | | Emission | M | log $K_{OW}$ |
|---|---|---|---|---|---|---|
| | | t/a BRD | (a) | %Prod | g/mol | (–) |
| 2,4,6-TriClphenol | $C_6H_3Cl_3O$ | < 1 000 | | | 197,45 | 3,67 |
| 1,2,4-Trimethylbenzol | $C_9H_{12}$ | < 1 000 | | | 120,19 | 3,65 |
| 1,3,5-Trimethylbenzol | $C_9H_{12}$ | < 1 000 | | | 120,19 | 3,89 |
| 2,4,6-Trinitrophenol | $C_9H_3N_3O_7$ | Sprengstoff | | | 229,12 | 2,03 |
| 2,4,6-Trinitrotoluol | $C_7H_5N_3O_6$ | Sprengstoff | | | 227,13 | 1,97 |
| Vinylchlorid | $C_2H_3Cl$ | 1459 000 | (88) | | 62,50 | 1,27 |
| m-Xylol | $C_8H_{10}$ | 3340 000 | (USA82) | | 106,17 | 3,18 |
| o-Xylol | $C_8H_{10}$ | 248 000 | (88) | | 106,17 | 3,09 |
| p-Xylol | $C_8H_{10}$ | > 1 000 | (88) | | 106,17 | 3,15 |

| $K_{AW}$ (−) | $t_{1/2}$ Boden ca. Tage | $k'_{OH}$ Luft $10^{-12}\,cm^3/s$ | $LC_{50}$ 96h mg/l Fisch | | $LD_{50}$ oral mg/kg Ratte | |
|---|---|---|---|---|---|---|
| $1,4\cdot10^{-4}$ | mittel | schnell | Forelle: | 0,57 | 820 | M?K |
| 0,18 | | 35 | Elritze: | 7,4 | | |
| 0,61 | kurz | 58 | Goldfisch: | 13 | 8600 | |
| $7,1\cdot10^{-7}$ | mittel | | Forelle: | 110 | | M |
| $1,1\cdot10^{-6}$ | > 100 | 0,146 | Forelle: | 0,8 | 3100 | M,K |
| 0,81 | lang | 5,8 | Goldorfe: | > 1 000 | 500 | M,K,T |
| 0,22 | 5–60 | 23 | Forelle: | 8,4 | 5 000 | |
| 0,15 | < 10 | 14 | Forelle: | 7,6 | 3600 | |
| 0,21 | 5–60 | 13,1 | Forelle: | 2,6 | 3900 | |

# Musterlösungen der Übungsaufgaben

*Hinweis: Jeder kann sich mal verrechnen. Ergebnisse ohne Gewähr!*

### Aufgaben zu Kapitel 2

Trichlorethen ($C_2HCl_3$) ist ein Lösungsmittel. Es wurde weltweit in Millionen Tonnen hergestellt (Produktion abnehmend) und in der Metall- und Textilbranche u. a. verwendet. Leider bemerkte man zu spät, daß es durch Beton sickern kann. Nun gibt es Tausende von Altlasten (verschmutztes Grundwasser).

Tri wird abgebaut zu (cis und trans) Dichlorethen mit einer Rate von 0,01 Tag$^{-1}$, dieses mit einer Rate von 0,11 Tag$^{-1}$ zu Vinylchlorid (krebserregend !) und dieses mit einer Rate von 0,002 Tag$^{-1}$ zu Ethen (harmlos) (alle Raten erster Ordnung).

$$\text{Tri} \xrightarrow{\lambda=0{,}01\ d^{-1}} \text{Di} \xrightarrow{\lambda=0{,}11\ d^{-1}} \text{VC} \xrightarrow{\lambda=0{,}002\ d^{-1}} \text{Ethen}$$

a) Wenn die Ausgangskonzentration von Tri 100 mg/l ist, wie ist dessen Konzentration nach einem Jahr?

Mit Gleichung 2.7 kann man die Lösung berechnen:
$$C_t = C_0\, e^{-\lambda t}$$
$$C_{1\ \text{Jahr}} = 100\ \text{mg/l}\ e^{-0{,}01\ 1/d\, \cdot\, 365\ d} = \mathbf{2{,}6\ mg/l}$$

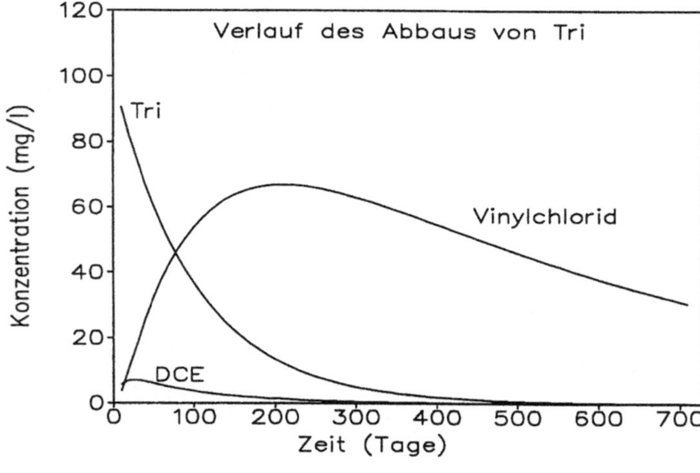


**Abb** Abbaukette von Trichlorethen zu Vinylchlorid.

b) Wie ist die Konzentration von Vinylchlorid nach einem Jahr?
(Hinweis: vernachlässigen Sie den schnellen Zwischenschritt Dichlorethen).
Hierzu bedarf es der analytischen oder der numerischen Lösung Lösung folgender gewöhnlicher Differentialgleichung:

$$\frac{dC_2}{dt} = \lambda_1\, C_1 - \lambda_2\, C_2$$

analytisch analog zu Übungsbeispiel 2.3, Gl. 2.22; Ergebnis:

$$C_2(t) = \frac{\lambda_1\, C_1(0)}{\lambda_2 - \lambda_1}\ (e^{-\lambda_1\, t} - e^{-\lambda_2\, t}) =$$

$$\frac{0,01\ d^{-1} \cdot 100\ mg/l}{0,002\ d^{-1} - 0,01\ d^{-1}}\ (e^{-0,01\, \cdot\, 365} - e^{-0,002\, \cdot\, 365})$$

$$= 56{,}75\ mg/l$$

## Aufgaben zu Kapitel 3

3.1 *Alarm*! Sonntag gegen 22:00 h ist ein Chemikalientanker bei Rhein-km 430 links (Ludwigshafen) mit einem Schlepper kollidiert. Eine Tonne Bromacil (ein Totalherbizid) ist sofort ausgelaufen. Wie hoch ist die Konzentration maximal bei Duisburg (km 780)?

Werte des Mittelrheins: Breite 333,3 m; Tiefe 3 m; Fließgeschw. 1 m/s; longitudinale Dispersion $D_L$ ca. 500 $m^2 \cdot s^{-1}$.

Lösung mit Gleichung 3.21

$$c(x,t) = \frac{m/A}{(4\, \pi\, D\, t)^{1/2}}\ \exp - \frac{(x - u\, t)^2}{4\, D\, t}$$

Die Spitzenkonzentration liegt *ungefähr* vor (hier: Abweichung < 1 %), wenn x = u · t; dadurch vereinfacht sich die Gleichung zu

$$c_{max}(x) = \frac{m/A}{(4\, \pi\, D\, x/u)^{-/2}}$$

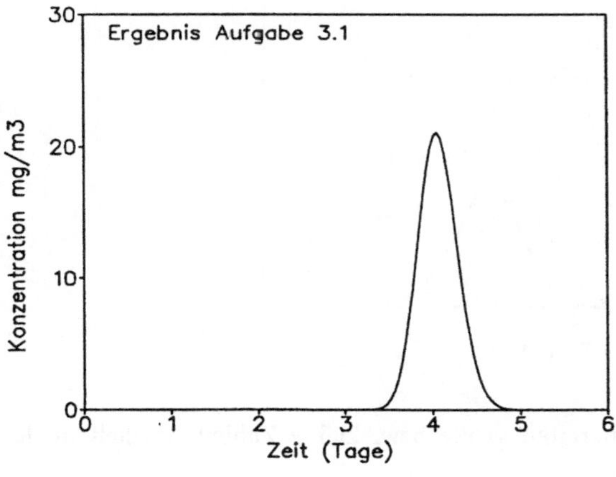


**Abb.** Grafik zu Aufgabe 3.1

Einsetzen ergibt:

$$c_{max}(350\,000\ \mathrm{m}) = \frac{1\,000\ \mathrm{kg}/(330\ \mathrm{m}\cdot 3\ \mathrm{m})}{(4\cdot 3{,}1415\cdot 500\ \mathrm{m}^2/\mathrm{s}\cdot 35\,0000\ \mathrm{m}/1\ \mathrm{m}/\mathrm{s})^{1/2}}$$

$$= 2{,}15\cdot 10^{-5}\ \mathrm{kg}/\mathrm{m}^3 = 21{,}5\ \mathrm{mg}/\mathrm{m}^3 = 21{,}5\ \mu\mathrm{g}/\mathrm{l}$$

3.2 Bei den Aufräumungsarbeiten, Montag gegen 10:00 h, gelangen erneut 500 kg Bromacil in den Fluß. Welche Maximalkonzentration ergibt sich ungefähr bei Duisburg?

Konzentrationen addieren sich. Die Peakkonzentration der ersten Schadstoffwelle siehe oben. Die zweite Schadstoffwelle kommt 12 h bzw. 43 200 s später an. Die Peakkonzentration des ersten Peaks wird in Düsseldorf nach $t=x/u = 350\,000/1$ s erreicht. Eingesetzt in die Gleichung für den zweiten Peak wird also t = 350 000 s −43 200 s = 306 800 s

$$c_2(x,t) = \frac{m/A}{(4\,\pi\,D\,t)^{1/2}}\ \exp -\frac{(x-u\,t)^2}{4\,D\,t}$$

$$c_2 = \frac{500\ \mathrm{kg}/(1\,000\ \mathrm{m}^2)}{(4\cdot 3{,}1415\cdot 500\ \mathrm{m}^2/\mathrm{s}\cdot 306\,800\ \mathrm{m}^2/\mathrm{s})^{1/2}}\cdot \exp -\frac{(350\,000-306\,800)^2}{4\cdot 500\cdot 306\,800}$$

$$= 11{,}39\ \mathrm{mg}/\mathrm{m}^3 \cdot e^{-3{,}04} = 0{,}54\ \mathrm{mg}/\mathrm{m}^3$$

Addiert zu $c_{max}$ der ersten Welle ergibt sich:

$$c = 22{,}4\ \mathrm{mg}/\mathrm{m}^3 = 22{,}4\ \mu\mathrm{g}/\mathrm{l}$$

Daß dies etwa die Maximalkonzentration ist, kann man durch weitere Rechnung oder aus folgender Grafik erkennen.

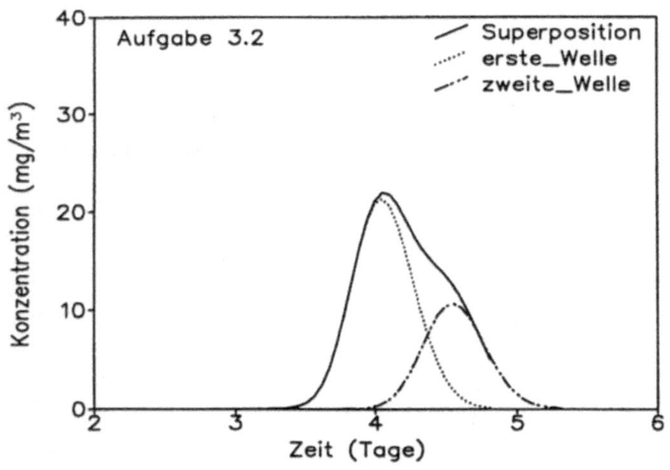


Abb. Grafik zu Aufgabe 3.2

3.3 Bei vielen Computertypen bereiten große bzw. kleine Zahlen, speziell in der e-Funktion, Probleme.

a) Wann treten wahrscheinlich in der obigen Funktion Schwierigkeiten auf?
Schwierigkeiten bei der Berechnung des Schadstoffpeaks hat man vor allem in der Nähe der Einleitung sowie kurz nach der Emission,
weil einerseits t gegen 0 geht (erster Term → unendlich), sowie wenn der Exponent sehr klein wird (e-Funktion kann austeigen).

b) Finden Sie für mindestens einen Computertyp (abhängig vom Compiler) heraus, welche Zahlenbereiche Sie abfangen müssen !
Compiler wie Computer reagieren unterschiedlich auf kleine Zahlen. Meistens werden kleine Zahlen (i.a. ca. $10^{-30}$ bis $10^{-40}$) gleich 0 gesetzt. Schlimmer ist es, wenn solche Zahlen als ‚undefiniert' behandelt werden. Turbo-Pascal rechnet standardmäßig z. B. nur bis etwa $10^{+-38}$ und ist damit jedem Taschenrechner weit unterlegen. Fehlerhaft verhalten sich manche AT-Coprozessoren 80287. Zahlen < $10^{-22}$ werden als *undefiniert* behandelt – was jedes Programm zum Absturz bringt.
Vorbildlich sind meistens FORTRAN-Compiler in doppelter Genauigkeit (Double Precision, bzw. real*8). Beispielsweise kann der Lahey-F77L-Compiler in Double Precision Zahlen bis $10^{+-308}$ verarbeiten, bei einer Genauigkeit von 16 Stellen (53 bits).
Neuere Compiler auf 32-bit Rechnern arbeiten ebenfalls meist sehr zufriedenstellend. Man beachte, daß besondere Genauigkeit bei den meisten Computersprachen im Programm definiert werden muß.
*CemoS* rechnet laut Sys-Info mit Zahlen bis $10^{4932}$.

3.3 b) Rufen Sie *CemoS* auf, wählen Sie das Modell SOIL an, geben Sie für die Wanderungsgeschwindigkeit den Wert von u ein (umrechnen in m/d) und für den gesamten Dispersionskoeffizienten den von $D_L$ (Einheit m²/d). Inputfunktion: einmaliger Input. Berechnen Sie Aufgabe 3.1. Klappts?
Ja, wenn man auch die entsprechenden Werte für Tiefe und Zeit eingibt, dann kann man mit dieser SOIL-Lösung auch Störfallprobleme in Flüssen berechnen, denn die Gleichung ist identisch. Das Programm benötigt auch Angaben zu $K_d$ und $K_{AW}$, um die Anteile in Bodenmatrix, -luft und -wasser zu errechnen. Die Ergebnisse haben natürlich hier keine Bedeutung.


## Aufgaben zu Kapitel 4

4.1 Ein Aal (Fettgehalt ca. 4,1 %, 80 % Wassergehalt) schwimmt in leicht verschmutztem Wasser. Dieses enthält Hexachlorbenzol (HCB) in der sehr geringen Konzentration von $C_W = 1$ µg/Liter (= $10^{-6}$ kg/m³) = 1ppb (part per billion, 1 zu 1 Milliarde). Wie hoch ist die Konzentration im Fisch $C_F$, ausgedrückt in ppb und in kg/m³?

Lösung Gl. 4.12 (Dichte Fisch gleich Dichte Wasser):

$$C_F / C_W = BCF = K_{FW} = \text{Lipidgehalt} \cdot a \cdot K_{OW} + \text{Wassergehalt}$$

$$C_F = C_W \cdot BCF = 1 \text{ ppb} \cdot (4,1 \cdot 1,22 \cdot 2,95 \ 10^5 + 0,8)$$
$$= 14750 \text{ ppb} = 14,75 \text{ ppm (parts per million)} = 14,75 \text{ mg/kg}$$
$$= 14,75 \cdot 10^{-3} \text{ kg HCB/m}^3 \text{ Fisch}$$

4.2 Das Sediment des leicht verschmutzten Flusses hat ca. 10 % organischen Kohlenstoff OC. Wie hoch ist die Gleichgewichtskonzentration von HCB im Sediment $C_S$ (Dichte Sediment $\rho_S = 2\,g/cm^3$, $\theta = $ Porenwassergehalt ca. 50 %)?

Lösung nach Gl. 4.8 und 4.11 (b)

$K_{SW} = C_S/C_W = \rho_S/\rho_W \cdot K_d + \theta$

$K_d = OC \cdot K_{OC}$

$\log K_{OC} = 0{,}72 \cdot \log K_{OW} + 0{,}49$

$K_{OC} = 43\,371,\ K_d = 4\,337{,}1$

$C_S = C_W \cdot (K_d \cdot \rho_S + \theta)\ \rho_S/\rho_W = 10^{-6}\,kg/m^3 \cdot 4337{,}6 \cdot 2$

$= 8{,}67 \cdot 10^{-3}\,kg/m^3$

oder Berechnung in ppm (mg/kg), Dichte entfällt:

$C_S = C_W \cdot (K_d \cdot \rho_S + \theta) = 4{,}3376\ mg/kg = 4{,}3\ ppm$


4.3 2,4-Dichlorphenoxyessigsäure (2,4-D) hat einen pKa-Wert von 2,73 und einen $\log K_{OW}$ von 1,57. Wie hoch ist der $K_d$ des Stoffes an das Sediment bei pH=3, 5, 7?

Nach Gl. 4.8 und 4.11a (oder b)

$K_d$ der neutralen Spezies $= K_{OC} \cdot OC = 0{,}411 \cdot 10^{1{,}57} \cdot 0{,}1 = 1{,}53$

Berechnung des Anteils der neutralen Spezies nach Gl. 4.14:

$\Phi = [1+10^{a(pH-pKa)}]^{-1}$

pH=3: $\Phi = 1/[1+10^{3-2{,}73}] = 0{,}35$

pH=5: $\Phi = 1/[1+10^{5-2{,}73}] = 0{,}0053$

pH=7: $\Phi = 1/[1+10^{7-2{,}73}] = 5{,}3 \cdot 10^{-5}$

Gl. 4.15:

$K_d' = K_d \cdot \Phi \rightarrow K_d'{}_{pH3} = 1{,}53 \cdot 0{,}35 = 0{,}53;$

$K_d'{}_{pH5} = 0{,}008;$

$K_d'{}_{pH7} = 8{,}1 \cdot 10^{-5}$

Dieses Ergebnis schließt nicht aus, daß es bei hohen pH-Werten dennoch zu einer Sorption an das Sediment kommt. Diese beruht dann aber nicht auf lipophiler Wechselwirkung.


4.4 Numerische Lösung des Übungsbeispiels 4.1 mit der *Eulerschen Einschrittmethode.*

1. Ersetze in der Differentialgleichung dt durch $\Delta t$, und $dC_1$ durch $\Delta C_1$

$\Delta C_1 = A_{12} \cdot g \cdot (C_2 - C_1/K_{12})/V_1\ \Delta t$

2. Berechne für den ersten Schritt, z. B. mit $\Delta t = 1\,000$ s.

$\Delta C_1 = 1\ m^2 \cdot 10^{-3}\ m/s \cdot [0.1\ mg/m^3-(0\ mg/m^3/1\,0000)]/0.1\ m^3 \cdot 1\,000s = 1\ mg/m^3$

3. Es folgt für $C_1$ nach 1000 s:

$C_1(1000\ s) = C_1(0) + \Delta C_1 = 1\ mg/m^3$.

4. Wiederhole Schritt 2 bis 4, aber nun mit $C_1 = 1\ mg/m^3$ usw...

oder verwende ein Programm.

KRITISCH: Die Wahl des Zeitschrittes !

**$\Delta t$ ist zu groß** → $(C_2 - C_1/K_{12})$ ist falsch. Es wird zu lange mit dem Ausgangswert von $C_1$ gerechnet. Dadurch wird $\Delta C_1$ viel zu groß. Im nächsten Schritt wird daher von einem zu großen $C_1$ ausgegangen, und $\Delta C_1$ ist nun zu gering. Als Folge oszilliert die Lösung!

**$\Delta t$ ist zu klein** → enormer Rechenaufwand, Rundungsfehler usw.

Daher: Zeitschritt variieren. Ändert sich das Ergebnis, dann ist die numerische Lösung höchstwahrscheinlich falsch.

Die numerische Lösung unseres obigen Problems, und was bei einem falschen Zeitschritt passiert, zeigt die Abbildung:

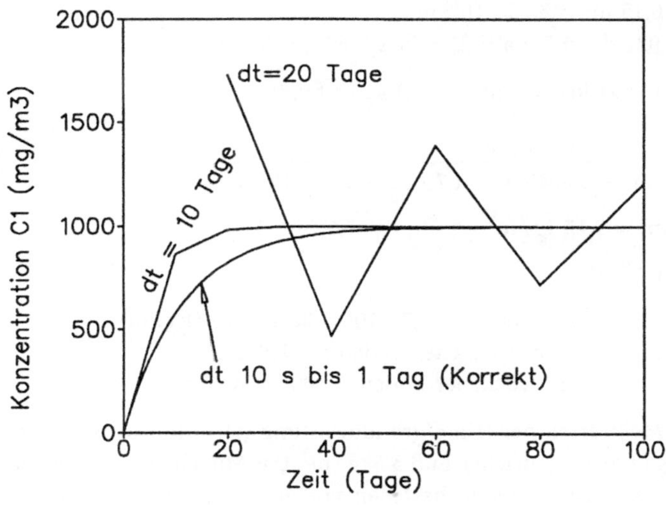


**Abb.** Numerische Lösung der Beispielsübung 4.1.

## Aufgaben zu Kapitel 5

5.1 In der Bundesrepublik Deutschland (Alt) werden nach Schätzungen jährlich derzeit 0,1 kg des Sevesogiftes 2,3,7,8-TCDD (Dioxin) emittiert.

TCDD wird in der Luft (gasförmig) durch Sonnenlicht schnell zerstört (Halbwertszeit max. 32 Tage). Im Boden ist es dagegen sehr persistent (Halbwertszeit geschätzt 160 Jahre).

Daten: Bodentiefe 15 cm; organischer Kohlenstoffgehalt 2 %; Trockendichte 1,5 g/cm³; Wassergehalt 30 %, Gesamtporen 50 %; Atmosphäre Höhe 6 000 m;
2,3,7,8-TCDD: $\log K_{OW} = 6{,}76$ und $K_{AW} = 0{,}0015$ aus den Tabellen 4.1 und 4.2.

a) Berechnen Sie die Gleichgewichtsverteilung zwischen Atmosphäre und Boden.

$$K_{AB} = K_{AW}/K_{BW} \quad \text{Gl. 4.17}$$

mit $K_{AW}$ gegeben (0,0015) und Gl. 4.7

$$K_{BW} = K_d \cdot \rho_B/\rho_W + \theta + (\varepsilon - \theta) \cdot K_{AW}$$

$$K_{BW} = 0{,}411 \cdot 10^{6{,}76} \cdot 0{,}02 \cdot 1{,}5/1 + 0{,}3 + (0{,}5 - 0{,}3) \cdot 0{,}0015 = 7{,}1 \cdot 10^4$$

$$K_{AB} = 0{,}0015/7{,}1 \cdot 10^4 = \mathbf{2{,}1 \cdot 10^{-8}}$$

$$K_{BA} = 1/K_{AB} = \mathbf{4{,}7 \cdot 10^7}$$

b) Berechnen Sie die Konzentration unter Annahme des Gleichgewichts (Modell ‚Stufe 2') für die BRD-Alt, Fläche ca. 250 000 km².

Gleichung 5.4 (Modell Stufe 2):

$$C_1 = I/(\lambda_1 V_1 + \lambda_2 K_{21} V_2 + \ldots \lambda_n K_{n1} V_n)$$

Mit 1=Luft und 2=Boden:

$V_1 = 250\,000 \cdot 10^6 \cdot 6\,000 \ \text{m}^3 = 1{,}5 \cdot 10^{15} \ \text{m}^3$;
$V_2 = 250\,000 \cdot 10^6 \cdot 0{,}15 \ \text{m}^3 = 3{,}75 \cdot 10^{10} \ \text{m}^3$
$\lambda_1 = \ln 2/32 \ \text{d} = 0{,}021 \ \text{d}^{-1} = 7{,}9 \ \text{a}^{-1}$; $\lambda_2 = \ln 2/160 \ \text{a} = 0{,}0043 \ \text{a}^{-1}$

Jetzt ist die Gleichung direkt lösbar, mit $I = 0{,}1 \ \text{kg}/\text{a}$ folgt:

$$C_1 = \frac{0{,}1 \ \text{kg}/\text{a}}{7{,}9 \ \text{a}^{-1} \cdot 1{,}5 \cdot 10^{15} \ \text{m}^3 + 0{,}0043 \ \text{a}^{-1} \cdot 4{,}7 \cdot 10^7 \cdot 3{,}75 \cdot 10^{10} \ \text{m}^3}$$

$$C_{Luft} = \mathbf{5{,}15 \cdot 10^{-18} \ kg/m^3 = 5{,}15 \ fg/m^3}$$

(fg = Femtogramm = $10^{-15}$ g)

$C_{Boden} = C_{Luft}$ mal $K_{BA} = 5{,}15 \cdot 10^{-18} \ \text{kg}/\text{m}^3 \cdot 4{,}7 \cdot 10^7 = \mathbf{0{,}242 \cdot 10^{-9} \ kg/m^3}$
   = **161** pg/kg (trocken)      (1 m³ trockener Boden = 1500 kg)
   = **135** pg/kg (frisch)      (1 m³ trockener Boden + 300 kg Wasser = 1800 kg)

Der Vergleich zu den Meßwerten bei Hintergrundbelastung (Dr. Mc Lachlan, Bayreuth): Boden 70 pg/kg (Trockengewicht), Luft 3,6 fg/m³. Das Modell liegt also in der gleichen Größenordnung. Unsicherheiten bestehen vor allem bei den Abbauraten sowie bei der Bestimmung der Emissionen. Abhängig davon, welche Werte man für Abbau und Emission einsetzt, kommt man zu unterschiedlichen Ergebnissen.

c) Welche Mengen sind also in der Alt-BRD in Boden und Luft?

$$m = V \cdot C$$

Boden: $m = 0{,}242 \cdot 10^{-9} \ \text{kg}/\text{m}^3 \cdot 3{,}75 \cdot 10^{10} \ \text{m}^3 = \mathbf{9{,}1 \ kg}$

Luft: $m = 5{,}15 \cdot 10^{-18} \ \text{kg}/\text{m}^3 \cdot 1{,}5 \cdot 10^{15} \ \text{m}^3 = \mathbf{0{,}008 \ kg}$

Die größte Menge findet sich also im Boden – und zwar etwa das 90fache der jährlichen Emissionen. Dennoch wird mengenmäßig in der Luft mehr Dioxin abgebaut. Frage deshalb:

d) Wie lange würde es bei sofortigem Stop aller Emissionen dauern, bis die in der BRD vorhandene Menge halbiert ist? Mit Gleichung 5.5:

$$I = \Sigma_i(V_i\,C_i\,\lambda_i) \rightarrow I = \lambda_M \cdot \Sigma_i(V_i\,C_i) \rightarrow \lambda_M = I/\Sigma_i\,(V_i\,C_i) = I/m$$

$$I = 0{,}1\ \text{kg/a};\ m = 9{,}1\ \text{kg};\ \lambda_M = 0{,}001\ \text{a}^{-1}.$$

Halbwertszeit $t_{1/2} = \ln 2 / \lambda_M = \textbf{63 Jahre}$.

Diese Berechnung erfolgt unter der Annahme, daß der Austausch zwischen Luft und Boden erfolgen kann. Tatsächlich jedoch ist Dioxin in Böden sehr fest gebunden. Daher wird vermutlich die Konzentration in der Luft nach dem Stop aller Emissionen schneller absinken als im Boden. Die Aufnahme von Dioxin in Pflanzen (in oberirdische Teile) erfolgt jedoch unserem Pflanzenmodell (Kapitel 9) zufolge bei der gegeben Belastung eindeutig über den Luftpfad. Eine Reduktion der *Emissionen* hätte eine Abnahme der Luftkonzentration und damit der menschlichen Belastung zur Folge. Tatsächlich wurde in den letzten Jahren ein Absinken der TCDD-Konzentration in Muttermilch beobachtet, d. h. erste Maßnahmen zur Dioxinreduktion greifen (Fürst 1995). Das Ergebnis der Rechnung ist auch dargestellt im Übungsbeispiel 5.1.

5.2 Sie freuen sich: endlich ein schönes Zimmer in einem wunderschönen Altbau, alles so schön mit Holz getäfelt. Sie lassen Holzspäne aus ihrem Zimmer in unserem Labor untersuchen. Inhalt: 100 mg/kg Lindan (und andere Stoffe . . .).

a) Berechnen Sie, unter Annahme von Gleichgewichtsbedingungen, die Konzentration in der Zimmerluft.
Daten: Holzvolumen 0,1 m³, Gewicht 50 kg. Zimmer 20 m², Höhe 2,5 m
Verteilungskoeff. Holz zu Wasser: 1 000 (geschätzt)
   Verteilungskoeff. Luft zu Wasser: $10^{-4}$
Berechnungsverfahren: Gleichgewicht $\rightarrow C_L = K_{LH} \cdot C_H$

$$K_{LH} = 10^{-4}/1\,000 = 10^{-7}$$

$$C_H = 100\ \text{mg/kg} = 50\ \text{mg/l} = 0{,}5\ \text{g/m}^3$$
$$C_L = K\,C_H = 0{,}5\ \text{g/m}^3 \cdot 10^{-7} = 0{,}05\ \mu\text{g/m}^3$$

b) Wieviel Lindan nehmen Sie in einer Stunde durch Inhalation auf? Welche weiteren Aufnahmewege gibt es?

Inhalation:

1 m³/h Atmung $\rightarrow$ Aufnahme von 0,05 $\mu$g/h
   wichtig auch: Aufnahme durch Staub, direkten Körperkontakt, bei der Verarbeitung, über Textilien.

5.3 Sie lüften. Pro Minute tauschen Sie 1 m³ Luft aus. Wie lange müssen Sie lüften, bis Sie eine Luftkonzentration von < 1 % der Ausgangskonzentration erreichen?

Berechnungsverfahren: unter Annahme eines Gleichgewichts und homogen gemischter Kompartimente ergibt sich die Differentialgleichung der Stufe 2 dynamisch.

Es gilt: $dm/dt$ = Input – Output

Input = Summe aller I (=0); Output Summe aller Abbauvorgänge = hier: $Q \cdot C_L$

$dm/dt = - Q \cdot C_L = dm_1/dt + dm_2/dt$ (Gleichgewicht)

$V_L \, dC_L/dt + V_H \, dC_H/dt = - Q \cdot C_L$

mit $C_H = K_{HL} \, C_L$ folgt:

$V_L \, dC_L/dt + V_H \, dC_H/dt = - Q \cdot C_L$

$V_L \, dC_L/dt + K_{HL} \, V_H \, dC_L/dt = - Q \cdot C_L$

$(V_L + K_{HL} \, V_H) \, dC_L/dt = - Q \cdot C_L$

$dC_L/dt = - Q/[(V_L + K_{HL} \, V_H)] \cdot C_L$

$C_L(t) = C_L(0) \, e^{-at}$

$a = - Q/[(V_L + K_{HL} \, V_H)] = 1 \, m^3/min/[50 \, m^3 + 0{,}1 \cdot 10^7 \, m^3] = $ ca. $10^{-6}/min$.

gesucht: t

$\ln\{C_L(t)/C_L(0)\} = -at$

$t = \ln\{C_L(0)/C_L(t)\}/a$

$\ln\{C_L(0)/C_L(t)\} = \ln(100) = 4{,}6$

$a = 10^{-6} \, min^{-1}$

$t = 4{,}6/10^{-6} \, min = 4{,}6 \cdot 10^6 \, min = $ **8,8 Jahre (!)**

Selbst wenn also Lindan aus der Holzvertäfelung rasch ausgast (wovon wir aufgrund der sehr hohen Oberfläche ausgehen können), befindet sich doch aufgrund des Verteilungskoeffizienten nur ein sehr geringer Anteil in der Zimmerluft. Deshalb führt Lüften nach dem Einsatz giftiger Holzschutzmittel nur kurzfristig zu einer Abnahme der Giftkonzentration. Anders ist dies bei Stoffen mit geringem Verteilungskoeffizienten Holz zu Luft, z. B. Formaldehyd. Dieses kann durch (wiederholtes) Lüften sehr wohl weitgehend aus dem Zimmer entfernt werden. Allerdings sind auch die Konzentrationen in der Luft höher.

5.4 Rufen Sie *CemoS* auf, laden Sie die Substanz Hexachlorbenzol, gehen Sie in das Modell LEVEL2 und berechnen Sie mit dem Standardszenario (BRD) die Konzentrationen.

Eingabedaten: Ausgangsmenge 0.0 kg; Eintrag 1 000 kg/Jahr, Cin = 0.0 kg/m³; Abbau im Sediment = Abbau im Boden;
Abbau im Fisch = 0.0;

1. Wie sind im stationären Fall die Konzentrationen? Wo ist die Konzentration am höchsten, wo am niedrigsten?
2. Wo befindet sich die Hauptmenge des Stoffes?

Ergebnisse im stationären Fall, Hexachlorbenzol:

|             | Konzentration         | Massenbilanz     |
|-------------|-----------------------|------------------|
| Wasser:     | 9,5789E–14 kg/m$^3$   | 6,83862E–4 kg    |
| Luft:       | 5,1726E–15 kg/m$^3$   | **11,1893622 kg** |
| Boden:      | 1,1666E–10 kg/m$^3$   | 8,32915679 kg    |
| Sediment:   | 1,9444E–10 kg/m$^3$   | 0,02429315 kg    |
| Schwebst.:  | 5,8318E–10 kg/m$^3$   | 1,38783E–4 kg    |
| Fisch:      | **1,14946E–9 kg/m$^3$** | 0,00410317 kg  |
| Pflanze:    | 5,2048E–10 kg/m$^3$   | 0,18579451 kg    |
|             |                       | 19,7335325 kg    |

Kommentar: Das Volumen der Luft ist im Standardszenario BRD vergleichsweise sehr groß; trotz geringster Konzentration ist deshalb mengenmäßig dort am meisten zu finden. Die höchste Konzentration weisen Fische auf.


## Aufgaben zu Kapitel 6

6.1 Schätzen Sie für

a) Tetrachlorethen ($C_2Cl_4$), M=165,83, log $K_{OW}$ = 2,87, $K_{AW}$ = 0,83
b) Atrazin ($C_8H_{14}ClN_5$), M=215,69, log $K_{OW}$ = 2,64, $K_{AW}$ = 8 · 10$^{-9}$
   die Ausgasungsrate im Fluß ab.
   Mittlere Daten des Flusses: Fließgeschwindigkeit 0,5 m/s, Tiefe 2,5 m, Abfluß 100 m$^3$/s (Breite 80 m), mittlere Windgeschwindigkeit (10 cm Höhe) 1,8 m/s, ca. 50 g/m$^3$ Partikel mit etwa 10 % OC.

6.1 a) Tetrachlorethen $K_{AW}$ = 0,83 > > 0,04, d. h. nur wasserseitige Grenzschicht zu berücksichtigen:

$$k_l = 0{,}2351 \; u^{0,969} \cdot h^{-0,673} \; (32/M)^{0,5} \; (m/h)$$

$$= 0{,}2351 \cdot 0{,}51 \cdot 0{,}54 \cdot 0{,}44 \; m/h = 0{,}0285 \, m/h$$

$$1/K_V = [1/(k_l) + 1/(K_{AW} \cdot k_g)] \cdot h$$
mit $K_{AW} \cdot k_g \gg k_l$ :

$$K_V = ca. \; k_l/h = 0{,}0285 \, m/h/2{,}5 \, m = 0{,}0114 \; 1/h = 0{,}27 \; 1/d$$

Tetrachlorethen gast rasch aus, die Halbwertszeit beträgt 2,5 Tage.

6.1 b) Atrazin:

$K_{AW}$ < 4 · 10$^{-6}$ : Die Ausgasung kann vernachlässigt werden, denn die Substanz verdunstet langsamer als Wasser selbst ($K_{AW}$ von $H_2O$ ca. 17 · 10$^{-6}$). Dies zeigt auch die Rechnung.

$$1/K_V = [1/(k_l) + 1/(K_{AW} \cdot k_g)] \cdot h$$

Da $K_{AW} \cdot k_g < < k_l$, braucht nur $k_g$ berücksichtigt zu werden.

$$k_g = 11{,}37 \cdot (v + u) \cdot (18/M)^{0{,}5} \ (m/h)$$

$$= 11{,}37 \cdot (1{,}8{+}0{,}5) \cdot (18/215{,}69)^{0{,}5} \ m/h = 7{,}55 \ m/h = 181{,}2 \ m/d$$

$$K_V = ca. \ K_{AW} \cdot k_g/h = 8 \cdot 10^{-9} \cdot 181{,}2/2{,}5 = 5{,}8 \cdot 10^{-7} \ d^{-1}$$

Das heißt, Atrazin gast praktisch nicht aus – wie man bereits am $K_{AW}$ erkennen konnte.

## 6.2 Kläranlage

Eine biologische kommunale Kläranlage habe die Abmessungen 10m · 10m · 2m. Es fließt 0,01 m³ Abwasser pro s zu. In der Kläranlage bilden sich (vorwiegend durch Bakterienwachstum) 10 kg (=10 Liter) Klärschlamm pro m³ Wasser. Der Klärschlamm setzt sich ab und wird entnommen. Sein organischer Kohlenstoffgehalt ist 10 %. Die Kläranlage wird belüftet mit 0,1 m³ Luft/s.

In Kläranlagen gelangen auch Schadstoffe.

a) Stellen Sie ein Modell auf für die Massenbilanz eines Schadstoffes in der Kläranlage
   Berechnen sie die Konzentration im Ausfluß (gelöst) unter Annahme stationärer Bedingungen für
b) den Plastikweichmacher DEHP (Di-ethyl-hexyl-phtalat)
   log $K_{OW} = 5{,}0$; $K_{AW} = 0{,}3 \ 10^{-3}$; Abbau $= 1 \ d^{-1}$, Konzentration im Abwasserzufluß · 1 mg/l;
c) den Toilettensteinzusatzstoff Dichlorbenzol
   log $K_{OW} = 3{,}4$; $K_{AW} = 0{,}1$; Abbau $= 0{,}1 \ d^{-1}$, Konzentration im Zufluß 1 $\mu g/l$);
d) Ist es vernünftig, die ‚Reinigungsleistung‘ anhand des Vergleichs zwischen den Konzentrationen in Zu- und Abfluß zu beurteilen?

Lösung Aufgabe 6.2 Kläranlage

a) Mit den gegebenen Angaben kann man ein Gleichgewichtsmodell Stufe 2 aufstellen, wobei der Input der Zufluß ist. Ansatz (siehe Kapitel 6):

Änderung der Stoffmenge in der Kläranlage =

+ Zulauf
- Abbau
- Sedimentation mit dem Klärschlamm (und Entnahme)
- Ausgasung
- Ausfluß

Zulauf: $Q_{in} \cdot C_{in}$

Abbau: $\lambda \cdot V \cdot C_t$

Sedimentation: $Q_S \cdot C_S = X \cdot Q_{in} \cdot K_d \cdot C_W$

Ausgasung: $Q_A \ C_A = Q_A \cdot C_W \cdot K_{AW}$

Ausfluß: $Q_{out} \cdot C_W = Q_{in} \cdot C_W$

*Parameter und Variablen:*

$Q_{in}$ = Wasserzulauf (0,01 $m^3/s$); $C_{in}$ = Konzentration im Zulauf (variabel); $\lambda$ = Abbaurate (1/d, variabel); $C_t$ = Gesamtkonzentration in Wasser und Schlamm; $Q_S$ = Entnahme des Schlamms ($m^3/s$); X = Verhältnis Schlamm zu Wasser = 0,01; $K_d$ = Konzentrationsverhältnis Schlamm zu Wasser (variabel); $Q_A$ = eingeblasene Luft (0,1 $m^3/s$); $C_A$ = Gleichgewichtskonzentration in der Luft; Wasserabfluß $Q_{out}$ = Wasserzufluß $Q_{in}$;

*Getroffene Annahmen:*

Es stellt sich Gleichgewicht ein zwischen Wasser, Schlamm und eingeblasener Luft; Abbau erfolgt sowohl in Wasser wie auch in Schlamm. Die Menge des Schlamms in der Kläranlage bleibt insgesamt gleich (gebildeter Schlamm wird entnommen). es fließt nur Wasser ab. Die Kläranlage ist homogen gemischt.

$$C_t = C_W + C_S = C_W + X\ K_d\ C_W$$

Es folgt als Massenbilanzgleichung:

$$dm/dt = Q_{in} \cdot C_{in} - \lambda \cdot V \cdot C_W(1+X\ K_d) - X \cdot Q_{in} \cdot K_d \cdot C_W - Q_A \cdot C_W \cdot K_{AW} - Q_{in} \cdot C_W$$

mit $dm/dt = 0$ ist die Auflösung nach $C_W$ möglich:

$$C_W = Q_{in} \cdot C_{in}/[\lambda \cdot V \cdot (1+X\ K_d) + X \cdot Q_{in} \cdot K_d + Q_A \cdot K_{AW} + Q_{in}]$$

6.2 b) DEHP

$C_{in}$ = 1 mg/l = 0,001 $kg/m^3$; $K_{AW}$ = 0,3 $\cdot$ $10^{-3}$ = 0,0003; $\lambda$ = 1 $d^{-1}$ = 1/86400 $s^{-1}$;

log $K_{OW}$ = 5,0; $K_{OC}$ = 0,411 $\cdot$ $10^5$; $K_d$ = OC $\cdot$ $K_{OC}$ = **4110**.

$$C_W = \frac{0,01\ m^3/s \cdot 0,001\ kg/m^3}{1/86400\ s^{-1} \cdot 200\ m^3 \cdot (1+0,01 \cdot 4110)+0,01 \cdot 0,01 \cdot 4110\ m^3/s+0,1\ m^3/s \cdot 0,0003+0,01\ m^3/s}$$

$$= 19,2 \cdot 10^{-6}\ kg/m^3 = \mathbf{0,019\ mg/l}$$

6.2 c) Dichlorbenzol:

$C_{in}$ = 1 $\mu g/l$ = $10^{-6}\ kg/m^3$; $K_{AW}$ = 0,1; $\lambda$ = 0,1 $d^{-1}$ = 1,16 $\cdot$ $10^{-6}\ s^{-1}$;

log $K_{OW}$ = 3,4; $K_{OC}$ = 0,411 $\cdot$ $10^{3,4}$; $K_d$ = OC $\cdot$ $K_{OC}$ = **103,2**.

$$C_W = \frac{0,01\ m^3/s \cdot 10^{-6}\ kg/m^3}{1,16 \cdot 10^{-6}\ s^{-1} \cdot 200\ m^3 \cdot (1+0,01 \cdot 103,2)+0,01 \cdot 0,01 \cdot 103,2\ m^3/s+0,1\ m^3/s \cdot 0,1+0,01\ m^3/s}$$

$$= 3,25\ mg/m^3 = \mathbf{0,32\ \mu g/l}$$

6.2 d) Ist es vernünftig, die Reinigungsleistung anhand des Vergleichs zwischen den Konzentrationen im Zu- und Abfluß (= $C_W$) zu beurteilen?
Nur dann, wenn man sich ausschließlich für das Abwasser interessiert, denn

DEHP: $C_W/C_{in}$ = 1,9 % (Reinigungsleistung > 98 %).
DCB: $C_W/C_{in}$ = 32 % (Reinigungsleistung > 66,67 %)

Sind die Stoffe tatsächlich abgebaut? Nein. Anhand der einzelnen Stoffflüsse läßt sich zeigen:
Von 100 % eingeleitetem DEHP verbleiben über 95 % im Schlamm. Echter Abbau < 3 %
Von 100 % eingeleitetem Dichlorbenzol verbleiben 33,5 % im Schlamm, etwa die selbe Menge gast in die Luft aus. Echter Abbau < 2 %

Die Zahlen sprechen für sich.

6.3 Rufen Sie *CemoS* auf, laden Sie die Substanz Trichlorethen, gehen Sie in das Modell WATER und berechnen Sie mit dem Standardszenario die Massenbilanz (prozentual).
Wiederholen Sie die Prozedur mit der Substanz Atrazin.
1. Wie ist die Massenbilanz dieser Stoffe?

WATER-Massenbilanz Trichlorethen:

| | |
|---|---|
| Volatilisation: | 63,1454478 % |
| Sedimentation: | 0,00427177 % |
| Abbau: | 0,11698664 % |
| Advektion: | 36,7332936 % |
| | 100, 000 000 % |

WATER-Massenbilanz Atrazin:

| | |
|---|---|
| Volatilisation: | 0,00252834 % |
| Sedimentation: | 0,01673940 % |
| Abbau: | 1,83463257 % |
| Advektion: | 98,1460996 % |
| | 100, 000 000 % |

*Interpretation des Ergebnisses*

Trichlorethen ist ein schwer abbaubarer Stoff, der aus Fließgewässern jedoch rasch ausgast. Atrazin hat ebenfalls einen geringen Abbau, zudem aber auch noch einen sehr niedrigen Dampfdruck ($K_{AW}$ sehr klein) und gast praktisch nicht aus. Deshalb wird nahezu die gesamte Stoffmenge flußabwärts transportiert.

**Aufgaben zu Kapitel 7**

7.1 Welcher Stoff diffundiert schneller im Boden?

Boden bestehend aus 30 % wassergefüllten Poren, 20 % luftgefüllten Poren, 2 % OC. q (Filtergeschwindigkeit) 1 mm/d, Dispersionslänge 5cm, Dichte $\rho B$ = 1,3 g/cm³, pH = 7.

a) Benzol ($C_6H_6$), M = 78,12; log $K_{OW}$ = 2,1; $K_{AW}$ = 0,23
b) Phenol ($C_6H_6O$), M = 94,11; log $K_{OW}$ = 1,48; $K_{AW}$ = 2,2 · 10⁻⁵, Säure: pKa=9,9.

Grundgleichung: (7.11) $D_c = D_{W,a} \cdot f_w + D_{G,eff} \cdot f_g$

gesucht: $f_w$, $f_g$, $D_{W,a}$, $D_{G,eff}$

$f_w = \theta/[K_{MW} + \theta + (\varepsilon - \theta) \cdot \Phi \cdot K_{AW}]$

*Benzol:*

$K_{MW} = K_d \cdot \rho_B/\rho_W = K_{OC} \cdot OC\rho_B/\rho_W = 0{,}411 \cdot K_{OW} \cdot \Phi \cdot OC \cdot \rho_B/\rho_W$
$K_{MW}$ (Benzol) = 1,35 (keine Dissoziation, $\Phi = 1$);

$f_w = \theta/[K_{MW} + \theta + (\varepsilon - \theta) \cdot \Phi \cdot K_{AW}]$
$\quad = 0{,}3/[1{,}35 + 0{,}3 + 0{,}2 \cdot 0{,}23] = 0{,}177$

$f_g = (\varepsilon - \theta) \cdot \Phi \cdot K_{AW}/[K_{MW} + \theta + (\varepsilon - \theta) \cdot \Phi K_{AW}]$
$= 0{,}2 \cdot 0{,}23/[1{,}35 + 0{,}3 + 0{,}2 \cdot 0{,}23] = 0{,}027$

*Phenol:*

Dissoziation, $\Phi = ?$;

$$\Phi = [HA]/\{[HA] + [A^-]\} = [1+10^{(7-9,9)}]^{-1} = 0{,}9987 \qquad (4.14)$$

(praktisch keine Dissoziation, $\Phi \approx 1$)

$K_{MW} = K_d \cdot \rho_B/\rho_W = K_{OC} \cdot OC\rho_B/\rho_W = 0{,}411 \cdot K_{OW} \cdot OC \cdot \rho_B/\rho_W$
$K_{MW}$ (Phenol) = 0,785;

$f_w = \theta/[K_{MW} + \theta + (\varepsilon - \theta) \cdot \Phi \cdot K_{AW}]$
$\quad = 0{,}3/[0{,}785 + 0{,}3 + 0{,}2 \cdot 2{,}2 \cdot 10^{-5}] = 0{,}276$

$f_g = (\varepsilon - \theta) \cdot \Phi \cdot K_{AW}/[K_{MW} + \theta + (\varepsilon - \theta) \cdot \Phi \cdot K_{AW}]$
$\quad = 0{,}2 \cdot 2{,}2 \cdot 10^{-5}/[0{,}785 + 0{,}3 + 0{,}2 \cdot 2{,}2 \cdot 10^{-5}] = 4{,}0 \cdot 10^{-6}$

Größenordnung der Diffusion:

in Gasen: ca. 1–2 $m^2/d$, in Wasser ca. 1–2 $\cdot 10^{-4}$ $m^2/d$

(Dispersion: $D_{Disp} = q \cdot L = 0{,}001$ m/s $\cdot 0{,}05$ m $= 0{,}5 \cdot 10^{-4}$ $m^2/d$)

Mit $D = D_{W,a} \cdot f_w + D_{G,eff} \cdot f_g$ und $D_{W,a} << D_{G,eff}$ folgt:

Benzol diffundiert aufgrund der raschen Diffusion in Gasporen erheblich schneller im Boden als Phenol.

Anmerkung: Man kann die Fließgeschwindigkeit einer Chemikalie aus dem in Wasser vorliegenden Anteil berechnen.

$u_c = u_w \cdot f_w$

mit $f_w$ (Phenol) = 0,276 > $f_w$ (Benzol) = 0,177 folgt:

Phenol wird schneller mit dem versickernden Wasser mitbewegt.

7.2 Laden Sie alle Substanzen (außer Blei) aus der Standarddatenbank nacheinander und berechnen Sie die Wanderungsgeschwindigkeit $u_c$ dieser Chemikalien . Wie ist die Reihenfolge?

Formaldehyd $7{,}88 \cdot 10^{-4}\,\mathrm{m/d}$
Phenol $2{,}08 \cdot 10^{-4}\,\mathrm{m/d}$
Benzol $1{,}12 \cdot 10^{-4}\,\mathrm{m/d}$
Trichlorethen $10^{-4}\,\mathrm{m/d}$
Nitrobenzol $6{,}48 \cdot 10^{-5}\,\mathrm{m/d}$
Atrazin $4{,}4 \cdot 10^{-5}\,\mathrm{m/d}$
2,4,6-Trichlorphenol $4 \cdot 10^{-5}\,\mathrm{m/d}$
Pentachlorphenol $2{,}3 \cdot 10^{-5}\,\mathrm{m/d}$
Hexachlorbenzol $2{,}83 \cdot 10^{-7}\,\mathrm{m/d}$
Benzo[a]pyren $1{,}67 \cdot 10^{-7}\,\mathrm{m/d}$
DEHP $1{,}83 \cdot 10^{-8}\,\mathrm{m/d}$
2,3,7,8-TCDD $6{,}6 \cdot 10^{-9}\,\mathrm{m/d}$

## Aufgaben zu Kapitel 8

Ausbreitung von Stoffen in der Luft

Berechnen Sie von Formaldehyd im Boxmodell AIR

8.1 Konzentration in der Box
8.2 Dosis in der Box (kg/a)
8.3 Deposition in der Box $\mathrm{kg/(m^2\ a)}$

Daten Formaldehyd: Dampfdruck $p = 5{,}177 \cdot 10^5$ Pa; molare Masse $M = 30$ g/mol; $K_{AW}$ $= 1{,}337 \cdot 10^{-5}$; Input 1 kg/d; Abbau unbekannt.

Box: Boxhöhe $z_0$ 500 m, Länge $x_0$ und Breite $y_0$ 1 000 m.
Windgeschwindigkeit 5 m/s (in x-Richtung), Niederschlag 2,1 mm/d, Partikeloberfläche $1{,}5\ 10^{-6}\ \mathrm{cm^2/cm^3}$, Deposition Partikel 10 mm/s, Deposition Referenzgas (M = 300 g/mol) 5 mm/s, Inhalation 20 $\mathrm{m^3/d}$.

Lösung Aufgabe 8.1

Grundgleichung 8.1: $C_0 = I / (u\ y_0\ z_0 + v_{dep}\ x_0\ y_0 + \lambda\ V)$

Abbau unbekannt $\rightarrow$ konservative Rechnung, $\lambda = 0$.

$I = 1$ kg/d, $u = 5$ m/s, $x_0 = y_0 = 1\ 000$ m, $z_0 = 500$ m.

Zunächst gesucht: $v_{dep}$

4 Möglichkeiten: Trockene und nasse Deposition jeweils gasförmig und partikelgebunden. Deshalb *zunächst Bestimmung des gasförmigen/partikulären Anteils*

$K_{gp} = p / (c\ A_p)$

mit $p = 5{,}177 \cdot 10^5$ Pa, $c = 17$ Pa cm, $A_p H = 1{,}5 \cdot 10^{-6}\ \mathrm{cm^2/cm^3}$ folgt

$K_{gp} = 5{,}177 \cdot 10^5 / (17 \cdot 1{,}5 \cdot 10^{-6}) = 2{,}0 \cdot 10^{10}$

Formaldehyd liegt also eindeutig nur gasförmig vor, denn

$$f_p = c_{par}/(c_{gas} + c_{par}) = (1 + K_{gp})^{-1} = 5 \cdot 10^{-11}$$

$f_p$: partikulärer Anteil

Es wird deshalb nur die gasförmige Deposition berücksichtigt:

$$v_{d,gas} = v_{d,gas}(ref) \cdot [M(ref)/M]^{0,5}$$

Gasförmige trockene Deposition

Mit $v_{d,gas}(ref) = 5\,mm/s$, $M(ref) = 300\,g/mol$ und $M = 30\,g/mol$ folgt

$$v_{d,gas} = 5\ mm/s \cdot [300/30]^{0,5} = 15,8\ mm/s = 15,8 \cdot 10^{-3}\,m/s.$$

Nasse Deposition vereinfacht (ohne Partikel):

$$v_w = P/(K_{AW} \cdot 8,64 \cdot 10^7)$$

P ist der Niederschlag (mm/d), $K_{AW}=1,337 \cdot 10^{-5}$; $1/8,64 \cdot 10^7$: Umrechnung mm/d in m/s

$$v_w = 2,1/(1,337 \cdot 10^{-5} \cdot 8,64 \cdot 10^7) = 1,818 \cdot 10^{-3}\,m/s.$$

Der Rechnung zufolge ist der wichtigste Depositionsprozeß von Formaldehyd also trocken, gasförmig, gefolgt von Deposition mit Niederschlägen.

Insgesamt ergibt sich für $v_{dep} = v_{d,gas} + v_w = 17,6 \cdot 10^{-3}\,m/s.$

Die Konzentration in der Box ist nun direkt berechenbar:

$$\begin{aligned}
C_0 &= I/(u\ y_0\ z_0 + v_{dep}\ x_0\ y_0) \\
&= 1\ kg/86400\ s/[5\ m/s \cdot 1\,000\ m \cdot 500m + 17,6 \cdot 10^{-3}\,m/s \cdot 1\,000\ m \cdot 1\,000\ m] \\
&= 4,6 \cdot 10^{-12}\,kg/m^3 = 4,6\ ng/m^3
\end{aligned}$$

Aufgabe 8.2 Dosis in der Box (kg/a):

$$D = i\ C_0$$

Mit $i = 20\ m^3/d = 7300\ m^3/a$ folgt

$$d = 4,6 \cdot 10^{-12}\,kg/m^3 \cdot 7300\ m^3/a = 3,35 \cdot 10^{-8}\,kg/a = 33,5\ \mu g/a$$

Aufgabe 8.3 Für die Gesamtdeposition in der Box $d\ kg/(m^2\ a)$ gilt:

$$d = v_{dep} \cdot C_0 = 17,6 \cdot 10^{-3}\,m/s \cdot 4,6 \cdot 10^{-12}\,kg/m^3$$

$$= 8,1 \cdot 10^{-14}\,kg \cdot m^{-2} \cdot s^{-1}$$

$$= 2,55 \cdot 10^{-6}\,kg \cdot m^{-2} \cdot a^{-1}$$

8.4 Weil Sie lange arbeiten, kaufen Sie regelmäßig Lebensmittel an der Tankstelle. Die Luft enthält Benzol ($50\ \mu g/m^3$). Beim Kauf einer Butter (250 g, Volumen etwa 0,3 Liter) überlegen Sie, ob ein erhöhtes gesundheitliches Risiko aufgrund von Benzolanreicherung in der Butter besteht .

a) Wie hoch ist die Gleichgewichtskonzentration in der Butter? Wieviel Benzol haben Sie mit der Butter (höchstens) gekauft? (log $K_{OW}$ Benzol = 2,1; $K_{AW}$ = 0,23); Butter = Oktanolähnlich.

*Lösung:*

$K_{Butter/Luft} = K_{OW}/K_{AW} = 547$

$C_{Butter} = 0,05 \text{ mg}/\text{m}^3 \cdot 547 = 27,4 \text{ mg}/\text{m}^3$

$m_{Butter} = 27,4 \text{ mg}/\text{m}^3 \cdot 0,3\text{e}{-}3 \text{ m}^3 = 8,2 \, \mu g$

b) Wieviel Benzol inhalieren Sie beim Kauf (12 min Dauer); Atem (12 min) = 0,2 m³.

Inhal = Atem $\cdot$ $C_{Luft}$ = 0,2 $\cdot$ 0,05 mg = 0,01 mg = 10 $\mu g$

c) Beantworten Sie die Frage nach dem erhöhten gesundheitlichen Risiko unter dem Aspekt, daß die Konzentration von Benzol in Stadtluft bis zu 10 $\mu g/\text{m}^3$ beträgt. Die Verunreinigung der Luft mit Benzol (hauptsächlich Verkehr !) ist wesentlich bedeutender. Ausgezeichnete Literatur hierzu: LAI 1992.

## Aufgaben zu Kapitel 9

9.1 Aufnahme aus dem Boden.

Nitrobenzol entsteht bei der Explosion von TNT. Es findet sich häufig auf militärischen Altlasten.
Die Konzentration von Nitrobenzol (log $K_{OW}$=1,85) in der trockenen Bodenmatrix betrage 5 ppm (5 mg Nitrobenzol/kg Trockenboden).

Daten: $K_d$ = 0,58 cm³ (Bodenlösung)/g (Trockenboden);
Kopfsalat: Transpiration 50 Liter in 50 Tagen (Vegetationszeit); Erntegewicht 1 kg.

a) Wie hoch ist die Konzentration in der Bodenlösung? Nach Gl. 4.6
$C_W = C_M/K_d$ = 5 mg/kg / 0,58 kg/l = **8,62 mg/l**

b) Wieviel Nitrobenzol wird von 1 kg Kopfsalat insgesamt aufgenommen? Gl. 9.4:
$m_{gesamt} = Q_W \cdot C_W \cdot t$ = 1 l/d $\cdot$ 8,62 mg/l $\cdot$ 50 d = **431 mg**

c) Wieviel davon wird in oberirdische Pflanzenteile verlagert? Gl. 9.5:
$m = m_{gesamt} \cdot \text{TSCF}$

TSCF nach Gl. 9.3: TSCF = $0,784 \cdot \exp\left[-(\log K_{OW} - 1,78)^2/2,44\right]$ = 0,7824

$\rightarrow$ m = 0,7824 $\cdot$ 431 mg = **337,2 mg**

ist die Aufnahme aus dem Boden in 50 Tagen in 1 kg oberirdische Pflanzenteile.

9.2 Aufnahme aus der Luft

Die Konzentration von Nitrobenzol in der Luft betrage 3 $\mu g/m^3$.

a) Wie hoch ist die Konzentration im Kopfsalat bei Gleichgewicht?
weitere Daten: Lipidgehalt 2%, Wassergehalt 80%, $K_{AW}$ 0,00061, Dichte 1 kg/l.
Nach Gl. 9.6 und 9.1, a=1,22, b = 0,95:

$$K_{LA} = K_{LW}/K_{AW} = \frac{0,02 \cdot 1,22 \cdot 70,8^{0,95} +0,8}{0,00061} \cdot 1/1 = 3600$$

$$C_{Kopfsalat} = C_A \cdot K_{LA} = 3\ \mu g/m^3 \cdot 3600 = 10,8\ mg/m^3 = \mathbf{10,8\ \mu g/kg}$$

b) Wie hoch ist die Konzentration nach 1 Stunde, 50 Tagen (Ernte)?

weitere Daten: Leitwert g = $3 \cdot 10^{-4}$ m/s, Blattfläche A=2 $m^2$, Gewicht = 1 kg, Volumen V = 1 Liter ($10^{-3}$ $m^3$), Wachstumsrate $\lambda_w$ = 0,23 $d^{-1}$ = $2.66 \cdot 10^{-6}$ $s^{-1}$, Abbau Halbwertszeit = 1,44 Tage, $\lambda$ = 0,48 $d^{-1}$ = $5,6 \cdot 10^{-6}$ $s^{-1}$.

Lösung mit Gleichung 9.11: $C_L(t) = b/a \cdot (1-e^{-at})$

mit a = $\lambda + \lambda_w + A \cdot g/(K_{LA} \cdot V_L)$ und b = $A \cdot g \cdot C_A/V_L$

a = $5,6 \cdot 10^{-6}$ $s^{-1}$ + $2,66 \cdot 10^{-6}$ $s^{-1}$ + $2 \cdot 0,0003$ / $(0,001 \cdot 3600)$ $s^{-1}$ = $1,75 \cdot 10^{-4}$ $s^{-1}$

b = $C_A \cdot A \cdot g/V_L$ = 3 $\mu g/m^3$ $\cdot$ 2 $m^2$ $\cdot$ 0,0003 m/s / 0,001 $m^3$ = 1,8 $\mu g \cdot m^{-3} \cdot s^{-1}$

stationär: b/a = 1,8 $\mu g \cdot m^{-3} \cdot s^{-1}$/ $1,75 \cdot 10^{-4}$ $s^{-1}$ = 10,3 $\mu g \cdot m^{-3}$ = **10,3 mg/kg**

t = 1 Stunde = 3600 s:
$C_L$(3600 s) = 10,3 mg/kg $\cdot$ $(1 - e^{-at})$ = **4,8 mg/$m^3$**

t = 50 Tage = $4,32 \cdot 10^6$ s:
$C_L$($4,32 \cdot 10^6$ s) = **10,3 mg/$m^3$** stationärer Zustand erreicht

9.3 Konkurrierende Aufnahme aus Luft und Boden

Berechnen Sie obiges Beispiel bei gleichzeitiger Aufnahme aus Luft und Boden für den stationären Zustand. Welchen Weg nimmt Nitrobenzol?

Wieder nach Gl. 9.11, mit b = $Q_W \cdot TSCF \cdot C_W/V_L + A \cdot g \cdot C_A/V_L = b_1 + b_2$

a = $1,75 \cdot 10^{-4}$ $s^{-1}$ (siehe Aufgabe 2b)

b = $b_1$ (Aufnahme aus dem Boden) + $b_2$ (Aufnahme aus der Luft) =

= $10^{-3}$ $m^3$/(86400 s) $\cdot$ 0,7824 $\cdot$ 8,62 $g/m^3$/($10^{-3}$ $m^3$)

+ 2 $m^2$ $\cdot$ 3 $\cdot$ $10^{-4}$ m/s $\cdot$ 3 $\cdot$ $10^{-6}$ $g/m^3$ /($10^{-3}$ $m^3$)

= 8 $\cdot$ $10^{-5}$ g/($m^3$ s)

$C_L$ = b/a = 8 $\cdot$ $10^{-5}$ g/($m^3$ s) / (0,000175 $s^1$) = 0,457 $g/m^3$ = **457 $\mu g/kg$**

$b_1$ ist sehr viel größer als $b_2$, das heißt Nitrobenzol wird überwiegend aus dem Boden aufgenommen (im Boden ist die Konzentration von NB auch erheblich höher). Aus den Blättern erfolgt dann Ausgasung in die Luft, denn

$$\frac{C_L}{C_A} = \frac{0{,}457 \ g/m^3}{3 \cdot 10^{-6} \ g/m^3} = 1{,}52 \cdot 10^5 \ \gg \ K_{LA} = 3600$$

Diffusion, und diese ist die treibende Kraft für die Ausgasung, geht immer in Richtung Gleichgewicht.

Wann wird der stationäre Zustand (95 %) erreicht (Gl. 9.12)?

$C_L(t)/C_L(\infty) = 0{,}95 \ \rightarrow \ 1-e^{-at} = 0{,}95 \ \rightarrow \ e^{-at} = 0{,}05 \ \rightarrow \ t = -\ln 0{,}05/a$
$t = 3{,}0/0{,}000175 \ s = 17 \ 143 \ s = 4{,}76 \ h$

## Aufgaben zu Kapitel 10

Berechnen Sie die Konzentration von 2,3,7,8-TCDD in der Milch von Xarne 60 Tage nach dem Unfall, wenn kein Abbau im Gras vorläge ($\lambda_1 = 0{,}0$).

$m_0 = 100 \ \mu g; \ \lambda_1 = 0{,}0 \ d^{-1}; \ k_{12} = 0{,}7 \cdot 50 \ kg/1 \ 0000 \ kg = 0{,}0035 \ d^{-1};$
$\lambda_2 = 0; \ k_{23} = \ln 2/40 \ d = 0{,}017 \ d^{-1}; \ \lambda_3 = 0.$

$$m_3 = k_{12} \, k_{23} \, m_0 \left\{ \frac{e^{-(k_{12}+\lambda_1)t}}{(\lambda_2+k_{23}-\lambda_1-k_{12})(\lambda_3-\lambda_1-k_{12})} + \frac{e^{-(k_{23}+\lambda_2)t}}{(\lambda_2+k_{23}-\lambda_1-k_{12})(\lambda_2+k_{23}-\lambda_3)} \right.$$

$$\left. + \frac{e^{-\lambda_3 t}}{(\lambda_3-\lambda_2-k_{23})(\lambda_3-\lambda_1-k_{12})} \right\}$$

Als Lösung ergibt sich für t = 60 d:

$m_{Gras} = 81 \ \mu g, \ m_{Xarne} = 11{,}66 \ \mu g, \ m_{Milch} = 7{,}27 \ \mu g$ (nach t=61 d: $m_{Milch} = 7{,}47 \ \mu g$)

Und daraus die Konzentrationen

$C_{Gras} = 81 \ \mu g/10 \ 000 \ kg = 8{,}1 \ ng/kg; \ C_{Xarne} = 11{,}66 \ \mu g/500 \ kg = 23{,}3 \ ng/kg$

$C_{Milch} = (7{,}47423 - 7{,}2752 \ \mu g)/25 \ l = 7{,}9 \ ng/l$

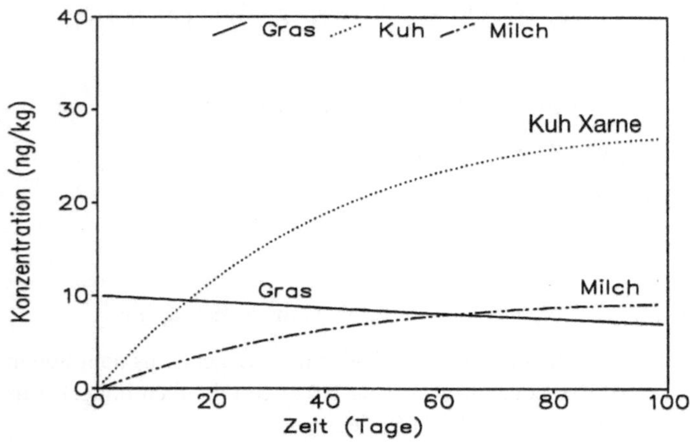


**Abb.** Lösung der Übungsaufgabe 10.

**Lösungen der Aufgaben zu Kapitel 11**

Unsicherheitsanalyse

Brodsky (1986) hat Wasserlöslichkeiten und Log $K_{OW}$ von 200 Stoffen auf verschiedene Art und Weise bestimmt. Für Benzol findet man bei ihm folgende Angaben:

Log $K_{OW}$ = 2,1 (Literaturwert)
Log $K_{OW}$ = 2,45 (Methode 1)
Log $K_{OW}$ = 2,28 (Methode 2)
Log $K_{OW}$ = 2,39 (Methode 3)
Log $K_{OW}$ = 2,26 (Methode 4)

Wasserlöslichkeit S $(kg/m^3)$
S = 1,65 (Literaturwert)
S = 0,95 (Methode 1)
S = 1,58 (Methode 2)
S = 1,15 (Methode 3)
S = 1,65 (Methode 4)

Schätzen Sie den $K_{OC}$ mit den Gleichungen von Karickhoff (Gl. 11.3), Schwarzenbach & Westall (Gl. 11.4), Kenaga und Goring (Gl. 11.5) und Chiou (Gl. 11.6) ab.

**11.1** Wie ist die maximal mögliche Schwankungsbreite des $K_{OC}$?

$K_{OC} = 0{,}411 \cdot K_{OW}$ (Karickhoff 1981)
$\log K_{OC} = 0{,}72 \cdot \log K_{OW} + 0{,}49$ (Schwarzenbach und Westall 1981)
$\log K_{OC} = 3{,}64 - 0{,}55 \log (S \cdot 1\,000)$ N= 106; $r^2 = 0{,}71$
$\log K_{OC} = -0{,}686 \log (S \cdot 1\,000) + 4{,}273$ (N = 22, $r^2 = 0{,}933$) *Chiou* et al. (1979):

| S | Koc1 Koc2 | 1,65 | 74,1966 | 116,361 |
|---|---|---|---|---|
| S | Koc1 Koc2 | 0,95 | 100,520 | 169,934 |
| S | Koc1 Koc2 | 1,58 | 75,9869 | 119,873 |
| S | Koc1 Koc2 | 1,15 | 90,4933 | 149,060 |
| S | Koc1 Koc2 | 1,65 | 74,1966 | 116,361 |
| logKow | Koc1 Koc2 | 2,1 | **51,7418** | 100,462 |
| logKow | Koc1 Koc2 | 2,45 | 115,836 | **179,473** |
| logKow | Koc1 Koc2 | 2,28 | 78,3144 | 135,394 |
| logKow | Koc1 Koc2 | 2,39 | 100,889 | 162,480 |
| logKow | Koc1 Koc2 | 2,26 | 74,7897 | 130,979 |

Ergebnis: **51,74 bis 179,47**

**11.2** Wie schnell ist die Wanderungsgeschwindigkeit $u_c$ von Benzol in einem Sandboden, der zwischen 1 % und 3 % OC enthält, 10 %–30 % Wassergehalt $\theta$, 30–50 % Gesamtporen $\varepsilon$, Bodendichte $\rho_B$ 1,2–1,4 $g/cm^3$, bei einer Fließgeschwindigkeit u des Wassers von 0,2 bis 2 cm/Tag, und einem $K_{AW}$ von 0,12 bis 0,5?

*Gleichungen:*

$$u_c = u \cdot f_w$$
$$f_w = \theta / [K_{MW} + \theta + (\varepsilon - \theta) \cdot K_{AW}]$$
$$K_{MW} = OC \cdot K_{OC} \cdot \rho_B / \rho_W$$

a) $u_c$ im ‚Schnitt' 0,055 cm/d
b) Maximale Spannbreite von $u_c$ 0,0025 cm/d bis 0,635 cm/d
c) Welcher Parameter trägt am meisten zur Spannbreite bei?

*Fließgeschwindigkeit u*

logisch, sieht man aber auch an der Korrelationsmatrix der Eingabedaten mit dem Ergebnis bei der Monte-Carlo-Analyse:

|            | uc      |
|------------|---------|
| u          | **0,612** |
| Koc        | -0,376  |
| OC         | -0,265  |
| θ          | 0,410   |
| ε          | -0,010  |
| ρ          | -0,055  |
| Kaw        | -0,030  |

11.3 Programmieren Sie die Gleichungen, so daß sie die Parameter zufällig (Rechteckverteilung) zwischen den genannten Bereichen variieren können.

Monte-Carlo-Analyse: Lesen Sie 7 mal 500 Zufallszahlen ein und variieren Sie 500 mal alle Parameter gleichzeitig in den angegebenen Bereichen. Stellen Sie das Ergebnis für $u_c$ grafisch dar. Kommt Ihnen die Kurve bekannt vor?

Histogramm von $u_c$ für 500 Ereignisse;
jedes * repräsentiert 5 Ereignisse

| Mittpunkt | Anzahl | |
|-----------|--------|---|
| 0, 0000   | 43     | ********* |
| 0, 0004   | 193    | ****************************************** |
| 0, 0008   | 133    | *************************** |
| 0,0012    | 67     | ************** |
| 0,0016    | 34     | ******* |
| 0,0020    | 19     | **** |
| 0,0024    | 7      | ** |
| 0,0028    | 2      | * |
| 0,0032    | 1      | * |
| 0,0036    | 0      | |
| 0,0040    | 1      | * |

Kurvenform erinnert an eine log-Normalverteilung

11.4  Wie hoch schätzen Sie die Wahrscheinlichkeit für $u_c$ > 1 Meter / Jahr?

*2 Lösungswege möglich*

a)  Test: logarithmieren der MC-Ergebnisse für $u_c$, Test auf Normalverteilung (ja, abh. vom Signifikanzniveau), Mittelwert = –3,2185, Standardabweichung = 0,3273

log $u_c$ (1m / a) = –2,5622 = –3,2185 + z · 0,3273; z = 2,005;
t-Verteilung == Normalverteilung für n = 500, also:

P(z > = 2,00) < 0,023 (ca. 2 %). (Vorsicht, Stichprobenfehler)

b)  Auch ablesbar aus dem Histogramm, wenn n sehr groß; Bsp.: n = 500 000, ergibt 4947 mal > 0,0027397, P = etwa 1 %.

Verwendeter Zufallszahlengenerator von P. L'Eculyer, C't (1994), Heft 5, S. 264

# Literaturverzeichnis


Abramowitz, M. und Stegun, I. (National Bureau of Standards, USA, 1972): Handbook of Mathematical Functions with Formulas, Graphs and Mathematical Tables. New York: John Wiley and Sons, 10. Auflage.

Aho, A.V.; Kernighan, B.W.; Weinberger, P.J. (1988): The AWK programming language. Addison-Wesley.

Aylward, G.H. (1981): Datensammlung Chemie in SI-Einheiten. Weinheim: Verlag Chemie, 2. Aufl.

Barrow, G.M. (1977): Physikalische Chemie III. Wien: Bohmann, 3. Auflage.

Bartsch, H.J. (1979): Mathematische Formeln. Leipzig: VEB, 17. Auflage.

BBA Biologische Bundesanstalt für Land- und Forstwirtschaft: Höchstmengenliste. 3. Auflage 1989, und Rückstandsliste. 4.Auflage, 1988.

Bear, J. (1972): Dynamics of Fluid in Porous Media. Amsterdam: Elsevier.

Bear, J. (1979): Hydraulics of Groundwater. New York: McGraw-Hill.

Behrendt, H., Matthies, M., Gildemeister, H., Görlitz, G. (1990): Leaching and Transformation of Glufosinate-Ammonium and its Main Metabolite in a Layered Soil Column. Environ. Toxicol. Chem. 9, S. 541-549.

Benedict, B.A. (1981): Modeling of Toxic Spills into Waterways. In Saxena, J. und Fischer, F. (Hrsg.): ‚Hazard Assessment of Chemicals – Current Developments Vol. 1‘. New York: Academic Press.

Benzler J.H.; Finnern H.; Müller, W.; Roeschmann, G.; Will, K.H.; Wittmann, O. (1982): Bodenkundliche Kartieranleitung. Bundesanstalt für Geowissenschaften und Rohstoffe und Geologische Landesämter in der Bundesrepublik Deutschland (Hsrg.), Hannover.

BGBl (1986): Verordnung über Trinkwasser und über Wasser für Lebensmittelbetriebe (Trinkwasserverordnung – TrinkwV) vom 22. Mai 1986 (Bundesgesetzblatt BGBl, Teil I, S. 760-773 vom 28.5.1986)

Biddleman, T.F. (1988): Atmospheric Processes. *Environ. Sci. Technol.* 22, S. 361-367.

Blume, H.P. (1990): Handbuch des Bodenschutzes. Landsberg, Lech: ecomed.

Bossel, H. (1992): Modellbildung und Simulation. Wiesbaden / Braunschweig: Vieweg.

Braun, M. (1983): Differentialgleichungen und ihre Anwendungen. Berlin: Springer.

Briggs, G.; Bromilow, R.; Evans, A. (1982): Relationships Between Lipophilicity and Root Uptake and Translocation of Non-ionised Chemicals by Barley. *Pestic.Sci.* 13, S. 495-504.

Briggs, G.; Bromilow, R.; Evans, A.; Williams, M. (1983): Relationships Between Lipophilicity and the Distribution of Non-ionised Chemicals in Barley Shoots Following Uptake by the Roots. *Pestic.Sci.* 14, S. 492-500.

Briggs, G.; Rigitano, R.; Bromilow, R. (1987): Physico-chemical Factors affecting Uptake by Roots and Translocation to Shoots of Weak Acids in Barley. *Pestic.Sci.* 19, S. 101-112.

Brodsky, J. (1986): Zusammenhang von Molekülstruktur und Retention in „reversed-phase"-HPLC-Systemen bei Chlorbenzolen und Polychlorbiphenylen. Dissertation an der Fakultät für Naturwissenschaften und Mathematik der Universität Ulm.

Brüggemann, R. und Trapp, S. (1989): Schadstoffausbreitung im Rhein – I: Sensitivitätsstudien und Konzentrationsabschätzungen zum Herbizid Mecoprop. *Deutsche Gewässerkundliche Mitteilungen* 33 (1), S. 24-26.

Brüggemann, R. und Altschuh, J. (1991): Validierung von Abschätzmethoden für physikalisch-chemische Eigenschaften organischer Substanzen. GSF-Bericht 34/91, München-Neuherberg. siehe auch:
Brüggemann, R.; Münzer, B.; Altschuh, J.: Abschätzung von expositionsrelevanten Substanzeigenschaften. GSF-Bericht 5/92, München-Neuherberg.

Bundesanzeiger Verlagsges. mbH Köln (1987): Richtlinie des Bundesministers für Umwelt, Naturschutz und Reaktorsicherheit zur Durchführung von Ausbreitungsrechnungen nach TA Luft mit dem Programmsystem AUSTAL86.

Burns, L.A.; Cline, D.M.; Lassiter, R.R. (1992): Exposure Analysis Modeling System (EXAMS): User Manual und System Documentation. EPA-600 /3-82-023, Environmental Protection Agency, Athens, Georgia.

Chiou, C.T.; Peters, J.L.; Freed, V.H. (1979), *Science* 206, S. 831 ff.

Churchill und Veith zitiert aus Lyman et al. (1990)

Crank, J. (1979): The Mathematics of Diffusion. London: Oxford University Press, 2.Auflage.

Doucette, W.J. und Andren, A.W. (1988): Estimation of Octanol/Water Partition Coefficients: Evaluation of six Methods for Highly Hydrophobic Aromatic Hydrocarbons. *Chemosphere* 17 (2), S. 345-359.

Dyck, S. und Peschke, G. (1983): Grundlagen der Hydrologie. Berlin: Ernst und Sohn.

Enquete-Kommission „Schutz des Menschen und seiner Umwelt – Bewertungskriterien und Perspektiven für umweltverträgliche Stoffkreisläufe in der Industriegesellschaft". Zwischenbericht 30.9.1993, Bundestagsdrucksache 12/5812.

Feher, J.; Genuchten, M.Th. van; Nemeth, T. (1991): Nitrogen Leaching from Agricultural Soils – A Compariosn of Measured and Computer-Simulated Results. In L.C. Wrobel und C.A. Brebbia (Hrsg.): ‚Water Pollution: Modelling, Measuring and Prediction'. Southhampton: Computational Mechanics Publications sowie Amsterdam: Elsevier Applied Science.

Fischer, H.B.; List, E.J.; Koh, R.C.Y.; Imberger, J.; Brooks, N.H. (1979): Mixing in Inland and Coastal Waters. New York: Academic Press.

Forsythe, G.F. und Wasow, R.W. (1960): Finite-Difference Methods for Partial Differential Equations. New York: John Wiley and Sons.

Fürst, P. (1995): Aufnahme von Dioxinen und Phthalaten durch den Menschen. In Kreysa, G.; Wiesner, J.; DECHEMA (Hrsg.): Kriterien zur Beurteilung organischer Bodenkontaminationen: Dioxine (PCDD/F) und Phthalate. Frankfurt a.M.: DECHEMA.

GDCh Gesellschaft Deutscher Chemiker (Hrsg., 1988): Altstoffbeurteilung. Bezug bei: GDCh-Geschäftsstelle, Postfach 900440, Varrentrappstraße 40-42, Frankfurt am Main.

Genuchten, M.Th. van und Alves, W.J. (1982): Analytical Solutions of the One-Dimensional Convective-Dispersive Solute Transport Equation. U.S. Department of Agriculture Technical Bulletin No.1661, 1982.

Graedel, T.E.; Hawkins, D.F; Claxton, L.D. (1986): Atmospheric Chemical Compounds. London: Academic Press.

Hamaker J.W. und Thompson, J.M. (1972): Adsorption. In Goring, C.A.I. und Hamaker, J.W. (Hrsg.): ‚Organic Chemicals in the Soil Environment'. New York: marcel dekker.

Hermann, R. (1984): Einführung in die Hydrologie. Stuttgart: Teubner.

Holleman, A.F. (1976): Lehrbuch der anorganischen Chemie / Holleman-Wiberg. Begr. von A.F. Holleman, 81.-90. Aufl. von Egon Wiberg. Berlin: de Gruyter.

Huber, B. (1956): Die Saftströme der Pflanze. Berlin: Springer.

Huston, J.L. und Wagenet, R. J. (1992): LEACHM Leaching Estimation and Chemistry Model. Cornell Univ. Ithaca.

IKSR – Internationale Kommission zum Schutze des Rheins gegen Verunreinigung (1987): Tätigkeitsbericht 1986. Postfach 309, Koblenz.

Isnard, P. und Lambert, S. (1988): Estimating Bioconcentration Factors from Octanol-Water Partition Coefficients and Aqueous Solubility. *Chemosphere* 17 (1) S. 21-34.

Jacob, F.; Jäger, E.; Ohmann, E. (1987): Botanik. Stuttgart: Gustav Fischer, 3.Auflage.

Jacquez, J.A. (1972): Compartmental Analysis in Biology and Medicine. Amsterdam: Elsevier.

Junge, C.E. (1975): Basic Considerations About Trace Constituents in the Atmosphere as related to the Fate of Global Pollutants. In Suffett, I.H. (Hrsg.): ‚Fate of Pollutants in the Air and Water Environments' New York: Wiley, S. 7-26.

Jury, W.A.; Spencer, W.F.; Farmer, W.J. (1983): Behavior Assessment Model for Trace Organics in Soil: I. Model Description. *J. Environ. Qual.* 12 (4), 558-564; + Erratum (1987) 16 (4), 448. auch:
Jury W.A.; Spencer, W.F; Farmer, W.J. (1983): Use of Models for Assessing Relative Volatility, Mobility, and Persistence of Pesticides and Other Trace Organics in Soil Systems. In Saxena, J. (Hrsg.): ‚Hazard Assessment of Chemicals Vol. 2'. New York: Academic Press.

Karickhoff, S. W. (1981): Semi-Empirical Estimation of Sorption of Hydrophobic Pollutants on Natural Sediments and Soils. *Chemosphere* 10, S. 833-846.

Kenaga , E.E. und Goring, C.A.L(1980), zitiert in Lyman et al. 1990.

Kerler, F. und Schönherr, J. (1988): Permeation of lipophilic chemicals across plant cuticles: prediction from partition coefficients and molar volumes. *Arch.Environ.Contam.Toxicol.* 17, S. 7-12.

KHR Internationale Kommission für die Hydrologie des Rheingebietes (1991): Rheinalarmmodell Version 2.0 – Kalibrierung und Verifikation. Bericht Nr. II-4 der KHR, Koblenz (BRD) und Lelystad (NL).

Kinzelbach, W. (1992): Numerische Methoden zur Modellierung des Transports von Schadstoffen im Grundwasser. München: Oldenbourg, 2. Auflage.

Kuchling, H. (1981): Taschenbuch der Physik. Thun und Frankfurt am Main: Harri Deutsch, 3. Auflage.

LAI Länderausschuß für Immissionsschutz (1992): Krebsrisiko durch Luftverunreinigungen. Ministerium für Umwelt, Raumordnung und Landwirtschaft des Landes Nordrhein-Westfalen (Hg.).

Liss, P.S. und Slater, P.G. (1974): Flux of Gases across the Air-Sea Interface. *Nature* 274, 181.

LWA Landesanstalt für Wasser und Abwasser Nordrhein-Westfalen (1987): Gewässergütebericht 1986. LWA Auf dem Draap 25, Düsseldorf.

Lyman, W.; Reehl, W.; Rosenblatt, D. (1990): Handbook of Chemical Property Estimation Methods. New York: McGraw-Hill.

Mackay, D. (1979): Finding fugacity feasible. *Environ.Sci.Technol.* 13, S. 1218-1223.

Mackay, D. und Paterson, S. (1981): Calculating Fugacity. *Environ.Sci.Technol.* 15 (9), S. 1006-1014.

Mackay, D. und Yeun, A.T.K. (1980): Volatilization Rates of Organic Contaminants from Rivers. *Water Poll. Res. J. of Canada* 15, S. 83ff.

Mackay, D. und Yeun, A.T.K. (1983): Mass Transfer Coefficients for Organic Solutes from Water. *Environ.Sci. Technol.* 17, S. 211 ff.

Mackay, D.; Paterson, S. ; Cheung, B.; Nealy, W. (1985): Evaluation of the Environmental Behavior of Chemicals with a Level III Fugacity Model. *Chemosphere* 14 (3/4), S. 335-375.

Mackay, D.; Paterson, S. ; Schroeder, W.H. (1986): Model Describing the Rates of Transfer Processes of Organic Chemicals between Atmosphere and Water. *Environ.Sci.Technol.* 20, S. 810-816.

Mackay, D. (1991): The Fugacity Approach. Multimedia Environmental Models. Michigan: Lewis Pub.

Mackay, D.; Paterson, S. ; Shiu, W.Y. (1992): Generic Models for Evaluating the Regional Fate of Chemicals. *Chemosphere* 24 (6), S. 695-717.

Matthies M.; Behrendt, H.; Münzer B. (1987): EXSOL Modell für den Transport und Verbleib von Stoffen im Boden. GSF-Bericht 23/87, München-Neuherberg.

Matthies, M. (1991): Expositionsmodelle. *UWSF-Umweltchem.Ökotox.* 3, S. 37-41.

Matthies, M.; Brüggemann, R.; Trapp, S. ; Münzer, B.; Staehle, B.; Trapp, M. u. a. (1992): Methoden zur Früherkennung von Boden- und Gewässerbelastungen. Teil II: Expositionsanalyse für Chemikalien in Gewässern. Bericht an das BMFT, August 1992.

Matthies, M.; Baumgarten, G.; Reiter, B.; Scheil, S. ; Schwartz, S. ; Trapp, S. ; Wagner, J.-O. (1994): CemoS – Eine objekt-orientierte Software zur Expositionsmodellierung. Eco-Informa-,94 Band 7, Umweltbundesamt Wien, S. 391-404.

Mauseth, J.D. (1988): Plant Anatomy. Menlo Park, California: The Benjamin / Cummings Publishing Company.

Mazjik, A. van (1987): Die Dispersion von Stoffen im Rhein und ihre Konsequenzen für die Gewässerschutzpolitik. Bericht von der 11. Arbeitstagung der internationalen Arbeitsgemeinschaft der Wasserwerke im Rheineinzugsgebiet; NL, Amsterdam, Postfach 8169.

McLachlan, M. (1992): Das Verhalten hydrophober chlororganischer Verbindungen in laktierenden Rindern. Dissertation an der Universität Bayreuth, Fakultät für Biologie, Chemie, Geowissenschaften.
auch: McLachlan, M. (1994): Model of the Fate of Hydrophobic Contaminants in Cows. *Environ. Sci. Technol.* **28**, S. 2407-2414.

Millington, R.J. und Quirk, J.M. (1961): Permeability of Porous Solids. *Trans. Faraday Soc.* **57**, S. 1200-1207.

Mitchell, A.R. und D.F. Griffiths (1980): The Finite Difference Method in Partial Differential Equations. Chichester: John Wiley & Sons.

Monin und Yaglom sind zitiert in: Trapp und Brüggemann (1988).

Müller, S. (1989): Die Simulation von Stoßbelastungen in Fließgewässern. *gwf Wasser-Abwasser* **130** (12), S. 631-637.

Netter, H. (1951): Biologische Physikochemie. Potsdam: Akademische Verlagsgesellschaft Athenaion.

Nirmalakhandan, N.N. und Speece, R.E. (1988): QSAR Model for Predicting Henry's Constant. *Environ.Sci.Technol.* **22**, S. 1349-1357.

Persicani, D. (1993): Atrazine leaching into groundwater: comparison of five simulation models. *Ecological Modelling* **70**, S. 239-261.

Peters, K. und Eiden, R. (1992): Modeling the Dry Deposition Velocity of Aerosol Particles to a Spruce Forest. *Atmospheric Environment* **26a** (14), S. 2555-2564.

Reichert, P. und Wanner, O. (1987): Simulation of a severe case of pollution of the Rhine river. In: ‚Proceedings of the Twelfth Congress of the International Association of Hydraulic Research', Littleton: Water Ressources; S. 239-244.

Richter, J. (1986): Der Boden als Reaktor. Modelle für Prozesse im Boden. Stuttgart: Enke.

Richter, J. (1990): Models for Processes in Soil. Catena.

Richter, O. (1985): Simulation des Verhaltens ökologischer Systeme. Weinheim: Verlag Chemie.

Rigitano, R.; Bromilow, R.; Briggs, G.; Chamberlain, K. (1987): Phloem Translocation of Weak Acids in Ricinus Communis. *Pestic.Sci.* **19**, S. 113-133.

Rippen, G. (1992 bis 1995): Handbuch Umweltchemikalien. Landsberg, Lech: ecomed; ständig aktualisierte Ausgabe.

Rordorf, B.F. (1992): persönliche Mitteilung

Sachs, L. (1992): Angewandte Statistik. Berlin: Springer, 7. Auflage.

Samenwerkende Rijn- en Maaswaterleidingbedrijven (1987): De samenstelling van het Rijnwater in 1986 en 1987. RIWA, Postfach 8169, Amsterdam, NL.

SAMS Screening Assessment Model System. Matthies, M.; Brüggemann, R.; Münzer, B. (1992) im Auftrag der OECD Paris und des UBA Berlin.

Schachtschabel, P.; Blume, H.-P.; Brümmer, G.; Hartge, K.-H.; Schwertmann, U. (1989): Scheffer / Schachtschabel Lehrbuch der Bodenkunde. Stuttgart: Enke, 12. Auflage.

Schlegel, H.G. (1981): Allgemeine Mikrobiologie. Stuttgart: Thieme.

Schönherr, J. und Riederer, M. (1989): Foliar Penetration and Accumulation of Organic Chemicals in Plant Cuticles. Reviews of Environmental Contamination and Toxicology. New York: Springer.

Schwarzenbach, R. und Westall, J. (1981): Transport of Nonpolar Organic Compounds from Surface Water to Groundwater: Laboratory Sorption Studies. *Environ.Sci.Technol.* 15, S. 1360-1367.

Shone, M. und Wood, A. (1974): A Comparison of the Uptake and Translocation of Some Organic Herbicides and a Systemic Fungicide by Barley. I. Absorption in Relation to Physico-Chemical Properties. *Journal of Experimental Botany* 25, S. 390-400.

Southworth, G.R. (1979): The Role of Volatilization in Removing Polycyclic Aromatic Hydrocarbons from Aquatic Environments. *Bull.Environ.Contam.Toxicol.* 21, S. 507-514.

Suzuki, T. und Kudo, Y. (1990): Automatic log P estimation based on combined additive modeling methods. *Journal of Computer-Aided Molecular Design* 4, S. 155-198.

TA-Luft (1986): Technische Anleitung zur Reinhaltung der Luft
GMBl, S. 95. In: Handbuch des Umweltschutzes (Hrsg. Vogl, Heigl, Schäfer) Band II – 2, Anlage 3.1. Landsberg, Lech: ecomed.

Teuber, W. und Wander, K. (1987): Fließzeiten im Rhein aus Flügelmessungen. Bundesanstalt für Gewässerkunde, Koblenz.

Thompson, N. (1983): Diffusion and Uptake of Chemical Vapour Volatilising from a Sprayed Target Area. *Pestic. Sci.* 14, S. 33-39.

Tinsley, I. (1979): Chemical Concepts in Pollutant Behaviour. New York: John Wiley and Sons.

Trapp, S. und Brüggemann, R. (1988): Untersuchung der Ausgasung leichtflüchtiger Substanzen aus mitteleuropäischen Fließgewässern mit dem Fließgewässermodell EXWAT. *Deutsche Gewässerkundliche Mitteilungen* 32 (3), S. 79-85.

Trapp, S. und Brüggemann, R. (1989): Schadstoffausbreitung im Rhein – II: Untersuchungen zu Transport und Ausgasung des Lösungsmittels 1,2-Dichlorethan. *Deutsche Gewässerkundliche Mitteilungen* 33 (3/4), S. 82-85.
Siehe dazu aber auch:
Brüggemann, R.; Trapp, S. ; Matthies, M. (1991): Behavior Assessment of a volatile chemical in the Rhine river. *Environmental Toxicology and Chemistry* Vol. 10, S. 1097-1103.

Trapp, S. ; Matthies, M.; Scheunert, I.; Topp, E.M. (1990): Modeling the Bioconcentration of Organic Chemicals in Plants. *Environ. Sci. Technol.* 24 (8), S. 1246-1251.

Trapp, S. und Pussemier, L. (1991): Model Calculations and Measurements of Uptake and Translocation of Carbamates by Bean Plants. *Chemosphere* 22 (3-4), S. 327-339.

Trapp, S. (1992): Modellierung der Aufnahme anthropogener organischer Substanzen in Pflanzen. Dissertation vorgelegt an der Fakultät für Bio/Chemie/Geowissenschaften der Technischen Universität München.

Trapp, S. und Matthies, M. (1994): Transfer von PCDD/F und anderen organischen Umweltchemikalien im System Boden/Pflanze/Luft- II.Ausgasung aus dem Boden und Pflanzenaufnahme. *UWSF-Z.Umweltchem.Ökotox.* 6 (3), S. 157-163.

Trapp, S. ; Rantio, T.; Paasivirta, J. (1994): Fate of Pulp Mill Effluent Compounds in a Finnish Watercourse. *Environ. Sci. & Poll. Res.* 1 (4), S. 246-252.

Trapp, S. und Mc Farlane, J.C. (Hrsg., 1994): Plant Contamination – Modeling and Simulation of Organic Chemicals Processes. Boca Raton: Lewis Pub.
Mit Beiträgen von S. Trapp, C. Mc Farlane, R.H. Bromilow, K. Chamberlain, D. Komoßa, C. Langebartels, H. Sandermann jr., M. Riederer, S. Paterson, D. Mackay, M. Matthies und H. Behrendt.

Trapp, S. und Matthies, M. (1995): Generic One-Compartment Model for Uptake of Organic Chemicals by Foliar Vegetation. *Environ. Sci Technol.* 29, 2333-2338.

Trapp, S. und Harland, B. (1995): Field test of Volatilization Models. *Environ. Sci. & Poll. Res.*, 2 (3), 163-169.

Trenkle R., Münzer B. (1987): EXAIR – Analytisches Transportmodell für die atomosphärische Mischungsschicht. GSF-Bericht 31/87, München-Neuherberg.

Unbehauen, R. (1990): Systemtheorie. München: Oldenbourg, 5. Aufl.

Vogt, S. (1980): Vierparametrige Ausbreitungsstatistik als Berechnungsgrundlage der langzeitigen Schadstoffbelastung in der Umgebung eines Emittenten, KfK Karlsruhe.

Weast, R.C. und Astle, Ph.D. (Hrsg., 1983): CRC Handbook of Chemistry and Physics. Boca Raton: CRC Press, 63. Auflage.

Wenzel, H. (1987): Mathematik für Ingenieure, Naturwissenschaftler, Ökonomen und Landwirte. Heft 7/1 Gewöhnliche Differentialgleichungen. Leipzig: BSB B.G. Teubner.

Whelpdale, D.M. (1982): Wet and Dry Deposition. In Georgii, H.W. und Jaeschke, W.: ‚Chemistry of the Unpolluted and Polluted Troposphere'. D. Reidel Publ.

Westrich, B. (1988): Fluvialer Feststofftransport – Auswirkung auf die Morphologie und Bedeutung für die Gewässergüte. München: Oldenbourg.

Whitman W.G. (1923): A preliminary experimental confirmation of the two-film theory of gas adsorption. *Chem.Metall.Eng.* **29** S. 146-148.

Wolff, C.J.M. und van der Heijde, H.B. (1982): A Model to Assess the Rate of Evaporation of Chemical Compounds from Surface Waters. *Chemosphere* **11** (2), S. 103-117.

Yalkowski, S. H. und Valvani, S. C. (1980), *J.Pharm.Sci.* **69**, S. 912-922.

Ziegler, H. (1984): Weg der Schadstoffe in die Pflanze. In Hock, B. und Elstner, E.F. (Hrsg.): Pflanzentoxikologie: der Einfluß von Schadstoffen und Schadwirkungen auf Pflanzen. Mannheim, Wien, Zürich: Bibliographisches Institut.

# CemoS Handbuch

für Programmversion 1.0

Guido Baumgarten
Bernhard Reiter
Sven Scheil
Stefan Schwartz
Jan-Oliver Wagner

# Inhaltsverzeichnis Cemos Handbuch

# 1
# Vorbemerkungen

Bei der Entwicklung von CemoS wurden eine ganze Reihe von Zielvorstellungen erfüllt. Grundsätzlich sollte ein Programm zur Ausbreitungsabschätzung von Chemikalien in der Umwelt für die Lehre, aber auch für die Forschung geschaffen werden. Aufgrund der Analyse von fast einem Dutzend bereits existierender Programme kristallisierten sich allerdings eine ganze Reihe von Anforderungen heraus, die CemoS erfüllen mußte.

Für die Transparenz von Modellrechnungen ist eine vollständige Nachvollziehbarkeit notwendig. Dies beinhaltet sowohl die Offenlegung jeder von CemoS durchgeführten Rechnung als auch die Beschreibung eingegebener oder bereitgestellter Daten. Weiterhin mußte jede Eingabe einer Plausibilitätsprüfung unterzogen werden, um unsinnige und unmögliche Daten, soweit möglich, zu erkennen. Es wurden mehrere Modelle unter einer einheitlichen Oberfläche zusammengefaßt. Dahinter steht das Ziel der gemeinsamen Nutzung von Resourcen und Wissen, wie zum Beispiel von Substanzdaten oder vielfach verwendeten Prozessen. Auf der mathematischen Seite wurde außerdem versucht, Prozesse von den Modellen loszulösen, sowie analytischen Lösungen eines Modells den Vortritt zu geben. Am Ende stehen, neben der obligatorischen Benutzerfreudlichkeit, die Forderungen nach Mehrsprachigkeit und einer möglichst variablen Schnittstelle zu anderen Programmen.

Für die Oberfläche wurde allein aufgrund des Bekanntheits- und Verbreitungsgrades Turbo Vision für DOS der Firma Borland verwendet. Alle Modelle wurden auf die Mathematik hin ausgiebig überprüft, bevor sie in CemoS implementiert wurden. Der Forderung nach Nachvollziehbarkeit wurde durch drei Entscheidungen Rechnung getragen. Erstens ist das Handbuch identisch mit der Online-Hilfe und alle Rechenschritte inklusive Einheiten etc. sind enthalten. Zweitens ist jede Eingabe direkt kommentierbar und drittens wird Protokoll über alle auftauchenden Hinweise/ Warnungen/Fehler einer Modellrechnung geführt.

Vor der eigentlichen Programmentwicklung wurde eine objektorientierte Analyse mit dem Sharewaretool OOTher durchgeführt. Für die Implementation wurde Borland Pascal 7.0 benutzt. Um alle Quelldateien von den einzelnen Entwicklern geordnet zu bearbeiten und zu gewährleisten, daß jede von CemoS enstandene Version erzeugbar bleibt, wurde das von Unix bekannte Tool RCS (Revision Control System) verwendet.

Für eine sehr weitgehende Identität des Handbuches und der Online-Hilfe sorgte das T$_E$Xinfo-Paket. Schließlich fanden noch einige andere Unix-Tools wie awk oder sed Verwendung.

Weiteres siehe unter → Technische Anmerkungen [Seite 269].

Wir danken der European Science Foundation (ESF) für ihre Unterstützung.

# 2
# Tutorial

Das Tutorial soll dazu dienen, dem neuen und unerfahrenen Benutzer anhand eines kompletten Programmlaufes die Arbeit mit dem Programm zu veranschaulichen. Das Tutorial hat dabei keineswegs den Anspruch, auf alle Detailfunktionen des Programmes einzugehen. Die übrigen Kapitel sollen durch das Tutorial nicht ersetzt werden, es dient dazu, dem neuen Benutzer einen schnellen Einstieg in das Programm zu ermöglichen.

Nachdem das Programm aufgerufen wurde, erscheint der Eingangsbildschirm mit dem Informationsdialog. Dieser Dialog informiert über die Versionsnummer des Programmes und stellt die Adressen für evtl. Rückmeldungen (bei Programmfehlern o.ä.) bereit.

Bevor man ein Modell auswählt, welches man zur Simulation benutzen möchte, sollte man sich genaue Aufzeichnungen über die realen Gegebenheiten, die man simulieren will, machen. Dies dient dazu, daß man für das zu simulierende Szenarium auch das richtige Modell auswählt und daß später bei den Parametereingaben die richtigen Werte vorhanden sind. Der erste Schritt, den man macht, ist die Auswahl des → Untermenüs Aktives Modell [Seite 191]. Aus dem erscheinenden Untermenü wählt man das Modell aus, das dem zu simulierenden Problem entspricht. Für das Tutorium soll das Modell Water verwendet werden. Beim Programmstart ist das Modell Air vorausgewählt. Abzulesen ist dies auch im Programmstatusfenster. Wählen Sie nun das Modell Water aus.

Als nächstes wählt man die Substanz aus, die in der Simulation verwendet werden soll. Dies geschieht über den → Menübefehl Substanz laden [Seite 189]. Der darauf erscheinende Dialog zeigt den Inhalt der aktuellen Datenbank an. Als aktuelle Datenbank ist die STDSUB.DAB im aktuellen Verzeichnis eingestellt. Mit Hilfe des → Untermenüs Datenbank [Seite 190], das Teil des Substanzmenüs ist, läßt sich bei Bedarf die Substanzdatenbank manipulieren. Um nun mit dem Tutorial fortzufahren, wählen wir die Substanz Pentachlorophenol aus. Dazu genügt es, mit der Maus einen Doppelklick auf den Substanznamen auszuführen. Eine andere Möglichkeit, die Substanz anzuwählen, ist, mit Hilfe des Knopfes Suchen in der Datenbank nach einer Zeichenfolge in den Substanznamen zu suchen. Die Substanzdaten werden nun geladen und der Substanzname erscheint im Programmstatusfenster. Es erscheint außerdem der Hinweis, daß zwei Modellparameter evtl. neu eingegeben werden müssen. Solche Hinweise erscheinen immer beim Wechsel der Substanz, wenn Modellparameter indirekt von Substanzdaten abhängen. Diesen Hinweis können wir ruhig an dieser Stelle übergehen.

Bevor die Simulation gestartet werden kann, müssen die Modellparameter an die realen Gegebenheiten angepaßt werden. Dazu aktiviert man den Eingabedialog mit dem → Menübefehl Parametereingabe [Seite 191]. Die Eingabefelder für den $K_d$ und für die Volatilitätsrate zeigen den Wert „unbekannt" an. Damit die Simulation gestartet werden kann, müssen für diese Parameter reale Werte eingetragen werden. Dies kann durch Eintippen des gewünschten Wertes geschehen. Wir wollen hier aber eine andere Methode wählen, um diese Felder zu füllen, nämlich die Abschätzung eines Parameters mit Hilfe einer → Abschätzfunktion, [Seite 253]. Dazu wählen wir die Eingabezeile $K_d$ an (z.B. durch gleichzeitiges Drücken der Tasten Alt und d). Wenn die Eingabezeile $K_d$ ausgewählt ist, wird der Knopf Abschätzen in der unteren Zeile des Dialoges anwählbar. Dies erkennt man an dem Farbwechsel des Knopfes. Durch Betätigen des Knopfes Abschätzen wird ein Dialog sichtbar, der dem Benutzer eine Liste von Abschätzfunktionen zur Verfügung stellt. Für den Parameter $K_d$ ist dies nur eine, die durch Doppelklicken auf den Namen ausgewählt wird. Der Knopf Details, der ebenfalls in dem Dialog vorhanden ist, öffnet die Online-Hilfe mit Erklärungen zu der markierten Abschätzfunktion. Nachdem der Dialog beendet wurde, erscheint in dem Eingabefeld $K_d$ der durch die Abschätzfunktion berechnete Wert.

Dieser Wert ist über die Abschätzfunktion mit dem pH-Wert verknüpft. Dies bedeutet, wenn man den pH-Wert von den vorgegebenen 6 auf 7 ändert, wird sich der Wert für den $K_d$ automatisch anpassen. Diese Verknüpfung bleibt solange bestehen, bis der Wert für den $K_d$ manuell überschrieben wird.

Für die Volatilitätsrate aktivieren wir ebenfalls die erste Abschätzfunktion. Damit haben wir alle Eingabeparameter mit einem Wert versehen und können den Dialog mit dem Knopf Ok schließen.

Gestartet werden kann jetzt mit der Taste F9 oder dem → Menübefehl Simulation starten [Seite 192]. Da in unserem Fall alle Parameter korrekt eingegeben wurden, erscheinen die Ergebnisfenster auf der Arbeitsoberfläche.

Mit der Taste F6 oder durch Betätigen der rechten Maustaste kann man die übereinanderliegenden Fenster der Reihe nach in den Vordergrund bringen. Falls man über eine EGA- oder VGA-Grafikkarte verfügt, kann man mit dem Befehl „50 Zeilen" des Menüs „Oberfläche" die Anzahl der Zeilen auf dem Bildschirm verdoppeln, um mehrere Ausgabefenster nebeneinander betrachten zu können. Eine Liste mit Simulationsergebnissen in hochauflösender Grafik wird bereitgestellt durch den → Menübefehl Grafik anzeigen [Seite 192]. Hier kann man wieder durch Doppelklicken auf den gewünschten Ergebnistitel zur hochauflösenden Grafik umschalten. Diesen Darstellungsmodus kann man durch einen beliebigen Tastendruck beenden.

Nehmen wir an, Sie benötigen die Zusammenfassung der durchgeführten Simulation als Ausdruck sowie eine Darstellung des Water-Diagrammes über gnuplot. Hierfür wählt man den → Menübefehl Exportieren als [Seite 188] des Menüs Programm und gibt einen entsprechenden Dateinamen, z.B. TEST ein. Alle Daten sind nun in der Datei TEST.MIF im MIF-Format gespeichert.

Verlassen Sie nun CemoS und speichern Sie die Änderungen des Szenarios nicht ab. Geben Sie auf der DOS-Ebene das Kommando REPORTF TEST.MIF TEST.PRT ein, um einen vollständigen, deutschen Report der Modellrechnung in die Datei TEST.PRT zu scheiben. Diese Text-Datei können Sie nun einfach zum Drucker schikken.

Wenn bei Ihnen gnuplot installiert ist, brauchen Sie nur auf der DOS-Ebene den Befehl PLOT TEST.MIF einzugeben um das Konzentrationsdiagramm grafisch angezeigt zu bekommen. Ein Vorteil von gnuplot ist z.B. der, daß von dort aus (ggf. automatisch) die Graphen im Postscript-Format ausgegeben werden können.

Damit wollen wir den kleinen „Rundgang" durch CemoS abschließen. Dabei sind sicher einige Fragen zu den Funktionen des einen oder anderen Knopfes übergeblieben, die aber jederzeit durch Aktivieren der kontextsensitiven Online-Hilfe (z.B. mit der Taste F1) geklärt werden können.

Viel Spaß und viel Erfolg bei der Arbeit mit CemoS!

# 3
# Oberfläche

## 3.1
## Hilfe

CemoS bietet eine kontextsensitive Hilfe. Außer bei der Darstellung der hochauflösenden Grafik bekommen Sie an jeder Stelle des Programms mit der Taste F1 den entsprechenden Hilfebildschirm. Zugriff auf spezielle Hilfebildschirme bekommen Sie außerdem noch über das → Menü Hilfe [Seite 195].

In einem Hilfefenster bekommen Sie in Textform Hinweise zu einem bestimmten Thema. In allen Hilfetexten sind einige Worte hervorgehoben. Dies sind Querverweise. Einen solchen Querverweis können Sie mit der Maus oder mit den Tasten Tab und Enter auswählen. Sie gelangen dann zu einem weiteren Hilfebildschirm, in dem das Thema des hervorgehobenen Wortes erläutert wird. Jeder Hilfebildschirm hat ein bis drei Querverweise standardmäßig am oberen Rand des Bildschirms. Mit Hilfe dieser Querverweise können Sie sich durch die Baumstruktur des Hilfesystems durchhangeln. Mit dem Verweis „Hoch" kommen Sie immer eine Ebene höher, zu dem Oberbegriff, unter dem der aktuelle Hilfebildschirm sitzt. Mit den evtl. vorhandenen beiden Verweisen „Rechts" und „Links" können Sie zu verwandten Themen wechseln, die das gleiche Oberthema besitzen wie der aktuelle Hilfebildschirm.

Wie Sie in der Statuszeile am unteren Bildschirmrand erkennen können, stehen Ihnen noch weitere Tasten zur Verfügung, um sich in der Hilfe zu bewegen. Mit F1 bekommen Sie genau diesen Hilfebildschirm. Somit können Sie, wann immer Sie es benötigen, Hinweise zur Bedienung der Hilfe bekommen. Mit Strg+F1 gelangen Sie zum Inhaltsverzeichnis der Hilfe. Von da können Sie sich dann themenspezifisch durch die Hilfe hangeln. Mit Umschalt+F1 gelangen Sie zum Index. Falls Sie Hilfe zu einem bestimmten Stichwort suchen, können Sie sich über den alphabetisch sortierten Index Hilfebildschirme zu dem Thema anzeigen lassen. Mit Alt+F1 gelangen Sie zu dem Hilfebildschirm zurück, der angezeigt wurde, bevor Sie zu dem aktuellen Hilfebildschirm wechselten. Von dem Zeitpunkt an, wo Sie die Hilfe aufrufen, wird die Abfolge der Hilfebildschirme gespeichert. Somit können Sie bis zum ersten Hilfebildschirm zurückgelangen. Diese Aufzeichnung dauert allerdings nur so lange, bis Sie die Hilfe verlassen und zum Programm zurückkehren. D.h. bei jedem erneutem Aufruf der Hilfe vom Programm aus beginnt die Aufzeichnung von neuem.

Möchten Sie die Hilfe beenden und zum Programm zurückkehren, so brauchen Sie lediglich die Esc-Taste zu betätigen oder das Schließfeld links oben im Fensterrahmen mit der Maus anzuklicken.

## 3.2
## Bedienung mit der Maus

Mit der Maus können Sie alle Funktionen des Programms steuern.

Sie können durch Anklicken mit der linken Maustaste Menüs öffnen, Menübefehle ausführen, Knöpfe betätigen, Dialogelemente selektieren, Listeneinträge markieren und Fenster aktivieren. Bei gedrückter linker Maustaste können Sie Fenster vergrößern, verkleinern und bewegen. Durch einen Doppelklick mit der linken Maustaste können Sie Listeneinträge markieren und gleichzeitig die entsprechende Aktion ausführen.

Durch Betätigung der rechten Maustaste können Sie zwischen den Fenstern umschalten. Siehe dazu auch → Menübefehl nächstes Fenster [Seite 194].

## 3.3
## Bedienung mit der Tastatur

Mit der Tastatur können Sie, wie mit der Maus, alle Funktionen des Programms steuern.

Das Menü aktivieren Sie mit F10. Ein Untermenü öffnen oder einen Menübefehl ausführen können Sie mit Return. Durch das Menü bewegen Sie sich mit Hilfe der Cursortasten.

Viele Menübefehle haben an der rechten Seite des Menüs eine Tastenbezeichnung. Diese Tasten können Sie als Abkürzung benutzen, um den Befehl auszuführen. Das erspart die Auswahl des Befehls über das Menü.

Zwischen den Fenstern wechseln Sie entweder über den Menübefehl Fensterliste oder mit der Kombination Alt-Taste + Nummer, die rechts oben im Fensterrand des gewünschten Fensters steht.

In den Dialogen wechseln Sie zwischen den einzelnen Dialogelementen mit Hilfe der Tab-Taste. In Eingabezeilen oder Eingabefeldern können Sie einen Text oder eine Zahl mit der Tastatur eingeben. Bei Auswahlfeldern können Sie mit Hilfe der Cursortasten zwischen den einzelnen Auswahlmöglichkeiten wechseln. Bei Mehrfachauswahlfeldern wählen Sie eine Möglichkeit mit der Leertaste aus. In Auswahllisten bewegen Sie sich mit Hilfe der Cursortasten und der Tasten Pos1, Ende, Bild hoch, Bild runter. Bei Mehrfach-Auswahllisten markieren Sie einen Eintrag mit der Leertaste. Ist ein Knopf selektiert, erkennbar an einer farblichen Hervorhebung, können Sie diese Aktion mit der Return-Taste ausführen.

Die meisten Dialogelemente besitzen eine Bezeichnung mit einem hervorgehobenen Buchstaben, der im folgenden als Kürzel bezeichnet wird. Diese Dialogelemente können Sie bei gedrückter Alt-Taste durch Betätigung dieses Buchstaben selektieren. Einen Dialog brechen Sie mit der Esc-Taste ab.

## 3.4
## Menü

Das Menü ist das wichtigste Steuerungselement des Programms. Es befindet sich am oberen Rand des Bildschirms. Mit ihm werden alle wichtigen Befehle ausgeführt. Ins Menü gelangen Sie mit der Taste F10 oder durch Anklicken mit der Maus.

Genaueres siehe in der Beschreibung der → Menübefehle [Seite 188].

## 3.5
## Fenster

Fenster sind rechteckige Bereiche auf dem Bildschirm, in denen umrahmt bestimmte Ausgaben erscheinen. Dabei besitzt das momentan aktive Fenster einen doppelten und alle anderen einen einfachen Rahmen. Im folgenden werden die Fensteroperationen im wesentlichen per Maus beschrieben; für die Bedienung über die Tastatur siehe → Menü Fenster [Seite 194].

An der oberen Seite des Rahmens steht ein fensterspezifischer Titel, der kurz den Inhalt des Fensters beschreibt. Die obere Seite des Rahmens können Sie auch dazu benutzen, es mit der Maus auf dem Bildschirm zu verschieben. Wenn Sie diesen Bereich des Rahmens mit der Maus anklicken und die Maustaste gedrückt halten, können Sie es bewegen.
Oben rechts im Rahmen steht eine ebenfalls fensterspezifische Nummer. Wollen Sie zu einem bestimmten Fenster wechseln, so können Sie dies entweder über die Fensterliste machen, oder Sie tippen einfach bei gedrückter Alt-Taste die entsprechende Nummer des Fensters.
Wenn das Fenster Rollbalken besitzt, so bedeutet dies, daß nicht die gesamte Ausgabe in das Fenster paßt. Mit Hilfe der Rollbalken können Sie sich den übrigen Bereich anzeigen lassen. Um die Ausgabe schrittweise zu verschieben, brauchen Sie lediglich auf den in die entsprechende Richtung zeigenden Pfeil der Rollbalken mit der Maus zu klicken. Um die Ausgabe schneller zu verschieben, können Sie auch auf den Bereich zwischen den Pfeilen klicken oder bei gedrückter Maustaste den Positionsanzeiger verschieben.
Manche Fenster lassen sich vergrößern und verkleinern. Diese Fenster haben dafür rechts unten im Rahmen einen Bereich, der beim aktiven Fenster nicht doppelt, sondern einfach dargestellt wird. Klicken Sie diesen Bereich an und halten die Maustaste gedrückt, so können Sie die Größe des Fensters mit der Maus verändern.
Um das Fenster schnell auf seine maximale Größe zu bringen, besitzen diejenigen Fenster, deren Größe veränderbar ist, rechts oben im Rahmen ein Feld, das Sie lediglich mit der Maus anzuklicken brauchen. Ein erneutes Anklicken dieses Feldes bringt das Fenster wieder auf seine ursprüngliche Größe. Die gleiche Wirkung hat ein Doppelklick auf den oberen Teil des Fensterrahmens.

Zwei Fenster sind die ganze Zeit vorhanden, das → Statusfenster [Seite 181] und das → Protokollfenster [Seite 181].

Die Ausgabefenster der Modelle werden wie die Eingabedialoge separat bei der Beschreibung jedes einzelnen Modells beschrieben. Bei den meisten Modellen werden die Ergebnisse als Tabelle in einem → Tabellenfenster [Seite 181] und in einem oder mehreren → Grafikfenstern ausgegeben [Seite 181].

### 3.5.1 Statusfenster

Dieses Fenster ist die ganze Zeit vorhanden. Es zeigt folgende Informationen an:
· die aktuell geöffnete Substanzdatenbank,
· die Anzahl der Substanzen in der aktuellen Datenbank,
· die momentan eingegebene/geladene Substanz,
· das momentan ausgewählte Modell,
· das zum aktuellen Modell geladene Szenarium.

### 3.5.2 Protokollfenster

Das Protokollfenster dient dazu, anfallende Hinweise oder Warnungen zu sammeln. Darunter fallen zum Beispiel Warnungen wegen Übertretung vorgeschlagener Parameterbereiche oder von Abschätzfunktionen gelieferte Hinweise und Warnungen. Zusätzlich enthält das Fenster noch weitere Meldungen wegen unbekannter Parameter oder aus der Modellrechnung resultierende Meldungen.

Sollten die Ergebnisse einer Simulation von einem erwarteten Ergebnis abweichen, so sollten als erstes anhand dieses Fensters mögliche Fehlerquellen gesucht werden. Werden die Ursachen der Warnungen/Hinweise behoben, verschwinden letztere.

### 3.5.3 Tabellenfenster

Die meisten Modelle benutzen zur Ausgabe ihrer Ergebnisse ein Tabellenfenster. Dort wird z.B. eine Konzentration in Abhängigkeit von der Entfernung dargestellt. Ein Tabellenfenster kann eine Tabelle mit beliebig vielen Spalten und Zeilen darstellen. Um sich alle Werte dieser Tabelle ansehen zu können, besitzt das Fenster zwei Rollbalken. Verschieben Sie die Ausgabe mit dem vertikalen Rollbalken nach unten, so bleiben die Spaltenüberschriften stehen. Somit behalten Sie immer den Überblick, welche Werte im Moment dargestellt werden.
Mit dem horizontalen Rollbalken können Sie die Ausgabe spaltenweise verschieben, falls nicht alle Spalten dargestellt werden konnten.
In den meisten Fällen werden ab der zweiten Spalte alle Spalten gegen die erste aufgetragen. Diese ist dann durch eine doppelte Linie abgesetzt und wird horizontal nicht mitgeschoben.

### 3.5.4 Grafikfenster

In einem Grafikfenster werden jeweils zwei Spalten aus den Tabellen gegeneinander grafisch dargestellt. Sie sind mit horizontalen Rollbalken versehen, um die gesamte Ausgabe betrachten zu können; eine Höhenanpassung erfolgt automatisch.
Da dieses Grafikfenster nur im Textmodus läuft, können die Werte nicht ganz genau und stufenlos dargestellt werden. Um die genauen Werte zu bekommen, müssen Sie

das Tabellenfenster benutzen. Wollen Sie eine genauere Grafik, so können Sie sich die
Grafik des Grafikfensters in hochauflösender Grafik anschauen. Dazu benutzen Sie
den → Menübefehl Grafik anzeigen [Seite 192]. Voraussetzung dafür ist, daß Ihre
Grafikkarte hochauflösende Grafik darstellen kann.


## 3.6
## Allgemeine Dialogelemente

Dialoge sind wie → Fenster [Seite 180] beschaffen, besitzen jedoch zusätzlich Felder,
auch als Dialogelemente bezeichnet, für Eingaben durch den Benutzer. Hier werden
alle in CemoS verwendeten Dialogelemente beschrieben und erklärt.

Zusätzlich zu diesen ganz allgemeinen Elementen besitzen die Dialoge für die Sub-
stanz- und Modellparameter einige gemeinsame Merkmale:

1. Alle Eingabedialoge besitzen ein → Kommentarfeld [Seite 184]. In diesem Feld
   sind Bemerkungen zu den eingegebenen Daten hinzuzufügen!
2. Alle Eingabedialoge besitzen einen Kommentarknopf (Siehe → Knöpfe
   [Seite 182]). Klicken Sie diesen an, so öffnet sich ein weiterer Dialog, in dem Sie
   einen Kommentar eingeben, der zu dem jeweiligen Wert gehört. Außerdem wird in
   diesem Dialog bei abgeschätzten Werten die benutzte Abschätzfunktion angezeigt.
3. Die meisten Eingabedialoge besitzen noch einen Abschätzungsknopf (Siehe
   → Knöpfe [Seite 182]). Selektieren Sie eine Eingabezeile, deren Wert abschätzbar
   ist, so wird dieser Knopf anwählbar (nicht anwählbare Knöpfe werden grau dargestellt). Klicken Sie diesen Knopf an, so öffnet sich der → Dialog Abschätzfunktionen [Seite 202], in dem Sie aus einer Liste eine Abschätzfunktion für die selektierte
   Eingabezeile auswählen können.


### 3.6.1 Knöpfe

Alle Dialoge besitzen Knöpfe, deren Aufgaben darin bestehen, eine Aktion auszuführen, falls sie mit der Maus angeklickt oder mit der Tab-Taste angewählt und mit der
Return-Taste betätigt werden.
Fast alle Dialoge besitzen mindestens zwei Standard-Knöpfe: Den Ok-Knopf und den
Abbruch-Knopf. Als Ersatz für den Knopf Abbruch können Sie auch das Schließfeld
links oben im Rahmen eines Dialoges mit der Maus anklicken oder die Taste Esc betätigen.
Zusätzlich zu diesen beiden Knöpfen besitzen die meisten Dialoge noch einige Standard-Knöpfe für verschiedene Aktionen:

*Abbruch:* Dieser Knopf wird dazu benutzt, einen Dialog abzubrechen und die eingegebenen oder veränderten Werte nicht zu übernehmen. Nach Betätigung dieses Knopfes
verhält sich das Programm so, als ob der Dialog nicht geöffnet wurde. Die im Dialog
gemachten Änderungen werden also verworfen. Bei Meldungsfenstern wird dieser
Knopf dazu verwendet, die Aktion, die die Meldung verursacht hat, abzubrechen.

*Abschätzen:* Dieser Knopf dient dazu, in den Eingabedialogen der Substanzdaten und Modellparameter einen Wert abzuschätzen. Der Knopf ist nur dann anwählbar, wenn der aktive Eingabewert abschätzbar ist.

*Adressen:* Dieser Knopf wird im Infodialog verwendet, um den Adreßdialog anzuzeigen, der die Kontaktmöglichkeiten zu den Autoren enthält.

*Alle:* Dieser Knopf wird in Dialogen mit einer Auswahlliste dazu verwendet, alle Listeneinträge mit einem einzigen Knopfdruck zu markieren. Damit läßt sich gegebenenfalls die gewünschte Auswahl schneller erreichen.

*Blättern:* Dieser Knopf wird in Dialogen verwendet, die die Eingabe eines Dateinamens erwarten. Nach Betätigung dieses Knopfes öffnet sich ein → Dateidialog [Seite 185], in dem Sie eine existierende Datei auswählen können, anstatt sie vollständig mit Pfad angeben zu müssen.

*Details:* Dieser Knopf wird im → Dialog Abschätzfunktionen [Seite 202], in dem Sie eine Abschätzfunktion auswählen können, dazu verwendet, einen Hilfebildschirm anzuzeigen, in dem Sie detailierte Informationen über die momentan markierte Abschätzfunktion erhalten.

*Füllen:* Dieser Knopf wird bei der Parametereingabe im Modell → Buckets [Seite 218] verwendet. Er dient dazu die Eingabe von Tabellen zu erleichtern. Durch Betätigen dieses Knopfes wird der aktuelle Tabelleneintrag für alle folgenden Zeilen einer Spalte übernommen.

*Ja:* Dieser Knopf wird in Meldungsfenstern benutzt, um eine Entscheidung zu akzeptieren.

*Kommentar:* Dieser Knopf dient dazu, in den Eingabedialogen der Substanzdaten und Modellparameter einen Wert zu kommentieren. Der Knopf ist nur dann anwählbar, wenn der momentan ausgewählte Wert kommentierbar ist; ansonsten ist der Knopf gesperrt.

*Laden:* Dieser Knopf wird in dem → Dialog Substanz laden [Seite 206] dazu verwendet, den Dialog zu schließen und die markierte Substanz zu laden. Er hat die gleiche Funktion wie in anderen Dialogen der Knopf Ok, trägt aber zur besseren Übersicht einen passenderen Namen.

*Löschen:* Dieser Knopf wird verwendet im → Dialog Substanz löschen [Seite 207]. Er dient dazu, den Dialog zu schließen und die markierte Substanz zu löschen. Wie der Knopf Laden hat er die gleiche Funktion wie in anderen Dialogen der Knopf Ok, trägt aber zur besseren Übersicht einen passenderen Namen.

*Nein:* Dieser Knopf steht in Meldungsfenstern dafür, eine Entscheidung abzulehnen.

*Öffnen:* Dieser Knopf wird verwendet in einem → Dateidialog [Seite 185]. Er dient dazu, die angegebene Datei zu öffnen.

*Ok:* Dieser Knopf wird dazu benutzt, einen Dialog abzuschließen und die eingegebenen oder veränderten Daten zu übernehmen. In Abhängigkeit vom Dialog können außerdem noch weitere Aktionen ausgeführt werden.

*Reset:* Dieser Knopf wird in dem → Dialog Farben einstellen [Seite 186] dazu verwendet, die voreingestellten Farben des Programms einzustellen.

*Speichern:* Dieser Knopf wird beim Speichern von Dateien und Szenarien dazu verwendet, den Dialog zu beenden und die jeweiligen Daten zu speichern.

*Suchen:* Dieser Knopf wird beim Laden und Löschen von Substanzen dazu verwendet, den → Dialog Substanz suchen [Seite 207] zu öffnen.

*Wechseln:* Dieser Knopf wird in dem → Dialog Verzeichnis wechseln [Seite 186] dazu verwendet, zum markierten Verzeichnis zu wechseln. Die gleiche Wirkung hat ein Doppelklick auf das entsprechende Verzeichnis.

*Weiter:* Dieser Knopf wird beim Laden und Löschen von Substanzen dazu verwendet, nach einem Suchvorgang die nächste passende Substanz zu suchen.

*Wiederholen:* Dieser Knopf wird bei System- und DOS-Fehlern dazu verwendet, die fehlgeschlagene Aktion noch einmal zu versuchen.

*Zurückkehren:* Dieser Knopf wird im → Dialog Verzeichnis wechseln [Seite 186] dazu verwendet, zu dem Verzeichnis zurückzuwechseln, das beim Öffnen des Dialoges das aktuelle war.

### 3.6.2 Eingabezeilen

Eingabezeilen sind Dialogelemente, in denen Sie einen einzeiligen Text oder einen Wert eingeben können. Sie werden in CemoS zum Beispiel dazu benutzt, die Substanzdaten und Modellparameter einzugeben.

### 3.6.3 Eingabefelder

Eingabefelder sind mehrzeilige Dialogelemente, in denen Sie einen mehrzeiligen, längeren Text eingeben können. Sie verhalten sich ähnlich wie ein kleiner Editor. Die einzige Taste, die nicht als Eingabe verwendet wird, ist die Taste Tab, da diese benutzt wird, um im Dialog zu dem nächsten Dialogelement zu gelangen. In CemoS werden Eingabefelder unter anderem bei der Eingabe der Substanzdaten und Modellparameter dazu benutzt, einen Kommentar zu den Daten einzugeben (siehe auch → Kommentarfeld [Seite 184]).

### 3.6.4 Kommentarfeld

Kommentarfelder sind spezielle Eingabefelder und in allen Eingabedialogen der Substanzdaten und Modellparameter vorhanden. Sie dienen dazu, zu den eingebenen Datensätzen Kommentare einzugeben. Kommentare dienen dazu, die eingegeben Werte zu erläutern, z. B. aus welchem Buch sie stammen und wer diese Werte eingegeben hat. Bei den Substanzdaten muß sogar ein Kommentar eingegeben werden, damit die Substanz abgespeichert werden kann. Wie wichtig dies ist, merkt man, wenn man die Ursache für fehlerhafte Daten zurückverfolgt (siehe auch → Eingabefelder [Seite 184]).

### 3.6.5 Auswahlfelder

Auswahlfelder sind Dialogelemente, bei denen man zwischen verschiedenen vorgegebenen Einstellungen auswählen kann. Sie sind daran zu erkennen, daß vor den Auswahlmöglichkeiten Klammern stehen, zwischen denen evtl. eine Markierung vorhanden ist.

Es gibt zwei verschiedene Arten von Auswahlfeldern:

Bei den Einfachauswahlfeldern können Sie immer nur genau eine Möglichkeit auswählen. Wählen Sie eine Möglichkeit aus, so wird die vorherige Auswahl demarkiert.
Diese Auswahlfelder sind an den runden Klammern und dem Markierungspunkt zu
erkennen. Als Beispiel kann hier das Protolysefeld bei den Substanzdaten dienen.

Bei Mehrfachauswahlfeldern können Sie eine beliebige Kombination von Möglichkeiten auswählen. Es ist auch möglich, daß Sie keine Möglichkeit auswählen. Diese
Auswahlfelder sind an den eckigen Klammern und dem Kreuz als Markierung zu
erkennen. Als Beispiel dient hier die Auswahl der Kompartimente bei den Level-
Modellen.

### 3.6.6 Auswahllisten

Auswahllisten sind Dialogelemente, bei denen Sie aus einer Liste einen Eintrag auswählen können. Sind mehr Einträge vorhanden als in die Liste passen, so können Sie
sich mit Hilfe des Rollbalkens am rechten Rand die übrigen Einträge anzeigen lassen.

Bei den Auswahllisten können Sie mit Hilfe eines Doppelklicks einen Eintrag auswählen und die Funktion des Ok-Knopfes, oder dessen Ersatz, auslösen. Ein Beispiel für
eine Einfachauswahl ist die Fensterliste.

## 3.7
## Standarddialoge

Zusätzlich zu den Dialogen zur Eingabe der Substanzdaten und der Modellparameter
gibt es noch einige andere allgemeine Dialoge, die im folgenden erklärt werden. Die
spezielleren Dialoge werden an den thematisch passenden Stellen beschrieben.

### 3.7.1 Dateidialog

Ein Dateidialog dient dazu, einen Dateinamen einzugeben oder einen bereits vorhandenen Dateinamen auszuwählen.
Oben links im Dialog befindet sich eine Eingabezeile, in der Sie den gewünschten
Dateinamen eingeben können. Rechts daneben befindet sich ein kleiner Knopf mit
einem Pfeil nach unten. Klicken Sie diesen Knopf an, so öffnet sich eine Auswahlliste,
in der alle seit dem Programmstart eingegebenen oder ausgewählten Dateinamen
stehen. Mit Hilfe dieser Liste können Sie schnell eine bereits getätigte Eingabe nochmals auswählen.
Unter der Eingabezeile befindet sich eine zweispaltige Auswahlliste, in der alle Dateien und Unterverzeichnisse des aktuellen Verzeichnisses aufgeführt sind. Die Verzeichnisse sind erkennbar an dem abschließenden Rückwärtsschrägstrich. In der
Eingabezeile können Sie mit Hilfe der normalen DOS-Platzhalter eine Vorauswahl der
Dateien vornehmen. In der Liste stehen dann nur noch die Dateien, auf die diese

Vorauswahl zutrifft. Selektieren Sie nun einen Dateinamen in der Liste, so erscheint dieser zusätzlich in der Eingabezeile und mit Hilfe der Knöpfe können Sie jetzt die gewünschte Aktion auf diese Datei ausführen. Führen Sie die Aktion auf ein Verzeichnis aus, so wechselt die Dateiliste in das entsprechende Verzeichnis, aus dem Sie nun eine Datei oder ein weiteres Verzeichnis auswählen können.

Rechts neben der Eingabezeile und der Dateiliste befinden sich zwei → Knöpfe [Seite 182]. Der obere Knopf ist je nach Art des Dialoges entweder der Knopf Ok oder der Knopf Öffnen. Der untere Knopf ist der Knopf Abbruch.

### 3.7.2 Verzeichnis wechseln

Dieser Dialog dient dazu, das momentane Arbeitsverzeichnis und das Szenarienverzeichnis zu wechseln. Wenn Sie einen Dateidialog öffnen, so befinden Sie sich jeweils im aktuellen Verzeichnis. Möchten Sie, daß Sie sich bei jedem Öffnen eines Dateidialoges in einem anderen Verzeichnis befinden, so können Sie mit Hilfe dieses Dialoges das Verzeichnis wechseln. Der Aufbau dieses Dialoges ist ähnlich wie in einem → Dateidialog [Seite 185].

Oben links befindet sich eine Eingabezeile, in der Sie den Verzeichnisnamen eingeben können. Rechts daneben befindet sich ein Knopf mit einem Pfeil nach unten. Klicken Sie diesen Knopf an, so öffnet sich eine Liste, in der alle seit dem Programmstart eingegebenen oder ausgewählten Verzeichnisse stehen. Mit Hilfe dieser Liste können Sie schnell in ein Verzeichnis wechseln, in das Sie vorher schon einmal gewechselt haben.

Unter der Eingabezeile befindet sich ein Verzeichnisbaum. In ihm sind alle oberen und alle Unterverzeichnisse des aktuellen Verzeichnisses aufgeführt. Jede Verzeichnisebene ist um zwei Zeichen weiter eingerückt. Das aktuelle Verzeichnis ist markiert.

Rechts neben dem Verzeichnisbaum befinden sich drei → Knöpfe [Seite 182]. Das ist der Knopf Ok, der Knopf Wechseln und der Knopf Zurückkehren.

Um in ein Verzeichnis zu wechseln, müssen Sie sich durch die Verzeichnisse durchhangeln, bis Sie am richtigen Verzeichnis angelangt sind. In ein über- oder untergeordnetes Verzeichnis wechseln Sie, indem Sie das entsprechende Verzeichnis entweder doppelt anklicken oder es markieren und den Knopf Wechseln anklicken.

Haben Sie das richtige Verzeichnis ausgewählt, so können Sie mit Hilfe des Knopfes Ok den Dialog beenden und Sie befinden sich nun im neuen Verzeichnis. Möchten Sie bei der Auswahl wieder zurück zu dem Verzeichnis wechseln, das beim Öffnen des Dialoges aktuell war, so können Sie dies mit Hilfe des Knopfes Zurückkehren.

Brechen Sie den Dialog mit der Taste ESC ab, so befinden Sie sich weiterhin in dem Verzeichnis, in dem Sie sich vor dem Öffnen des Dialoges befanden.

### 3.7.3 Farben einstellen

In diesem Dialog können Sie die Farben der Programmoberfläche individuell nach ihren Wünschen einstellen.

Links oben befindet sich eine Liste mit den Farbgruppen (Menüs, Ausgabefenster, Eingabedialoge, usw.). Markieren Sie die Gruppe, in der Sie Veränderungen vornehmen wollen.

Nachdem Sie die Gruppe ausgewählt haben, erscheint rechts daneben eine weitere Liste mit allen Elementen der Gruppe. Um bei einem Element die Farben zu ändern, wählen Sie es aus und klicken unter Vordergrund und Hintergrund die gewünschte Farbkombination an. Unter den Farbauswahlfeldern befindet sich ein Feld mit einem Beispieltext, an dem Sie sehen können, wie die von Ihnen gewählte Farbkombination aussieht.

Verfahren Sie für alle Bildschirmelemente, deren Farben Sie ändern wollen, genauso und bestätigen Sie durch Anklicken des Knopfes Ok.

Haben Sie es sich anders überlegt und wollen die alten Farben behalten, so brauchen Sie lediglich den Dialog durch Anwählen von Abbruch zu verlassen.

Möchten Sie wieder mit den Originalfarben arbeiten, haben aber schon durch Betätigen des Knopfes Ok die Farben verändert, so können Sie diese durch Anklicken des Knopfes Reset wiederherstellen.

### 3.7.4 Fensterliste

Dieser Dialog dient dazu, bei mehreren vorhandenen Fenstern zu einem bestimmten Fenster zu wechseln. Er besteht lediglich aus einer Auswahlliste, in der die aktuellen Fenster aufgelistet sind und den beiden Knöpfen Ok und Abbruch.

Um zu einem Fenster zu wechseln, genügt es, den entsprechenden Eintrag in der Liste doppelt anzuklicken oder ihn zu markieren und den Knopf Ok auszuwählen.

### 3.7.5 Meldungsfenster

Meldungsfenster sind die einfachsten Dialoge. Sie bestehen aus einem Text und ein bis drei Knöpfen. Meldungsfenster werden für Fehlermeldungen, Hinweise oder Abfragen benutzt. Je nach Funktion des Meldungsfensters können Sie durch Betätigen eines Knopfes das Fenster schließen, die Aktion erneut versuchen oder eine Entscheidung ablehnen bzw. annehmen.

### 3.7.6 Informationsfenster

In diesem Dialog stehen Informationen zum Programmnamen, zur Versionsnummer und zu den Autoren. Zusätzlich besteht die Möglichkeit, sich von hier aus das → Adressenfenster [Seite 187] und das → Systeminformationsfenster [Seite 187] anzeigen zu lassen. Dieser Dialog erscheint bei jedem Programmstart.

### 3.7.7 Adressenfenster

In diesem Dialog stehen lediglich die Adressen, über die Sie mit den Entwicklern von CemoS in Kontakt treten können.

### 3.7.8 Systeminformationsfenster

In diesem Dialog stehen Informationen über die Wertebereiche, die man maximal bzw. minimal in den Eingabezeilen der Parameterdialoge eingeben kann.

# 4
# Menübefehle

Das Menü stellt das zentrale Kontrollelement von CemoS dar. Es befindet sich am oberen Rand des Bildschirms und enthält alle Befehle, die den Programmablauf steuern.

Das gesamte Menü teilt sich thematisch geordnet in sechs Bereiche auf. Diese sechs Bereiche werden im folgenden aufgezählt. Während des Programmablaufes sind nur die Befehle aktiv (anwählbar), die momentan eine sinnvolle Manipulation des Programms ermöglichen.

## 4.1
## Menü Programm

Mit den Befehlen des Menüs Programm steuern Sie die allgemeinen Funktionen des Programms.

### 4.1.1 Importieren

Dieser Befehl ermöglicht das Importieren von Substanz- und/oder Modelldaten aus einer MIF-Datei.

Siehe auch → Daten Importieren [Seite 201].

### 4.1.2 Exportieren als

Dieser Befehl ermöglicht das Exportieren der Substanz- und Modelldaten und der Simlationsergebnisse in eine MIF-Datei.

Siehe auch → Daten Exportieren [Seite 203].

### 4.1.3 DOS-Ebene

Der Befehl DOS-Ebene ermöglicht ein zeitweises Verlassen des Programms, um einen DOS-Befehl auszuführen oder ein anderes Programm zu starten. Dabei bleiben die Daten und Einstellungen von CemoS erhalten.

Um wieder zum Programm zurückzukehren, geben Sie das Kommando EXIT auf der DOS-Kommandozeile ein.

### 4.1.4 Arbeitsverzeichnis

Dieser Befehl öffnet den → Dialog Verzeichnis wechseln [Seite 186], in dem Sie ein neues aktuelles Verzeichnis bestimmen können.

Wenn Sie in CemoS einen Dateidialog öffnen, so ist dort das Arbeitsverzeichnis vorausgewählt.

### 4.1.5 Ende

Dieser Befehl beendet CemoS und kehrt zu DOS zurück. Sind Modellparameter oder die Substanzdaten seit dem letzten Laden/Speichern verändert worden, so erscheint eine Sicherheitsabfrage, ob diese Daten vor dem Verlassen des Programms gesichert werden sollen.

## 4.2
## Menü Substanz

Das Menü Substanz stellt Ihnen Befehle zur Verwaltung von Substanzdaten zur Verfügung. Sie können neue Substanzen eingeben, in Datenbanken speichern oder daraus laden, neue Datenbanken anlegen und Datenbanken zusammenführen.

### 4.2.1 Neue Substanz

Dieser Befehl öffnet den → Dialog Neue Substanz [Seite 205]. In diesem Dialog können Sie die Daten der neuen Substanz eingeben. Die neue Substanz ist dann allerdings noch nicht in der Datenbank gespeichert. Um die Substanzdaten in die aktuelle Datenbank einzufügen, benutzen Sie den → Menübefehl Substanz speichern [Seite 190]. CemoS warnt vor ggf. entstehenden Datenverlusten, zum Beispiel bei geänderten, aber nicht abgespeicherten Substanzen.

### 4.2.2 Substanz ändern

Dieser Befehl öffnet den → Dialog Neue Substanz [Seite 205]. In diesem Dialog können Sie die physiko-chemischen Daten der aktuellen Substanz ändern. Die geänderte Substanz ist dann allerdings noch nicht in der Datenbank gespeichert. Um die Substanzdaten in der aktuellen Datenbank zu speichern, benutzen Sie den → Menübefehl Substanz speichern [Seite 190].

### 4.2.3 Substanz laden

Dieser Befehl öffnet den → Dialog Substanz laden [Seite 206]. Dort können Sie aus der aktuellen Substanzdatenbank eine Substanz auswählen und laden. Ggf. weist CemoS Sie darauf hin, daß die im Speicher befindliche Substanz noch nicht gesichert ist. Weiteres dazu unter → Substanz laden [Seite 206].

### 4.2.4 Substanz speichern

Dieser Befehl fügt die aktuelle Substanz in die aktuelle Datenbank ein. Dafür muß die Substanz mindestens einen Namen und einen Kommentar besitzen. Ist dies nicht der Fall, erscheint ein entsprechendes Meldungsfenster. Weiteres dazu unter → Substanz speichern [Seite 207].

### 4.2.5 Substanz löschen

Dieser Befehl öffnet den → Dialog Substanz löschen [Seite 207]. Dort können Sie aus der aktuellen Substanzdatenbank eine Substanz auswählen und löschen. Weiteres dazu unter → Substanz löschen [Seite 207].

### 4.2.6 Untermenü Datenbank

Mit den Befehlen des Untermenüs Datenbank können Sie Substanzdatenbanken manipulieren. Sie können eine neue Datenbank erstellen, eine bereits bestehende öffnen oder an die aktuelle anhängen, oder eine Datenbank löschen. Bei allen Befehlen wird jeweils ein entsprechender Dateidialog geöffnet.

Wenn beim Programmstart im Programmverzeichnis die Datei STDSUB.DAB vorliegt, wird diese automatisch geöffnet und steht als aktuelle Datenbank zur Verfügung.

*Neue Datenbank:* Mit Hilfe dieses Befehls können Sie eine neue Substanzdatenbank erstellen. Weitere Informationen unter → Neue Datenbank anlegen [Seite 208].

*Datenbank öffnen:* Mit Hilfe dieses Befehls können Sie eine bereits bestehende Substanzdatenbank öffnen. Weitere Informationen unter → Datenbank öffnen [Seite 208].

*Datenbank verbinden:* Mit Hilfe dieses Befehls können Sie die momentan geöffnete Substanzdatenbank mit einer zweiten verbinden, so daß eine Datenbank entsteht, die die Substanzen aus beiden Datenbanken enthält. Weitere Informationen unter → Datenbanken verbinden [Seite 208].

*Datenbank löschen:* Mit Hilfe dieses Befehls können Sie eine nicht mehr benötigte Substanzdatenbank löschen. Weitere Informationen unter → Datenbank löschen [Seite 209].

## 4.3
## Menü Modell

Das Menü Modell stellt Ihnen Befehle zur Verfügung, mit deren Hilfe Sie das aktive Modell auswählen, die Parameter für das aktive Modell eingeben, Szenarien verwalten und die Simulation starten können.

### 4.3.1 Untermenü Aktives Modell

In diesem Untermenü können Sie das Modell auswählen, mit dem Sie arbeiten wollen. Das aktuelle Modell ist durch einen Haken markiert. Wenn Sie hier F1 drücken, erhalten Sie direkt die technische Referenz zu dem entsprechenden Modell. Nähere Informationen unter → Modell auswählen [Seite 209].

### 4.3.2 Parametereingabe

Mit Hilfe dieses Befehls gelangen Sie zu den Eingabedialogen für die Modellparameter des gerade aktuellen Modells. Nähere Informationen unter → Modellparameter eingeben [Seite 209].

### 4.3.3 Untermenü Szenarium

Dieses Untermenü stellt Befehle zur Verfügung, mit denen Sie gesamte Substanzdaten- und Modellparametersätze als Szenarien verwalten können. Weitere Informationen unter → Szenarien verwenden [Seite 210].

*Szenarium laden:* Mit diesem Befehl können Sie ein Szenarium laden, welches in einer früheren Sitzung abgespeichert wurde. Nähere Informationen unter → Szenarium laden [Seite 210].

*Szenarium speichern:* Mit Hilfe dieses Befehls können Sie den aktuellen Parametersatz des Modells abspeichern, damit Sie ihn das nächste Mal nicht erneut eingeben müssen. Nähere Informationen unter → Szenarium speichern [Seite 210].

*Szenarium speichern als:* Mit diesem Befehl können Sie ein Szenarium unter einem neuen Namen abspeichern, falls Sie das Originalszenarium behalten möchten. Nähere Informationen unter → Szenarium speichern als [Seite 211].

*Szenarium löschen:* Mit diesem Befehl können Sie ein Szenarium löschen, welches in einer früheren Sitzung abgespeichert wurde. Nähere Informationen unter → Szenarium löschen [Seite 210].

*Szenarienverzeichnis:* Mit diesem Befehl können Sie das Basisverzeichnis für die Szenariendateien ändern, falls das Programm bei jedem Öffnen des Szenariumdialoges in einem anderen als dem voreingestellten Verzeichnis suchen soll. Nähere Informationen unter → Szenarienverzeichnis [Seite 211].

### 4.3.4 Untermenü Modelleinstellungen

Mit diesem Untermenü können Sie die Modelleinstellungen laden oder speichern. Die Modelleinstellungen enthalten den Dateinamen der aktuellen Substanzdatenbank sowie die Position und die Größe der Fenster.

Die Einstellungen werden im aktuellen Arbeitsverzeichnis abgelegt. Wählen Sie ein Modell aus, so kontrolliert CemoS, ob zu diesem Modell im aktuellen Arbeitsverzeichnis Einstellungen abgespeichert worden sind und lädt diese, falls vorhanden.

*Modelleinstellungen laden:* Mit Hilfe dieses Befehls können Sie die Modelleinstellungen laden, die zu einem früheren Zeitpunkt abgespeichert wurden.

*Modelleinstellungen speichern:* Mit Hilfe diese Befehls können Sie die aktuellen Modelleinstellungen abspeichern.
Diese Einstellungen werden bei jeder Auswahl des Modells automatisch vom Programm geladen, so daß sie jedesmal wieder zur Verfügung stehen.

### 4.3.5  Simulation starten

Dieser Befehl startet die Berechnung des aktiven Modells mit dem aktuellen Parametersatz. Fehlen entscheidende Parameter, werden die Berechnungen nicht ausgeführt, stattdessen wird eine Fehlermeldung ausgegeben. Ansonsten sind Hinweise der Simulation im → Protokollfenster [Seite 181] zu finden. CemoS legt vor der Simulation eine Sicherungsdatei mit dem Namen CEMOS.SAV an. In dieser Datei stehen alle wichtigen Einstellungen und Daten des Programms. Sollte aus irgendeinem Grund das Programm während der Rechnung beendet werden, so kann man beim erneuten Start diese Sicherungsdatei laden und das Programm befindet sich im gleichen Zustand wie vor dem Start der Simulation. Damit CemoS auch in einem Netzwerk lauffähig ist, speichert es diese Sicherungsdatei nicht ins Programmverzeichnis, sondern wertet zunächst die DOS-Umgebungsvariable TMP aus. Ist diese Variable nicht gesetzt oder existiert das darin gespeicherte Verzeichnis nicht, so versucht es CemoS mit der Umgebungsvariablen TEMP. Schlägt auch dies fehl, so verwendet CemoS das zum Programmstart aktuelle Verzeichnis.

### 4.3.6  Grafik anzeigen

Falls das aktuelle Modell eine Ausgabe in hochauflösender Grafik anbietet, kann man nach erfolgreicher Simulation mit diesem Befehl zur hochauflösenden Grafik umschalten. Zunächst erscheint der → Dialog Grafik auswählen [Seite 203], in dem man aus evtl. mehreren Grafiken eine auswählen kann. Hat man eine Grafik ausgewählt, so wechselt das Programm in den hochauflösenden Modus und zeigt die gewünschte Grafik an. Zurück zum Programm gelangt man durch Betätigung einer beliebigen Taste der Tastatur oder der Maus. Dieser Befehl ist nur durchführbar, wenn eine erfolgreiche Simulation durchgeführt wurde, das Modell Grafiken zur Verfügung stellt und die Grafikkarte des PC's geeignet ist.

### 4.4
### Menü Oberfläche

Dieses Menü enthält Befehle, die das Aussehen und Verhalten der Arbeitsoberfläche beeinflussen. Es lassen sich z.B. die Farben und die Zeilenanzahl einstellen.

Wenn sich die Standardkonfigurationsdatei CEMOS.DSK im Programmverzeichnis befindet, wird diese beim Start automatisch geladen. Um eine eigene Konfigurationsdatei automatisch zu laden, müssen Sie diese in CEMOS.DSK umbenennen und im Programmverzeichnis ablegen.

### 4.4.1 Farben

Dieser Befehl öffnet den → Dialog Farben einstellen [Seite 00], in dem Sie die Farben der einzelnen Elemente der Programmoberfläche (Menü, Fenster, etc.) einstellen können.

### 4.4.2 Zeilen

Dieser Befehl wechselt die Anzahl der dargestellten Zeilen auf dem Bildschirm. EGA- und VGA-Grafikkarten bieten die Möglichkeit, mehr als 25 Zeilen darzustellen: EGA-Karten können 43 Zeilen, VGA-Karten 50 Zeilen darstellen.

### 4.4.3 Hinweise

Dieser Befehl schaltet das Erscheinen von bestimmten Hinweis-Meldungsfenstern an oder aus. Hinweise sind kurze Informationen, die für den Benutzer wichtig sein können, den Programmablauf aber nicht weiter ändern. Wenn dieser Schalter einge-schaltet ist, so erscheinen die Hinweise sowohl in einem Meldungsfenster als auch im Protokollfenster, ansonsten nur im Protokollfenster.

### 4.4.4 Warnungen

Dieser Befehl schaltet das Erscheinen von bestimmten Warnungs-Meldungsfenstern an oder aus. Bei einer Warnung kann der Benutzer entscheiden, ob er diese ignorieren oder der Ursache auf den Grund gehen und damit die momentane Aktion abbrechen will. Ist dieser Schalter ausgeschaltet, so wird bei den Warnungen eine positive, sprich ignorierende Antwort angenommen und ein entsprechender Hinweis im Protokoll-fenster vermerkt.

### 4.4.5 Kommentarpflege

Dieser Befehl schaltet das automatische Erscheinen des Kommentardialoges nach einem veränderten Wert an oder aus. Ist dieser Schalter angeschaltet, so öffnet sich der Kommentardialog zu einem Wert, wenn man die Eingabezeile zu diesem Wert oder den Dialog verlassen möchte. Dies geschieht allerdings nur, falls der Wert verändert wurde und der Kommentar zu diesem Wert nicht leer ist. Ist dieser Schalter ausgeschaltet, so müssen Sie selber daran denken, die Kommentare immer auf dem laufenden Stand zu halten.

### 4.4.6 Lange Zahlen

Dieser Befehl schaltet die lange Zahlendarstellung in den Eingabedialogen an oder aus. Ist dieser Schalter angeschaltet, so werden die Zahlen in den Eingabezeilen so genau wie möglich dargestellt. Dies hat jedoch zur Folge, daß Sie erst nach rechts scrollen müssen, um den Exponenten zu sehen. Ist dieser Schalter ausgeschaltet, so werden die Zahlen auf die Länge der Eingabezeilen gekürzt. Dies hat jedoch zur Folge, daß Sie die Zahlen nicht in voller Genauigkeit sehen, aber dafür sehen Sie sofort den Exponenten.

### 4.4.7 Oberfläche laden

Dieser Befehl öffnet einen Dateidialog, in dem Sie die Konfigurationsdatei auswählen können, deren Oberflächeneinstellungen Sie laden möchten. Befindet sich bereits beim Programmstart eine Konfigurationsdatei mit dem Namen „CemoS.DSK" im aktuellen Arbeitsverzeichnis, so wird diese automatisch geladen.

### 4.4.8 Oberfläche speichern

Dieser Befehl speichert die aktuellen Einstellungen der Oberfläche in der momentan ausgewählten Konfigurationsdatei. Der Name der aktuellen Konfigurationsdatei ist neben dem Befehl im Menü zu sehen. Wollen Sie die Einstellungen der Oberfläche unter einem anderen Namen abspeichern, so benutzen Sie den → Menübefehl Oberfläche speichern als [Seite 194]. Um die gespeicherten Einstellungen der Oberfläche wieder zu laden, benutzen Sie den → Menübefehl Oberfläche laden [Seite 194].

### 4.4.9 Oberfläche speichern als

Dieser Befehl öffnet einen Dateidialog, in dem Sie einen Dateinamen eingeben können, unter dem Sie die aktuellen Einstellungen der Oberfläche abspeichern möchten. Der Name der Datei erscheint dann im Menü neben dem → Menübefehl Oberfläche speichern [Seite 194].

## 4.5
## Menü Fenster

Das Menü Fenster enthält Befehle, mit denen Sie geöffnete Fenster verändern und aktivieren können.

### 4.5.1 Nächstes Fenster

Dieser Befehl aktiviert das nächste Fenster. Falls sich mehrere Fenster auf dem Bildschirm befinden, wird das in der internen Liste als nächstes aufgelistete Fenster zum aktiven und somit in den Vordergrund gebracht. Alternativ kann dies auch mit der rechten Maustaste durchgeführt werden.

### 4.5.2 Vorheriges Fenster

Der Befehl aktiviert das vorherige Fenster. Falls sich mehrere Fenster auf dem Bildschirm befinden, wird das in der internen Liste als vorhergehend aufgelistete Fenster zum aktiven und somit in den Vordergrund gebracht.

### 4.5.3 Fenstergröße/-position

Mit diesem Befehl leiten Sie die Änderung der Größe und Position des aktiven Fensters ein:

Um die Größe des Fensters zu ändern, benutzen Sie bei gedrückter Umschalt-Taste die Cursor-Tasten. Um die Position eines Fensters zu ändern, brauchen Sie nur die Cursor-Tasten zu benutzen. Möchten Sie Ihre Änderungen wieder verwerfen, drücken Sie die Taste Esc, andernfalls bestätigen Sie mit der Taste Return.

### 4.5.4 Fenster zoomen

Dieser Befehl vergrößert das aktive Fenster auf seine maximale Größe. Ein erneutes Ausführen dieses Befehls bringt das Fenster wieder auf seine ursprüngliche Größe.

### 4.5.5 Fenster überlappend anordnen

Dieser Befehl stapelt alle Fenster um eine Zeile und eine Spalte kaskadenartig versetzt übereinander.

### 4.5.6 Fenster nebeneinander anordnen

Dieser Befehl versucht alle Fenster so neben- und übereinander anzuordnen, daß keine Überlappungen vorkommen. Das gelingt natürlich nur selten, da die Summe der einzelnen Fenster die Größe des Bildschirmes meist überschreitet und manche Fenster statische Formen haben.

### 4.5.7 Fensterliste

Dieser Befehl öffnet den → Dialog Fensterliste [Seite 187]. Dort werden die Namen aller geöffneten Fenster angezeigt. Durch Auswahl eines in der Liste stehenden Fenstertitels wird das entsprechende Fenster aktiviert.

## 4.6
## Menü Hilfe

Über das Menü Hilfe erhalten Sie direkten Zugriff auf die zentralen Stichworte der Online-Hilfe. Von dort kann man zu jedem beliebigen Thema weiterspringen.

### 4.6.1 Hilfeinhalt

Wenn sie diesen Befehl auswählen, erhalten Sie das Inhaltsverzeichnis des Hilfesystems von CemoS.

### 4.6.2 Hilfe zur Oberfläche

Wenn Sie diesen Befehl auswählen, erhalten Sie Hilfe zur Bedienung der → Oberfläche [Seite 178].

### 4.6.3 Tutorial

Wenn Sie diesen Befehl auswählen, erhalten Sie das → Tutorial [Seite 175] zu diesem Programm.

### 4.6.4 Hilfe zum aktiven Modell

Wenn Sie diesen Befehl auswählen, erhalten Sie spezielle Hilfe zum momentan ausgewählten Modell. Den gleichen Hilfebildschirm bekommen Sie, wenn Sie sich im Untermenü auf einem Modell befinden und dann F1 drücken (siehe auch: → Untermenü Aktives Modell [Seite 191]).

### 4.6.5  Hilfeindex

Wenn Sie diesen Befehl auswählen, erhalten Sie eine alphabetisch sortierte Stichwort-
liste, von der aus Sie direkt zum entsprechenden Hilfebildschirm springen können.

### 4.6.6  Hilfe über Hilfe

Wenn Sie diesen Befehl auswählen, erhalten Sie Hinweise zur Benutzung der → Hilfe
[Seite 178].

### 4.6.7  Info

Wenn Sie diesen Befehl auswählen, gelangen Sie zum → Informationsfenster [Seite
187].

# 5
# Beschreibung des Model Interchange Format

Das Model Interchange Format (MIF), welches für CemoS entwickelt wurde, bietet die Möglichkeit, alle Eingabeparameter und Modellergebnisse mehrerer Modelläufe nachvollziehbar zu speichern. Besonders berücksichtigt werden dabei die Abhängigkeiten von Parametern und Erläuterungen und Kommentare an verschiedenen Stellen. Das MIF ist ein Textformat und damit leicht les- und veränderbar. Für Eigenschaften von Substanzen sind im MIF spezielle Abschnitte vorgesehen. Weiterhin ist das MIF erweiterbar und außer bei den Erläuterungen und Kommentaren sprachenunabhängig. Zusammen mit einem Konzept für Standardnamen können so Modellergebnisse in verschiedenen Sprachen ausgegeben werden. Es existiert ein vollständiger Compiler für das MIF, implementiert als Skript in awk (Aho, Kernighan, Weinberger, 1988).

Der Distribution von CemoS ist ein awk-Interpreter beigelegt, und es sind verschiedene Skripte vorhanden, die von CemoS exportierte MIF-Dateien verarbeiten können.

Die Datei STDNAMES.SN enthält die Übersetzungen für Deutsch und Englisch der Standardnamen, welche CemoS beim Exportieren verwendet.

CemoS verwendet nur einen kleinen Teil der MIF Fähigkeiten, um seine Modellergebnisse vollständig auszugeben und die von CemoS verwendeten Substanz- und Modellparameter einzulesen.

Der Distribution von CemoS liegen genauere Beschreibungen des MIF bei.

## 5.1
## Weiterverarbeitung von CemoS MIF Dateien

Für die Erstellung von deutschen Reports aus einer MIF-Datei kann REPORT.BAT oder REPORTF.BAT aufgerufen werden. Beide Batchdateien erfordern die Angabe einer MIF-Datei. REPORT.BAT gibt auf den Bildschirm aus, REPORTF.BAT erwartet einen weiteren Dateinamen, wohin die Ausgabe geschrieben werden soll.

Ein Beispielaufruf wäre: „REPORT test.mif", falls Sie vorher die Datei „test.mif" exportiert haben. „REPORTF test.mif ergeb" würde den Report in die Datei „ergeb" schreiben. Die nachfolgend beschriebenen Batchdateien besitzen jeweils ein Äquivalent, welches dazu dient, die Ausgabe in eine Datei umzuleiten.

LIST.BAT listet die in der MIF-Datei vorhandenen Tabellen auf. Mit PRINT.BAT und RAW.BAT lassen sich die Daten der Tabellen ausgeben. Bei PRINT.BAT enhält die Ausgabe noch Kommentare und ist z.B. gut für gnuplot verwendbar.

Sollten Sie gnuplot installiert haben, so können Sie mit PLOT.BAT direkt die Ergebnisse als Plots ansehen. PLOTF.BAT schreibt mit Hilfe von gnuplot eine Postscriptdatei. Bei den PLOT-Batchdateien können Sie auch angeben, welche Tabellenspalte mit welcher aufgetragen wird, dazu geben Sie einfach die Nummern der Tabellenspalten an. Zuerst die Nummer der Spalte, welche als X-Achse dienen soll, danach bis zu sechs Nummern, die die Y-Spalten angeben.

Sollten Sie Reports von MIF-Dateien erstellen wollen, die nur teilweise so aussehen wie die von CemoS erstellten, dann können Sie UREPORT.BAT verwenden. Dies ist nützlich, wenn Sie eigene MIF-Dateien erstellen, die nicht alle Angaben enthalten, die CemoS exportieren würde.

## 5.2
## Erstellen von MIF Dateien für CemoS

Die MIF-Dateien, die von CemoS erstellt werden, sind fast selbsterklärend. Sie können also für das Importieren für CemoS auch Parameter weglassen und eigene in MIF-Dateien behalten. CemoS importiert allerdings nur die Daten.

Weitergehendes finden Sie in den Dokumentationsdateien zum MIF.

## 5.3
## Aufstellung der Weiterverarbeitungs-Skripte

| Kommando | Beschreibung |
| --- | --- |
| LIST mif | Zeigt die in der MIF-Datei mif enthaltenen Tabellen an. |
| LISTF mif ausgabe | Schreibt das Ergebnis von LIST in die Datei ausgabe. |
| PLOT mif [X Y1 [...]] | Die in der MIF-Datei mif zuerst gefundene Tabelle wird über gnuplot auf dem Bildschirm dargestellt. gnuplot muß also installiert sein. X bezeichnet die Nummer der Spalte für die X-Achse, Y1 bis maximal Y6 bezeichnen die auf die Y-Achse aufzutragenden Spalten. Werden X und Y nicht definiert, so ist X=1 und alle übrigen Spalten entsprechen Y1 usw. |
| PLOTF mif [X Y1 [...]] ausgabe | Schreibt das Bild, welches über PLOT erzeugt wurde, im Postscript-Format in die Datei ausgabe. |

| | |
|---|---|
| PRINT [tab] mif | Zeigt die Tabelle mit der Bezeichnung tab mit allen Kommentaren und mit einem Leerzeichen als Spaltentrenner an. Den Kommentaren ist ein Lattenzaun (#) vorangestellt. Wird tab nicht angegeben, so wird die erste gefundene ausgegeben. |
| PRINTF [tab] mif ausgabe | Schreibt die Ausgabe von PRINT in die Datei ausgabe. |
| RAW [tab] mif | Arbeitet wie PRINT, nur daß alle Kommentare weggelassen werden. |
| RAWF [tab] mif ausgabe | Schreibt die Ausgabe von RAW in die Datei ausgabe. |
| REPORT mif | Erstellt einen vollständigen, deutschen Report der in der MIF-Datei mif beschriebenen Modellrechnung. |
| REPORTF mif ausgabe | Schreibt die Ausgabe von REPORT in die Datei ausgabe. |
| UREPORT mif | Erstellt ähnlich wie REPORT einen Report der in der MIF-Datei mif vorliegenden Daten. Allerdings ist hier keine bestimmte inhaltliche Zusammensetzung, wie z. B. die von CemoS vorausgesetzt. Es können also Reports beliebiger, das MIF einhaltende, Dateien erstellt werden. |
| UREPORTF mif ausgabe | Schreibt die Ausgabe von UREPORT in die Datei ausgabe. |

# 6
# Dateneingabe

In diesem Kapitel wird allgemein erläutert, wie man in die Eingabedialoge gelangt und wie man Daten aus Dateien einliest.

Nähere Informationen zu den einzelnen Themen finden Sie unter:
→ Simulation durchführen [Seite 205], → Substanzdaten [Seite 212].

Informationen zur Benutzeroberfläche erhalten Sie unter → Oberfläche [Seite 178]. Allgemeine Informationen zu Dialogen finden Sie unter → Dialoge [Seite 182].

## 6.1
## Substanzdaten eingeben

Verwenden Sie die beiden Menübefehle → Substanz neu [Seite 189], wenn Sie eine neue Substanz eingeben möchten, und → Substanz ändern [Seite 189], wenn Sie die Daten der aktuellen Substanz verändern möchten.
Wählen Sie einen dieser beiden Befehle aus, so öffnet sich der → Dialog Substanzdaten eingeben [Seite 200], in dem Sie die Substanzdaten bearbeiten können.

## 6.2
## Modelldaten eingeben

Zur Eingabe der Modellparameter gelangen Sie durch den → Menübefehl Parametereingabe [Seite 191]. Besitzt das aktive Modell mehrere Eingabedialoge, so öffnet sich ein weiterer Dialog, in dem Sie auswählen können, welchen Eingabedialog Sie öffnen wollen. Danach gelangen Sie in den Eingabedialog, in dem Sie die Parameter eingeben oder ändern können.

Nähere Information unter → Modellparameter eingeben [Seite 209].

## 6.3
## Substanzdaten einlesen

Um nicht jedesmal die Daten einer Substanz eingeben zu müssen, kann man Substanzen auch in Substanzdatenbanken speichern, um sie jederzeit wieder laden zu können.

Nähere Infomationen unter → Substanzen verwalten [Seite 206] und → Menü Substanz [Seite 189].

## 6.4
## Szenarien einlesen

Um die Modellparameter einer bestimmten Gegebenheit nicht jedesmal erneut eingeben zu müssen, lassen sich die Modellparameter als Szenarien speichern und somit jederzeit wieder laden.

Nähere Informationen unter → Szenarien verwenden [Seite 210].

## 6.5
## Daten Importieren

CemoS bietet die Möglichkeit, Daten aus MIF-Dateien zu importieren. Dafür steht der → Menübefehl Importieren [Seite 188] zur Verfügung. Nach Auswahl dieses Befehls öffnet das Programm zunächst einen → Dateidialog [Seite 185], in dem Sie die Datei, aus der Sie die Daten importieren möchten, auswählen. Danach erscheint der → Dialog Inhalt der Importdatei [Seite 201], in dem alle importierbaren Daten aufgelistet sind, die sich in der Datei befinden. Nachdem Sie die gewünschten Daten ausgewählt haben, werden diese importiert.

Siehe auch → Erstellen von CemoS MIF Dateien [Seite 198].

### 6.5.1 Dialog Inhalt der Import-Datei

Dieser Dialog dient dazu, die importierbaren Daten einer MIF-Datei in einer Auswahlliste anzuzeigen. Durch Auswahl der gewünschten Daten und anschließendem Betätigen des Knopfes Ok werden die entsprechenden Daten importiert. Die Auswahl des Knopfes Abbruch beendet den Dialog, ohne irgendwelche Daten zu importieren.

## 6.6
## Eingabedaten abschätzen

Manche Eingabewerte in den Dialogen für Substanzdaten- und Modellparameter lassen sich durch andere Werte abschätzen. Ist dies der Fall, so ist der Knopf Abschätzen anwählbar, sobald Sie die Eingabezeile des abschätzbaren Wertes selektieren. Klicken Sie den Knopf Abschätzen an, so öffnet sich der → Dialog Abschätzfunktionen [Seite 202]. Haben Sie den Wert abgeschätzt, so wird die Eingabezeile in einer anderen Farbe dargestellt, damit Sie später sofort sehen, ob der Wert abgeschätzt ist. Geben Sie per Hand einen anderen Wert ein, so verschwindet diese Markierung wieder und die Eingabezeile erscheint wieder in der ursprünglichen Farbe und die Verknüpfung mit der Abschätzfunktion ist wieder aufgehoben.

Ändern Sie einen Ausgangswert für eine Abschätzung, werden abgeschätzte Werte, die von dem Ausgangswert abhängen, automatisch neu berechnet.

### 6.6.1 Dialog Abschätzfunktionen

Der Dialog öffnet sich jedesmal, sobald der Knopf Abschätzen betätigt wurde. Er enthält eine Liste aller für den abzuschätzenden Wert vorhandenen Abschätzfunktionen. Der Name des abzuschätzenden Wertes steht zur besseren Orientierung im Dialogtitel.

Um einen Wert mit einer bestimmten Funktion abzuschätzen, markieren Sie die gewünschte Funktion in der Liste und klicken den Knopf Ok oder den Funktionsnamen doppelt an. Wollen Sie den Wert doch nicht abschätzen, so können Sie den Dialog einfach abbrechen, ohne den Wert abzuschätzen.

Benötigen Sie mehr Informationen zu einer Abschätzfunktion, so markieren Sie die Funktion und klicken den Knopf Details an. Daraufhin öffnet sich ein Hilfebildschirm, der detaillierte Informationen zu der Abschätzfunktion enthält.

## 6.7
## Eingabedaten kommentieren

Fast alle Eingabewerte lassen sich mit einem eigenen Kommentar versehen. Ausgenommen sind die Werte einer Eingabetabelle. Um einen Wert zu kommentieren, selektieren Sie die Eingabezeile dieses Wertes und klicken den Knopf Kommentar an. Daraufhin öffnet sich der → Dialog Kommentar [Seite 202], in dem Sie Ihren Kommentar eingeben können.

### 6.7.1 Dialog Kommentar

Dieser Dialog wird dazu benutzt, einen Wert zu kommentieren. Er besteht aus einem mehrzeiligen Eingabefeld und den zwei Knöpfen Ok und Abbruch. Wurde der Wert abgeschätzt, so steht unter dem Eingabefeld zusätzlich noch der Name der Abschätzfunktion. Das Eingabefeld hat die gleiche Bedeutung wie ein Kommentarfeld in einem Eingabedialog, allerdings dient dieses Kommentarfeld dazu, einen speziellen Kommentar zu einem einzigen Wert einzugeben (siehe auch → Eingabefelder [Seite 184], → Kommentarfeld [Seite 184]).

# 7
# Datenausgabe

## 7.1
## Bildschirmausgabe

Die Bildschirmausgabe der Simulationsergebnisse erfolgt thematisch geordnet in Fenstern. Zusätzlich zu den normalen Ergebniswerten werden bei einigen Modellen auch noch ein → Tabellenfenster [Seite 181] und ein oder mehrere Fenster mit einer Balkengrafik, die die Werte aus der Tabelle grafisch darstellen, ausgegeben.
Außer in normaler Textgrafik kann CemoS die Simulationsergebnisse auch in hochauflösender Grafik ausgeben. Zu dieser Grafik gelangen Sie durch den → Menübefehl Grafik anzeigen [Seite 192].

## 7.2
## Dialog Grafik auswählen

Dieser Dialog stellt eine Liste der zum aktuellen Modell gehörenden Grafiken zur Verfügung. Um eine Grafik anzuzeigen, markieren Sie den entsprechenden Eintrag in der Liste und aktivieren Sie den Knopf Ok oder klicken den Eintrag in der Liste doppelt an.

## 7.3
## Daten exportieren

CemoS exportiert alle Daten, die von einem Modellauf bekannt sind im → Model Interchange Format [Seite 197]. Dazu dient der → Menübefehl Exportieren als [Seite 188]. Nach Auswahl dieses Befehls erscheint ein → Dateidialog [Seite 185], in dem Sie den Namen der Datei eingeben können, in die CemoS exportieren soll.

Sie können die Ergebnisdateien vielfältig weiterverarbeiten, siehe dazu: → Weiterverarbeitung von CemoS MIF Dateien [Seite 197].
Die Weiterverarbeitung der Ergebnisse einer Rechnung mit CemoS sollte über diesen Mechanismus geschehen, da nur so eine Nachvollziehbarkeit gewährleistet ist.

## 7.4
## Ausgabe auf einen Drucker

Man kann von CemoS aus nicht direkt einen Drucker ansprechen. Dafür muß auf jeden Fall CemoS verlassen oder eine DOS-Ebene eröffnet werden. Zuvor jedoch müssen die gewünschten Daten exportiert werden. Dies geht über den → Menübefehl Exportieren als [Seite 188].

Nachdem so alle verfügbaren Informationen in einer MIF-Datei gespeichert wurden, können nun mit Hilfe bereitgestellter oder eigener Batch-Dateien die gewünschten Informationen herausgefiltert und aufbereitet werden.

So werden z.B. mit der Batch-Datei REPORTF.BAT alle Daten der MIF-Datei in eine andere Datei als deutsche, gut lesbare Report-Textdatei geschrieben. Diese Datei läßt sich mit den üblichen DOS-Kommandos auf einen Drucker oder jedes beliebige andere Ausgabegerät ausgeben.

Weitere Informationen finden Sie unter → Weiterverarbeitung von CemoS MIF Dateien [Seite 197].

## 7.5
## Ausgabe in eine Datei

Die Ausgabe von Daten ist eine natürliche Vorstufe zur Ausgabe auf Drucker. Sie werden unter → Datenausgabe Drucker [Seite 204] die gewünschten Informationen finden.

## 7.6
## Ausgabe von Tabellen

Ergebnistabellen werden zusammen mit allen anderen verfügbaren Daten beim Exportieren in einer MIF-Datei gespeichert. Aus dieser lassen sie sich mit Hilfe von vorbereiteten oder eigenen Batch-Dateien extrahieren und in die gewünschte Form bringen.

Beigelegt sind die Batch-Dateien LIST.BAT, RAW.BAT und PLOT.BAT. Näheres dazu finden Sie unter → Weiterverarbeitung von CemoS MIF Dateien [Seite 197].

# 8
# Simulation durchführen

## 8.1
## Substanzdaten eingeben

Zur Substanzdateneingabe gelangt man durch die beiden Menübefehle → Substanz neu [Seite 189], wenn man eine neue Substanz eingeben möchte, und → Substanz ändern [Seite 189], wenn man die Daten der aktuellen Substanz lediglich verändern möchte.

Wählt man einen dieser beiden Befehle aus, so öffnet sich der → Dialog Substanzdaten eingeben [Seite 205], in dem man die nötigen Substanzdaten eingeben kann.

### 8.1.1 Dialog zur Substanzdateneingabe

Dieser Dialog dient dazu, die physiko-chemischen Daten einer Substanz einzugeben. Geöffnet wird er von den Befehlen → Neue Substanz [Seite 189], wenn Sie eine neue Substanz eingeben wollen, oder → Substanz ändern [Seite 189], wenn Sie die aktuellen Substanzdaten ändern wollen.

Man kann einen Wert entweder eingeben oder, falls Abschätzfunktionen zur Verfügung stehen, abschätzen lassen. Um einen Wert abzuschätzen, wählt man das Eingabefeld des Wertes aus und betätigt dann den Knopf Abschätzen. Daraufhin erscheint ein Dialog, der die Auswahl der Abschätzmethode ermöglicht. Ob ein Wert abschätzbar ist, erkennt man an der Darstellung des Knopfes Abschätzen.

Weiterhin ist es möglich, fast jeden Wert mit einem Kommentar zu versehen. Auch hier muß das entsprechende Eingabefeld ausgewählt sein und dann der Knopf Kommentar betätigt werden. Der daraufhin erscheinende Dialog ermöglicht die Ansicht bzw. die Änderung des Kommentars. Ob ein Wert mit einem Kommentar versehen werden kann, erkennt man an der Darstellung des Knopfes Kommentar.

Im unteren Teil des Dialoges ist ein Kommentarfeld, in den Sie einen Kommentar, der für die gesamten Substanzdaten bestimmt ist, eingeben.

## 8.2
## Ausgabe der Substanzdaten

Bei der Ausgabe der Substanzdaten wird eine Liste aller Substanzdaten und deren Werte ausgegeben.

Nähere Informationen zu diesem Thema gibt es unter:
→ Datenausgabe Drucker [Seite 204]
→ Datenausgabe Datei [Seite 204].


## 8.3
## Substanzen verwalten

Um nicht jedesmal die Daten einer Substanz eingeben zu müssen, kann man verschiedene Substanzen in Substanzdatenbanken speichern, um sie später wieder zu laden. Dazu stehen verschiedene Befehle zur Verfügung.


### 8.3.1 Substanz laden

Eine Substanz läßt sich aus der aktuellen Datenbank laden mit Hilfe des → Menübefehls Substanz laden [Seite 189]. Nach Auswahl des Befehls öffnet sich der → Dialog Substanz laden [Seite 206], in dem Sie eine Substanz auswählen können.

Damit Sie eine Substanz laden können, müssen Sie zuerst eine → Datenbank öffnen [Seite 208], in der mindestens eine Substanz enthalten ist. Ist dies nicht der Fall, so läßt sich der Befehl im Menü nicht anwählen.


### Dialog Substanz laden

Dieser Dialog ermöglicht das Auswählen einer Substanz aus der Datenbank, um diese zu laden.

In einer Liste mit zwei Spalten werden die Substanznamen und die zu den Substanzen gehörenden CAS-Nummern dargestellt. Wenn zu einer Substanz keine CAS-Nummer eingegeben wurde, steht hier „unbekannt". Mit Hilfe der Cursortasten kann man die Markierung in der Liste verschieben. Da es vorkommen kann, daß der Substanzname zu lang für die Darstellung ist, existiert ein horizontaler Scrollbalken. Bei Verschieben der Markierung auf diesem Scrollbalken wird der versteckte Teil des Namens sichtbar.

Falls die Liste sehr lang ist oder Sie über einen Substanznamen nur unvollständige Informationen besitzen, kann man mit Hilfe des Knopfes Suchen den → Dialog Substanz suchen [Seite 207] öffnen, der die Suche einer Substanz mit Hilfe eines Suchbegriffes ermöglicht. Die Suche beginnt immer am Anfang der Liste, unabhängig von der aktuellen Position der Markierung.

Falls die Suche nach dem eingegebenen Begriff erfolgreich war, wird die gefundene Substanz in der Liste markiert. Zudem wird der Knopf Weiter anwählbar. Dieser Knopf ermöglicht es nun, die Suche nach dem eingegebenen Begriff fortzusetzen. Solange die Suche über den Knopf Weiter erfolgreich ist, bleibt dieser Knopf anwählbar. Wenn kein passender Eintrag mehr vorhanden ist, erscheint ein entsprechendes Meldungsfenster und der Knopf Weiter ist nicht mehr anwählbar. Man muß jetzt eine neue Suche mit dem Knopf Suchen starten.

Um eine Substanz aus der Datenbank zu laden, genügt ein Doppelklick mit der Maus auf den gewünschten Listeneintrag oder die Markierung der gewünschten Substanz und die Betätigung des Knopfes Laden.

**Dialog Substanz suchen**

Dieser Dialog erlaubt die Eingabe zweier Suchbegriffe (Substanzname und CAS-Nummer), die nach Betätigung des Knopfes Ok zur Suche verwendet werden.

Die Suchmethode geht dabei folgendermaßen vor:

- es genügt, für einen der beiden Suchbegriffe etwas einzugeben
- für eine unbekannte CAS-Nummer muß nicht „unbekannt" eingegeben werden, es genügt, dieses Feld frei zu lassen
- es werden alle Einträge gefunden, die den Suchbegriff beinhalten
- falls bei beiden Suchbegriffen etwas eingetragen wurde, werden nur solche Einträge gefunden, auf die beides zutrifft
- es wird nicht zwischen Groß- und Kleinschreibung unterschieden

Nach Betätigung des Knopfes Ok wird dieser Dialog geschlossen und die Suche gestartet. Im → Dialog Substanz laden [Seite 206] wird nun der erste gefundene Eintrag angezeigt. Bei der Weitersuche werden die hier eingegebenen Suchbegriffe weiter verwendet. Dies gilt analog beim Löschen von Substanzen.

## 8.3.2 Substanz speichern

Die aktuelle Substanz läßt sich, unter Verwendung des → Menübefehls Substanz speichern [Seite 190], in einer Substanzdatenbank speichern. Später können Sie diese Substanz aus dieser Datenbank laden und müssen nicht jedesmal die Daten der Substanz eingeben.

Damit Sie eine Substanz speichern können, müssen Sie zuerst eine bereits bestehende → Datenbank öffnen [Seite 208], oder eine neue → anlegen [Seite 208]. Ist dies nicht der Fall, so läßt sich der Befehl im Menü nicht anwählen. Eine Substanz läßt sich nur dann speichern, wenn Sie einen Namen und einen Kommentar eingegeben haben.

## 8.3.3 Substanz löschen

Eine Substanz läßt sich aus der Datenbank löschen mit Hilfe des → Menübefehls Substanz löschen [Seite 190]. Nach Auswahl dieses Befehls öffnet sich der → Dialog Substanz löschen [Seite 207], in dem Sie eine Substanz auswählen können.

Damit Sie eine Substanz löschen können, müssen Sie zuerst eine → Datenbank öffnen [Seite 208], in der mindestens eine Substanz enthalten ist. Ist dies nicht der Fall, so läßt sich der Befehl im Menü nicht anwählen.

**Dialog Substanz löschen**

Dieser Dialog ist genauso aufgebaut wie der → Dialog Substanz laden [Seite 206], mit dem einzigen Unterschied, daß dieser Dialog zum Löschen einer Substanz bestimmt ist.

Bevor eine Substanz aus der Datenbank gelöscht wird, erscheint in einem Meldungsfenster die Sicherheitsabfrage, ob Sie die ausgewählte Substanz wirklich löschen möchten. Diese Abfrage sorgt einem versehentlichen Löschen durch einen ungewollten Doppelklick auf eine Substanz vor.

### 8.3.4  Neue Datenbank anlegen

Sie können eine neue Substanzdatenbank anlegen mit Hilfe des → Menübefehls Neue Datenbank [Seite 190]. Diese neue Datenbank wird automatisch auch zur aktuellen Datenbank und enthält keine Einträge. Neue Substanzen können Sie erstellen mit dem → Menübefehl Neue Substanz [Seite 189], und in die neue Datenbank einfügen mit dem → Menübefehl Substanz speichern [Seite 190].

Die neue Datenbank wird immer im aktuellen Verzeichnis, dem sog. Arbeitsverzeichnis angelegt. Falls Sie Ihre Datenbank lieber in einem anderen Verzeichnis anlegen möchten, können Sie dieses explizit im Dateidialog Datenbank erstellen auswählen oder, bevor Sie die Datenbank anlegen, das Verzeichnis wechseln mit dem → Menübefehl Arbeitsverzeichnis [Seite 189].

### 8.3.5  Datenbank öffnen

Sie können eine bereits bestehende Datanbank öffnen mit Hilfe des → Menübefehls Datenbank öffnen [Seite 190]. Es öffnet sich ein → Dateidialog [Seite 185], in dem Sie den Namen der zu öffnenden Datenbank auswählen. Die zu öffnende Datenbank muß allerdings schon bestehen. D.h., es kann mit diesem Befehl keine neue Datenbank angelegt werden.

Wenn die zu öffnende Datenbank nicht im aktuellen Verzeichnis steht, empfiehlt es sich, das aktuelle Verzeichnis zu wechseln mit Hilfe des → Menübefehls Arbeitsverzeichnis [Seite 189].

### 8.3.6  Datenbanken verbinden

Sie können eine zweite Substanzdatenbank mit der aktuellen verbinden mit Hilfe des → Menübefehls Datenbank verbinden [Seite 190]. Es öffnet sich ein Dateidialog, in dem Sie eine Substanzdatenbank auswählen können.

Nach Betätigen des Knopfes Ok werden die in der ausgewählten Datenbank gespeicherten Substanzen in die aktuelle Datenbank übernommen. Falls dabei ein Substanzname in beiden Datenbanken vorhanden ist, öffnet sich ein Abfragedialog, in dem Sie entscheiden können, ob die Substanz in der aktuellen Datenbank durch die gleichnamige Substanz der zweiten Datenbank überschrieben werden soll. Falls Sie nicht wissen, welche der beiden Substanzen die richtige ist, sollten Sie zuerst „Nein" auswählen, da diese sonst gelöscht ist, während bei einem Nein beide Substanzen noch vorhanden sind. Die ausgewählte Datenbank muß einen anderen Namen besitzen als die aktuelle Datenbank.

### 8.3.7 Datenbank löschen

Sie können eine Datenbank löschen mit Hilfe des → Menübefehls Datenbank löschen
[Seite 190]. Es öffnet sich ein → Dateidialog [Seite 185], in dem Sie die Datenbank auswählen können, die Sie löschen wollen.

## 8.4
## Modelle auswählen

Die Auswahl des Modells erfolgt im → Untermenü Aktives Modell [Seite 191]. Sie brauchen das gewünschte Modell lediglich wie einen Menübefehl auswählen, damit es aktiviert
wird. Sind auf dem Bildschirm irgendwelche Ergebnisfenster vorhanden, so werden diese
gelöscht. Zur Kennzeichnung des aktiven Modells wird es im Menü mit einem Haken
markiert. Außerdem erscheint der Modellname im Statusfenster.

## 8.5
## Modellparameter eingeben

Zur Eingabe der Modellparameter gelangen Sie durch den → Menübefehl Parametrein-
gabe [Seite 191].

Besitzt das aktive Modell mehrere Eingabedialoge, so öffnet sich der → Dialog Einzuge-
bende Parameter wählen [Seite 209]. In ihm können Sie auswählen, welchen Eingabedialog Sie öffnen wollen.
Nach der Auswahl öffnen sich nacheinander alle ausgewählten Eingabedialoge, in denen
Sie die nötigen Modellparameter eingeben oder ändern können.

### 8.5.1 Dialog Einzugebende Parameter wählen

Dieser Dialog stellt eine Liste aller zum aktiven Modell gehörenden Eingabedialoge zur
Verfügung, aus der Sie einen oder mehrere Einträge auswählen können. Möchten Sie alle
Eingabedialoge öffnen, so brauchen Sie lediglich den Knopf Alle anzuklicken, und es
werden alle Einträge in der Liste markiert.
Haben Sie ihre Auswahl getätigt, so können Sie mit Hilfe des Knopfes Ok den Dialog
beenden, und es werden alle markierten Eingabedialoge nacheinander geöffnet.

## 8.6
## Modellparameter ausgeben

Bei der Ausgabe der Modellparameter wird eine Liste der verwendeten Parameter und
deren Werte ausgegeben. Sind bei einem Modell mehrere Einstellungen möglich, so daß
nicht alle Parameter benötigt werden, dann werden diese auch nicht ausgegeben.

Nähere Informationen zu diesem Thema gibt es unter → Datenausgabe Drucker [Seite
204]).

## 8.7
## Szenarien verwenden

Um die Modellparameter für eine bestimmte Anwendung nicht jedesmal neu eingeben zu müssen, können Sie einen Parametersatz als Szenarium abspeichern. In einer Szenariendatei stehen Informationen über das zugehörige Modell, die Modellparameter und die Substanzdaten.
Die verschiedenen Befehle, mit denen man Szenarien verwalten kann, werden im folgenden beschrieben.

Als allgemeiner Dialog wird dort der  →  Dialog Szenarien [Seite 210] verwendet.

### 8.7.1 Dialog Szenarien

Dieser Dialog wird zum Laden, Speichern und Löschen von Szenarien verwendet. Im oberen Teil befinden sich zwei Eingabezeilen, in denen Sie den Namen der Szenariendatei und die Kurzbeschreibung des Szenariums eingeben können. Unter den Eingabezeilen befindet sich eine Auswahlliste. Mit Hilfe dieser Liste können Sie ein Szenarium auswählen, wenn Sie ein schon vorhandenes Szenarium laden, überschreiben oder löschen möchten. Die Szenarienliste ist in drei Spalten aufgeteilt. In der ersten Spalte sehen Sie alle vorhandenen Szenariendateien aus dem aktuellen Szenarienverzeichnis, in der zweiten Spalte stehen die Namen der Modelle, zu denen die einzelnen Szenarien gehören, und in der dritten Spalte stehen die Kurzbeschreibungen der Szenarien. Die erste Spalte enthält zusätzlich zu den Szenariendateien des aktuellen Szenarienverzeichnisses noch dessen Unterverzeichnisse und alle verfügbaren Laufwerke. In der zweiten Spalte steht dann nicht der Name eines Modells, sondern ein Eintrag, der angibt, daß es sich um ein Verzeichnis bzw. Laufwerk handelt. Mit Hilfe dieser Einträge können Sie das Verzeichnis und/oder Laufwerk wechseln, um dort nach Szenarien zu suchen oder um dort ein Szenarium abzuspeichern.

### 8.7.2 Szenarium laden

Ein neuer Parametersatz läßt sich laden mit Hilfe des  →  Menübefehl Szenarium laden [Seite 191]. Nach Auswahl dieses Befehls öffnet sich der  →  Dialog Szenarien [Seite 210], in dem Sie das Szenarium auswählen können, das Sie laden möchten.

### 8.7.3 Szenarium speichern

Der aktuelle Parametersatz läßt sich abspeichern mit Hilfe des  →  Menübefehls Szenarium speichern [Seite 191]. Wurde bereits ein Szenarium geladen oder abgespeichert, so wird das aktuelle Szenarium unter dem aktuellen Namen abgespeichert, ansonsten hat dieser Befehl die gleiche Wirkung wie  →  Szenarium speichern als [Seite 191].

### 8.7.4 Szenarium speichern als

Der aktuelle Parametersatz läßt sich unter einem neuen Namen abspeichern mit Hilfe des
→ Menübefehls Szenarium speichern als [Seite 191]. Nach Auswahl dieses Befehls öffnet
sich der → Dialog Szenarien [Seite 210], in dem Sie den gewünschten Szenariumnamen
eingeben können, unter dem es abgespeichert werden soll.

### 8.7.5 Szenarium löschen

Ein Szenarium läßt sich löschen mit Hilfe des → Menübefehl Szenarium löschen [Seite
191]. Nach Auswahl dieses Befehls öffnet sich der → Dialog Szenarien [Seite 210], in dem
Sie das zu löschende Szenarium auswählen können.

### 8.7.6 Szenarienverzeichnis

Voreingestellt sucht CemoS beim Öffnen des Szenariendialoges im Unterverzeichnis
SCENARIO, das sich im Programmverzeichnis von CemoS befindet, nach Szenarien.
Existiert dieses nicht, so sucht CemoS im Programmverzeichnis selber. Möchten Sie, daß
CemoS beim Öffnen in einem anderen Verzeichnis und/oder Laufwerk sucht, so können
Sie dies einstellen. Dies geschieht mit dem → Menübefehl Szenarienverzeichnis [Seite
191]. Nach Auswahl dieses Befehls öffnet sich der → Dialog Verzeichnis wechseln [Seite
186], mit dessen Hilfe Sie das gewünschte Verzeichnis einstellen können.

# 9
# Substanzdaten

Zu jeder Substanz gibt es eine Reihe physiko-chemischer Daten. Jeder Wert kann für sich mit einem Kommentar versehen werden. Falls ein Wert abgeschätzt wurde, ist die benutzte Abschätzmethode im Kommentarfenster ersichtlich.

CemoS läßt nicht alle beliebigen Werte zu, sondern gibt Warnungen aus, wenn Werte außerhalb der üblichen Bereiche sind. Sind Werte physikalisch unmöglich, gibt CemoS Fehlermeldungen aus und akzeptiert diese Werte nicht.

Beschreibung der Substanzdaten:

| Bezeichnung | Einheit | Warnung außerhalb | Fehler außerhalb |
|---|---|---|---|
| Name | – | – | – |

Name oder sonstige Bezeichnung für die Substanz.

| CAS | – | – | – |
|---|---|---|---|

CAS-Nummer der Substanz; CAS steht für Chemical Abstract Service. Die Syntax für eine solche Nummer lautet: Beliebig viele, aber mindestens eine Ziffer gefolgt von einem Bindestrich gefolgt von einer zweistelligen Zahl gefolgt von einem Bindestrich gefolgt von einer Ziffer ([...Z]Z-ZZ-Z).

| Summenformel | – | – | – |
|---|---|---|---|

Summenformel der Substanz. Soll die Molmasse aus der Summenformel abgeschätzt werden, so ist hier eine korrekte Eingabe notwendig. Zur Syntax siehe → Abschätzung der Molmasse [Seite 253].

| M | g/mol | [1;1000] | [1; ∞ [ |
|---|---|---|---|

Molmasse der Substanz. Siehe auch → Abschätzung der Molmasse [Seite 253].

| bp | K | [mp;5000] | [mp; ∞ [ |
|---|---|---|---|

Siedepunkt der Substanz. (Wird erst beim Verlassen des Eingabedialoges mit mp verglichen.)

| mp | K | [0;5000] | [0; ∞ [ |
|---|---|---|---|

Schmelzpunkt der Substanz.

| | | | |
|---|---|---|---|
| **K**$_{AW}$ | – | [0;100] | [0; ∞ [ |

Verteilungskoeffizient Luft zu Wasser (dimensionslose Henry-Konstante). Abschätzung: Siehe → Abschätzung des $K_{AW}$ [Seite 254].

| | | | |
|---|---|---|---|
| **K**$_{OC}$ | cm$^3$/g | [0;1·10$^9$] | [0; ∞ [ |

Verteilungskoeffizient organischer Kohlenstoff zu Wasser. Dieser Wert beschreibt die Sorption lipophiler organischer Stoffe an organische Substanz (Humus, etc.). Abschätzungen: Siehe → $K_{OC}$ Abschätzungen [Seite 255].

| | | | |
|---|---|---|---|
| **log K**$_{OW}$ | – | ]-∞ ;15] | ]-∞ ;15] |

Logarithmus des Verteilungskoeffizienten Oktanol zu Wasser. Dieser Wert beschreibt die Lipophilität der Substanz. Abschätzungen: Siehe → log K$_{OW}$ Abschätzungen [Seite 255].

| | | | |
|---|---|---|---|
| **BCF** | – | [1;1·10$^{15}$] | [1;1·10$^{15}$] |

Biokonzentrationsfaktor (Konzentration im Fisch zu Konzentration im umgebenden Wasser). Abschätzungen: Siehe → BCF Abschätzungen [Seite 256].

| | | | |
|---|---|---|---|
| **Deg**$_{Water}$ | 1/d | [0;36] | [0;36] |

Abbaurate erster Ordnung im Wasser.

| | | | |
|---|---|---|---|
| **Deg**$_{Soil}$ | 1/d | [0;36] | [0;36] |

Abbaurate erster Ordnung im Boden.

| | | | |
|---|---|---|---|
| **Deg**$_{Plant}$ | 1/d | [0;36] | [0;36] |

Abbaurate erster Ordnung in der Pflanze.

| | | | |
|---|---|---|---|
| **Deg**$_{Air}$ | 1/d | [0;36] | [0;36] |

Abbaurate erster Ordnung in der Luft.

| | | | |
|---|---|---|---|
| **D**$_a$ | m$^2$/d | ]0;10] | ]0;10] |

Diffusionskoeffizient der Substanz in Gasen. Abschätzung: Siehe → Abschätzungen des Diffusionskoeffizienten für Luft [Seite 257].

| | | | |
|---|---|---|---|
| **D**$_w$ | m$^2$/d | ]0;1·10$^{-3}$] | ]0;1·10$^{-3}$] |

Diffusionskoeffizient der Substanz in Wasser. Abschätzung: Siehe → Abschätzungen des Diffusionkoeffizienten für Wasser [Seite 257].

| | | | |
|---|---|---|---|
| **VP** | Pa | [0;110000] | [0; ∞ [ |

Dampfdruck der Substanz bei 20 °C.

| pKa | – | [0;14] | [-10;24] |
| --- | --- | --- | --- |

Der pKa ist der negative dekadische Logarithmus der Dissoziationskonstante.

| ws | g/l | [0;500] | $[0; \infty\,[$ |
| --- | --- | --- | --- |

Wasserlöslichkeit. Abschätzung: Siehe → Wasserlöslichkeit Abschätzung [Seite 257].

| Protolyse | – | – | – |
| --- | --- | --- | --- |

Protolyse der Substanz. Sie kann die Zustände sauer, alkalisch, und neutral einnehmen. Anhand dieser Information wird in vielen Modellen eine → $K_{AW}$ Standardkorrektur durchgeführt, [Seite 266]

| Kommentar | – | – | – |
| --- | --- | --- | --- |

Allgemeiner Kommentar zu der Substanz. Hier sollten Informationen über die Herkunft der Daten, sowie andere wichtige Hinweise zu den Daten vermerkt werden. Sinnvoll ist es auch immer, Datum der Eingabe und Name des Eingebenden zu hinterlassen.

# 10
# Modelle

Hier werden die technischen Eigenschaften der implementierten Modelle erklärt. Diese technischen Referenzen sind nicht als allgemeine Beschreibung der Modelle zu verstehen. Vielmehr werden die von CemoS vollzogenen Rechnungen bis zur letzten Nebenrechnung offengelegt und damit nachvollziehbar gemacht.

Das konkrete Aufrufen der Modelle wird beschrieben unter → Simulation durchführen [Seite 205].

Die Beschreibung eines Modelles besteht aus mehreren Teilen: Zunächst eine (sehr) kurze allgemeine Beschreibung. Es folgt eine Tabelle der Ausgabe mit Einheitenangabe und den Bezeichnungen, die in den Rechnungen verwendet werden. Es schließt sich die komplette Modellrechnung, gefolgt von einer Tabelle über die Hilfsvariablen, an. Nach einer Auflistung verwendeter Substanzdaten und möglicher Fehlermeldungen folgt die Tabelle der Eingabeparameter. Sie enthält die in der Rechnung verwendeten Bezeichnungen, Einheiten, Vorgabewerte, Warnungs- und Fehlerbereiche und weitere Hinweise.

## 10.1
## Air

Dieses Modell berechnet den atmosphärischen Transport nach Flächenemissionen unter der Annahme konstanter atmosphärischer und meteorologischer Eigenschaften.

Ausgegeben werden zwei Werte-Gruppen, die allgemeinen Ergebnisse und eine Massenbilanz:

| Beschreibung | Einheit | Bezeichnung |
| --- | --- | --- |
| Konzentration in der Box | $kg/m^3$ | $C_0$ |
| Gesamtdeposition | $kg/(m^2 \cdot a)$ | $t_{dep}$ |
| Jährliche Inhalationsdosis | $kg/a$ | $inhal_{dose}$ |
| Trockene Partikeldeposition | $kg/a$ | $dry_{par}$ |
| Feuchte Partikeldeposition | $kg/a$ | $wet_{par}$ |
| Trockene Gasdeposition | $kg/a$ | $dry_{gas}$ |
| Feuchte Gasdeposition | $kg/a$ | $wet_{gas}$ |
| Photoabbau | $kg/a$ | $photo_{deg}$ |
| Advektion | $kg/a$ | $advection$ |

Das Modell führt die folgenden Berechnungen durch:

$$area = x \cdot y$$

$$volume = area \cdot z$$

$$v_{dep,dry} = (1 - f_p) \cdot VdGasDry + f_p \cdot VdParDry$$

$$v_{dep,wet} = \frac{\left( \dfrac{1 - f_p}{K_{AW}} + f_p \cdot washoutRatio \right) \cdot rain}{8{,}64 \cdot 10^7}$$

$$v_{dep} = v_{dep,dry} + v_{dep,wet}$$

$$C_0 = \frac{input}{v_{Wind} \cdot 86400 \cdot y \cdot z + v_{dep} \cdot area \cdot 86400 + Deg_{Air} \cdot volume}$$

$$t_{dep} = v_{dep} \cdot C_0 \cdot 365 \cdot 86400$$

$$inhal_{dose} = inhal \cdot C_0 \cdot 365$$

$$dry_{par} = f_p \cdot VdParDry \cdot C_0 \cdot area \cdot 86400 \cdot 365$$

$$wet_{par} = \frac{f_p \cdot washoutRatio \cdot rain \cdot C_0 \cdot area \cdot 86400 \cdot 365}{8{,}64 \cdot 10^7}$$

$$dry_{gas} = (1 - f_p) \cdot VdGasDry \cdot C_0 \cdot area \cdot 86400 \cdot 365$$

$$wet_{gas} = \frac{(1 - f_p) \cdot rain \cdot C_0 \cdot area \cdot 86400 \cdot 365}{K_{AW} \cdot 8{,}64 \cdot 10^7}$$

$$photo_{deg} = Deg_{Air} \cdot volume \cdot C_0 \cdot 365$$

$$advection = v_{Wind} \cdot 86400 \cdot y \cdot z \cdot C_0 \cdot 365$$

mit

| Bezeichnung | Beschreibung | Einheit |
| --- | --- | --- |
| *washoutRatio* | Auswaschungseffizienz des Niederschlags (hier konstant = $2 \cdot 10^5$) | ($kg/m^3$ Regen)/ ($kg/m^3$ Luft) |
| area | Fläche der Box | $m^2$ |
| volume | Volumen der Box | $m^3$ |
| $v_{dep,dry}$ | Gesamt-Trocken-Depositionsgeschwindigkeit | m/s |
| $v_{dep,wet}$ | Gesamt-Feucht-Depositionsgeschwindigkeit | m/s |
| $v_{dep}$ | Gesamt-Depositionsgeschwindigkeit | m/s |

$K_{AW}$ und $Deg_{Air}$ sind → Substanzdaten [Seite 212].

Fehlermeldungen:

| Bedingung | Begründung |
|---|---|
| $K_{AW}$ der Substanz ist 0. | Für eine Substanz mit $K_{AW}$=0 ist das Modell nicht anwendbar. |

Beschreibung der Eingabeparameter:

| Bezeichnung | Einheit | Vorgabe | Warnung außerhalb | Fehler außerhalb |
|---|---|---|---|---|
| **inhal** | $m^3/d$ | 20 | [2;40] | [0; ∞ [ |

Inhalationsrate.

| Bezeichnung | Einheit | Vorgabe | Warnung außerhalb | Fehler außerhalb |
|---|---|---|---|---|
| **input** | kg/d | 1 | [0; ∞ [ | [0; ∞ [ |

Freisetzungsrate der Substanz.

| Bezeichnung | Einheit | Vorgabe | Warnung außerhalb | Fehler außerhalb |
|---|---|---|---|---|
| $\mathbf{f_p}$ | - | unbekannt | [0;1] | [0;1] |

Partikulärer Anteil. Abschätzung: Siehe → Abschätzung des partikulären Anteils[Seite 00].

| Bezeichnung | Einheit | Vorgabe | Warnung außerhalb | Fehler außerhalb |
|---|---|---|---|---|
| **rain** | mm/d | 2,1 | [0;2000] | [0; ∞ [ |

Niederschlagsintensität.

| Bezeichnung | Einheit | Vorgabe | Warnung außerhalb | Fehler außerhalb |
|---|---|---|---|---|
| $\mathbf{v_{Wind}}$ | m/s | 1 | [0;20] | [0;3·10$^8$] |

Vertikal gemittelte Windgeschwindigkeit.

| Bezeichnung | Einheit | Vorgabe | Warnung außerhalb | Fehler außerhalb |
|---|---|---|---|---|
| **VdGasDry** | m/s | unbekannt | [0;1] | [0;3·10$^8$] |

Trockene Gasdepositionsgeschwindigkeit. Abschätzung: Siehe → VdGas-Abschätzung[Seite 00].

| Bezeichnung | Einheit | Vorgabe | Warnung außerhalb | Fehler außerhalb |
|---|---|---|---|---|
| **VdParDry** | m/s | 0,01 | [0;1] | [0;3·10$^8$] |

Trockene Partikeldepositionsgeschwindigkeit.

| Bezeichnung | Einheit | Vorgabe | Warnung außerhalb | Fehler außerhalb |
|---|---|---|---|---|
| **x** | m | 1000 | [10;100·10$^3$] | [1;40·10$^6$] |

Länge der Box in Hauptwindrichtung (maximal Erdumfang).

| Bezeichnung | Einheit | Vorgabe | Warnung außerhalb | Fehler außerhalb |
|---|---|---|---|---|
| **y** | m | 1000 | [10;100·10$^3$] | [1;40·10$^6$] |

Breite der Box.

| Bezeichnung | Einheit | Vorgabe | Warnung außerhalb | Fehler außerhalb |
|---|---|---|---|---|
| **z** | m | 500 | [10;10·10$^3$] | [1;20·10$^3$] |

Höhe der Box.

## 10.2
## Buckets

Buckets ist ein Eimerkettenmodell zur Beschreibung des Verbleibs und advektiven Transports von Schadstoffen im Boden. Es handelt sich hierbei, im Gegensatz zu den übrigen Modellen, um ein numerisches Verfahren. Das Ergebnis wird mittels Finite-Differenzen-Methode berechnet. Der Zeitschritt ist dabei auf einen Tag festgesetzt. Aufgrund dieses Modellansatzes läßt sich ein Fehler durch numerische Dispersion nicht vermeiden. Für Schadstoffe, die merklich in der Gasphase transportiert werden (d.h. deren $K_{AW}$ groß ist), kann dieses Modell nicht angewendet werden. Die Grundgleichungen gehen auf den Ansatz von Burns zurück und stammen aus Richter (1990); sie wurden allerdings erweitert.

Die Simulation kann wahlweise mit oder ohne Stofftransport im Kapillaraufstieg durchgeführt werden. Die Parameter Wassergehalt und Stoffkonzentration müssen für jede Schicht explizit eingegeben werden. Ebenso für jeden Zeitschritt die Parameter Niederschlag, Evaporation und Oberflächenabfluß. Feldkapazität und Welkepunkt bzw. Evaporationslimit sind für alle Bodenschichten identisch.

Als Ausgabe erhält man die Stoffkonzentration und den Wassergehalt jeder Schicht von und bis zu einer eingegebenen Bodentiefe. Dazu die schichtspezifischen Anteile des Stoffes im Bodenwasser und in der Bodenmatrix. Ferner wird die Wasser- und Stoffmenge, die aus der tiefsten Schicht sickert und die Wassermenge, die aus der obersten Schicht evaporiert, über alle Zeitschritte aufsummiert und ausgegeben. Die maximale numerische Dispersion und die maximale Courant-Zahl werden zusätzlich ausgegeben.

| Beschreibung | Einheit | Bezeichnung |
|---|---|---|
| Stoffkonzentration | kg/m³ | ˙C[2] |
| Wassergehalt | m³/m³ | V[2] |
| Anteil im Bodenwasser | – | $f_W$ |
| Anteil in der Bodenmatrix | – | $f_M$ |
| Aus der tiefsten Schicht | | |
|    versickerte Wassermenge | m³/m² | WOutI |
|    versickerte Stoffmenge | kg/m² | SOutI |
| Aus der obersten Schicht | | |
|    evaporierte Wassermenge | m³/m² | WOutE |
| Max. Courant-Zahl | – | CR |
| Max. numerische Dispersion | m²/d | $D_{Num}$ |

Bei diesem Modell wird zu Beginn automatisch die $\rightarrow K_{AW}$ Standardkorrektur [Seite 266] durchgeführt. Anschließend werden nach erfolgreicher Überprüfung des korrigierten $K_{AW}$-Wertes (Bedingung: $K_{AW} < 10^{-3}$) folgende Schritte durchgeführt:

(0)   *WOutI = SOutI = WOutE = uMax = 0*
(1)   *Anzahl der Schichten = BodentiefeBis / d*
(2)   *OM = 1,724 · OC*

(3)  $Density = (1 - Porosity) \cdot (OM \cdot 1400 + (1 - OM) \cdot 2650)$

(4)  $K_{MW} = K_d \cdot Density \cdot 10^{-3}$

(5)  Für alle Bodenschichten:

$$f_W = V[1] \; / \; (K_{MW} + V[1]))$$

(6)  Für alle Bodenschichten:

$$W[1] = V[1] \cdot d$$
$$S[1] = C[1] \cdot W[1] \cdot (f_W/V[1])$$

$Wasserbilanz = (Niederschlag - Evaporation - Abfluß) \cdot 10^{-3}$

WENN $|Wasserbilanz|/(K_{MW} + Welkepunkt) > uMax$ DANN
  $uMax = |Wasserbilanz|/(K_{MW} + Welkepunkt)$
  $CR = uMax/d$
  WENN $CR > 1$ DANN
     Simulation abbrechen

WENN $Wasserbilanz < 1$ DANN
   Prozeß Evaporation
SONST
   Prozeß Infiltration und Wasserfluß

Für alle Bodenschichten:
  $C[2] = S[2]/(W[2] \cdot (f_W/V[1]))$
  $V[2] = W[2] \; / \; d$
  $C[2] = S[2] \; / \; W[2]$
  $V[1] = V[2]$
  $C[1] = C[2]$

$$f_W = \frac{V[2]}{K_{MW} + V[2]}$$

$$f_M = \frac{K_{MW}}{K_{MW} + V[2]}$$

WOutI = WOutI + Aus tiefster Schicht versickerte Wassermenge
SOutI = SOutI + Aus tiefster Schicht versickerte Stoffmenge
WOutE = WOutE + Aus oberster Schicht evaporierte Wassermenge

(7)  Wiederhole (6) für jeden Zeitschritt

(8)  $D_{Num} = 0{,}5 \cdot (uMax \cdot d - uMax^2)$

mit

| Bezeichnung | Beschreibung | Einheit |
|---|---|---|
| $K_{MW}$ | Verteilungskoeffizient Matrix/Wasser | – |
| OM | Gehalt an organischer Substanz | – |
| Density | Bodendichte | $kg/m^3$ |
| W[1] | Alte Wassermenge | $m^3/m^2$ |

| W[2]       | Neue Wassermenge                      | $m^3/m^2$ |
| S[1]       | Alte gelöste Stoffmenge               | $kg/m^2$  |
| S[2]       | Neue gelöste Stoffmenge               | $kg/m^2$  |
| WPlus      | Infiltrierte Wassermenge              | $m^3/m^2$ |
| SPlus, SOut | Infiltrierte Stoffmenge              | $kg/m^2$  |
| WMax       | Maximal infiltrierbare bzw. evaporierbare Wassermenge | $m^3/m^2$ |
| WMinus     | Evaporierbare Wassermenge             | $m^3/m^2$ |
| WEff       | Effektiv evaporierte Wassermenge      | $m^3/m^2$ |
| SMinus     | Stoffgehalt im Evaporationsstrom      | $kg/m^2$  |
| uMax       | Maximal Fließgeschwindigkeit          | $m/d$     |
| t          | Zeitschritt                           | $d$       |

Die übrigen Variablenbezeichner sind → Substanzdaten [Seite 212].

Fehlermeldungen:

| **Bedingung** | **Begründung** |
| --- | --- |
| $K_{AW}$ der Substanz ist $\geq 10^{-3}$. | Das Modell kann für Stoffe, die überwiegend in der Gasphase transportiert werden, nicht angewendet werden. |
| Die Courant-Zahl ist größer als 1. | Eine Simulation ist mit den aktuellen Parametereinstellungen nicht möglich. Erhöhen Sie die Schichtdicke. |
| Der Wassergehalt ist größer als die Feldkapazität. | Die Simulation kann nur gestartet werden, wenn der Wassergehalt die Feldkapazität nicht überschreitet. |
| Der Wassergehalt ist kleiner als der Welkepunkt | Die Simulation kann nur gestartet werden, wenn der Wassergehalt den Welkepunkt nicht unterschreitet. |

### Prozeß Infiltration und Wasserfluß

Der Prozeß Infiltration und Wasserfluß wird bei positiver Wasserbilanz berücksichtigt.

(1)  *WPlus = Wasserbilanz*
(2)  *SPlus = Eintrag · WPlus*
(3)  *WMax = W[1] + WPlus*
(4)  *WPlus = WMax – Feldkapazität · d*
(5)  WENN *WPlus* > 0 DANN
       *SOut = S[1] · WPlus/WMax*
    SONST
       *SOUT = 0*
    $S[2] = S[1] \cdot e^{-Deg_{Soil} \cdot t} + SPlus \cdot f_W - SOut \cdot f_W$
(6)  WENN *WPlus* $\geq$ 0 DANN
    *DANN*
       *W[2] = Feldkapazität · d*
     *SPlus = SOut*
     Wiederhole (3) bis (6) für alle anderen Bodenschichten

SONST
$\quad$ $W[2] = WMax$
$\quad$ *Für alle folgenden Schichten:*
$\quad$ $W[2] = W[1]$
$\quad$ $S[2] = S[1] \cdot e^{-Deg_{Soil} \cdot t}$

**Prozeß Evaporation**

Der Prozeß der Evaporation wird bei negativer Wasserbilanz berücksichtigt.

(1)$\quad$ $WMinus = |\ Wasserbilanz\ |$
(2)$\quad$ $WMax = W[1] - Welkepunkt \cdot d$
$\quad$ WENN $WMax < 0$ DANN
$\quad\quad$ $WMax = 0$
(3)$\quad$ WENN $WMax > WMinus$ DANN
$\quad\quad$ $WEff = WMinus$
$\quad$ SONST
$\quad\quad$ $WEff = WMax$
(4)$\quad$ $W[2] = W[1] - WEff$
(5)$\quad$ *Für die erste Bodenschicht:*
$\quad$ $S[2] = S[1] \cdot e^{-Deg_{Soil} \cdot t}$
$\quad$ Für alle anderen Bodenschichten:
$\quad$ WENN $Kapillaraufstieg$ DANN
$\quad\quad$ $SMinus = S[1] \cdot WEff\ /\ W[1]$
$\quad\quad$ $S[2] = S[1] \cdot e^{-Deg_{Soil} \cdot t} - SMinus \cdot f_W$
$\quad\quad$ Prozeß Stofftransport
$\quad$ SONST
$\quad\quad$ $S[2] = S[1] \cdot e^{-Deg_{Soil} \cdot t}$
(6)$\quad$ WENN WMax $\geq$ $WMinus$ DANN
$\quad\quad$ Für alle restlichen Schichten:
$\quad\quad$ $W[2] = W[1]$
$\quad\quad$ $S[2] = S[1] \cdot e^{-Deg_{Soil} \cdot t}$
$\quad\quad$ Ende des Prozesses
$\quad$ SONST
$\quad\quad$ $WMinus = WMinus - WMax$
(7)$\quad$ Wiederhole (3) bis (6) für die restlichen Schichten

**Prozeß Stofftransport**

Der Prozeß des Stofftransportes ist Teil des Prozesses Evaporation und beginnt bei der Bodenschicht oberhalb der aktuellen Schicht.

(1)$\quad$ $SOut = S[1] \cdot WEff/(W[1] + WEff)$
(2)$\quad$ $S[2] = S[2] \cdot e^{-Deg_{Soil} \cdot t} + SMinus \cdot f_W - SOut \cdot f_W$
(3)$\quad$ $SMinus = SOut$
(4)$\quad$ Wiederhole (1) bis (3) für alle noch verbleibenden Schichten zwischen der aktuellen Schicht und der Bodenoberfläche.

Beschreibung der Eingabeparameter:

| Bezeichnung | Einheit | Vorgabe | Warnung außerhalb | Fehler außerhalb |
|---|---|---|---|---|
| d | m | 0,1 | [0,01;50] | [0,01;6300000] |

Dicke einer Bodenschicht.

| Bezeichnung | Einheit | Vorgabe | Warnung außerhalb | Fehler außerhalb |
|---|---|---|---|---|
| Welkepunkt | $m^3/m^3$ | 0,05 | [0;1] | [0;1] |

Konzentration an Wasser, ab der Evaporation stattfindet.

| Feldkapazität | $m^3/m^3$ | 0,35 | [0;1] | [0;1] |

Konzentration an Wasser, die eine Bodenschicht maximal aufnehmen kann.

| Eintrag | $kg/m^3$ | 0,1 | [0;500] | [0;1300] |

Konzentration der aktuellen Substanz im Niederschlag.

| Zeitschritte | d | 20 | $[1;\infty[$ | $[1;\infty[$ |

Anzahl der Durchläufe der Differenzengleichungen. Ein Durchlauf entspricht dabei einem Tag. Die maximale Anzahl der Durchläufe ist von der Größe des freien Speichers abhängig.

| Porosity | $m^3/m^3$ | 0,5 | ]0;1] | ]0;1] |

Bodenporosität.

| $K_d$ | $cm^3/g$ | unbekannt | $[0;1\cdot10^6]$ | $[0;\infty[$ |

$K_d$ Verteilungskoeffizient Feststoff/Wasser Abschätzung: Siehe $K_d$-Abschätzung, [Seite 258].

| OC | kg/kg | 0,02 | [0;1] | [0;1] |

Organischer Kohlenstoffanteil.

| pH | – | 6 | [2;12] | [0;14] |

pH-Wert des Bodens (dient nur zur Überprüfung des korrigierten $K_{AW}$).

| BodentiefeVon | m | 0 | [0;50] | [0;6300000] |

Bodentiefe, ab der die Ausgabe der Ergebnisse erfolgen soll.

| BodentiefeBis | m | 2 | [0,01;50] | [0,01;6300000] |

Bodentiefe, bis zu welcher die Berechnung durchgeführt werden soll.

| Kapillaraufstieg | – | *ein* | – | – |

Schalter, um Kapillaraufstieg mit oder ohne Stofftransport zu simulieren.

| Bezeichnung | Einheit | Vorgabe | Warnung außerhalb | Fehler außerhalb |
|---|---|---|---|---|
| V[1] | $m^3/m^3$ | 0,3 | ]0;1] | ]0;1] |

Volumetrischer Wassergehalt einer Bodenschicht vor der Simulation.

| | | | | |
|---|---|---|---|---|
| C[1] | $kg/m^3$ | 0 | [0;500] | [0;1300] |

Stoffkonzentration einer Bodenschicht vor der Simulation.

| | | | | |
|---|---|---|---|---|
| Niederschlag | mm/d | 2,1 | [0;2000] | $[0; \infty[$ |

Niederschlagsmenge in jedem Zeitschritt.

| | | | | |
|---|---|---|---|---|
| Evaporation | mm/d | 1,6 | [0;1999] | $[0; \infty[$ |

Evaporationsmenge in jedem Zeitschritt.

| | | | | |
|---|---|---|---|---|
| Abfluß | mm/d | 0,2 | [0;1999] | $[0; \infty[$ |

Wasserabfluß an der Oberfläche in jedem Zeitschritt.

## 10.3
## Chain

Dieses Nahrungskettenmodell besteht aus drei Gliedern, welche als Produzent, Konsument 1 und Konsument 2 bezeichnet sind. Das Modell spiegelt jedoch ganz allgemein Kaskaden mit drei Elementen wieder. Es könnte also zum Beispiel auch radioaktiver Zerfall simuliert werden.

Ausgegeben werden neun Werte-Gruppen, Zeit/Substanzmenge und Zeit/Substanzkonzentration, Diagramme für Produzent und die Konsumenten, die Diagrammdaten als Tabelle, die Restkonzentrationen und eine Aufstellung der Massenverteilung:

| Beschreibung | Einheit | Bezeichnung |
|---|---|---|
| Substanzmasse im Produzent | kg | $m_P$ |
| Substanzmasse im Konsument 1 | kg | $m_{C1}$ |
| Substanzmasse im Konsument 2 | kg | $m_{C2}$ |
| Substanzkonzentration im Produzent | kg/kg | $conc_P$ |
| Substanzkonzentration im Konsument 1 | kg/kg | $conc_{C1}$ |
| Substanzkonzentration im Konsument 2 | kg/kg | $conc_{C2}$ |

Die Massenverteilung wird zudem noch prozentual aufgeschlüsselt.

Das Modell führt die folgenden Berechnungen durch:

$$m_P = input \cdot e^{-(k_{12} + degrP) \cdot t_{end}}$$

$$m_{C1} = \frac{input \cdot k_{12} \cdot (e^{-(k_{23} + degr_P) \cdot t_{end}} - e^{-(k_{23} + degr_{C1}) \cdot t_{end}})}{(degr_{C1} + k_{23} - degr_P - k_{12})}$$

$$m_{C2} = input \cdot k_{12} \cdot k_{23} \cdot \left( \frac{e^{-(k_{12} + degr_P) \cdot t_{end}}}{(degr_{C1} + k_{23} - degr_P - k_{12})(degr_{C2} - degr_P - k_{12})} \right.$$

$$+ \frac{e^{-(k_{23} + degr_{C1}) \cdot t_{end}}}{(degr_{C1} + k_{23} - degr_P - k_{12})(degr_{C1} + k_{23} - degr_{C2})}$$

$$\left. + \frac{e^{-degr_{C2} \cdot t_{end}}}{(degr_{C2} - degr_{C1} - k_{23})(degr_{C2} - degr_P - k_{12})} \right)$$

$$m_{degr} = input - m_P - m_{C1} - m_{C2}$$

$$conc_P = \frac{m_P}{mass_P}$$

$$conc_{C1} = \frac{m_{C1}}{mass_{C1}}$$

$$conc_{C2} = \frac{m_{C2}}{mass_{C2}}$$

Fehlermeldungen:

| **Bedingung** | **Begründung** |
|---|---|
| $k_{12}+degr_P = k_{23}+degr_{C1}$ oder<br>$k_{12}+degr_P = degr_{C2}$ oder<br>$k_{23}+degr_{C1} = degr_{C2}$ | Die obigen Gleichungen wurden unter der Annahme paarweise verschiedener Eigenwerte ermittelt. Für Eigenwerte mit der Vielfachheit 2 oder 3 existieren durchaus Lösungen; sie werden in dieser Version von CemoS jedoch nicht berücksichtigt. |

Es werden keine Substanzdaten verwendet.


Beschreibung der Eingabeparameter:

| **Bezeichnung** | **Einheit** | **Vorgabe** | **Warnung außerhalb** | **Fehler außerhalb** |
|---|---|---|---|---|
| **mass$_P$** | $kg$ | $1 \cdot 10^4$ | $[1 \cdot 10^{-8}; \infty\,[$ | $[1 \cdot 10^{-8}; \infty\,[$ |
| Masse des Produzenten. | | | | |
| **mass$_{C1}$** | $kg$ | 500 | $[1 \cdot 10^{-9}; \infty\,[$ | $[1 \cdot 10^{-11}; \infty\,[$ |
| Masse des ersten Konsumenten. | | | | |
| **mass$_{C2}$** | $kg$ | 25 | $[1 \cdot 10^{-10}; \infty\,[$ | $[0; \infty\,[$ |
| Masse des zweiten Konsumenten. | | | | |

| Bezeichnung | Einheit | Vorgabe | Warnung außerhalb | Fehler außerhalb |
|---|---|---|---|---|
| $degr_p$ | 1/d | 0,05 | $[0; \infty\,[$ | $[0; \infty\,[$ |
| Abbaurate der Substanz im Produzenten. | | | | |
| $degr_{C1}$ | 1/d | 0 | $[0; \infty\,[$ | $[0; \infty\,[$ |
| Abbaurate der Substanz im ersten Konsumenten. | | | | |
| $degr_{C2}$ | 1/d | 1 | $[0; \infty\,[$ | $[0; \infty\,[$ |
| Abbaurate der Substanz im zweiten Konsumenten. | | | | |
| $k_{12}$ | 1/d | 0,0035 | $[0; \infty\,[$ | $[0; \infty\,[$ |
| Transferrate vom Produzenten in den ersten Konsumenten. | | | | |
| $k_{23}$ | 1/d | 0,017 | $[0; \infty\,[$ | $[0; \infty\,[$ |
| Transferrate vom ersten Konsumenten in den zweiten Konsumenten. | | | | |
| input | kg | $100 \cdot 10^{-6}$ | $[0; \infty\,[$ | $[0; \infty\,[$ |
| Eintragsmenge der Substanz auf den Produzenten. | | | | |
| $t_{end}$ | d | 100 | $[1; 365 \cdot 10^4]$ | $[0; \infty\,[$ |
| Zu simulierender Zeitraum. | | | | |
| $t_{step,num}$ | – | 100 | $[10; 200]$ | $[1; 2000]$ |
| Anzahl der Ausgabeintervalle. | | | | |

## 10.4
## Level1

Die Implementation von Level1 entspricht dem Fugazitätskonzept von Mackay. Nur finden hier anstelle der Fugazitäten Verteilungskoeffizienten Verwendung. Level1 berechnet die Verteilung eines Stoffes in den Kompartimenten Wasser, Luft, Boden, Sediment, Schwebstoff, Fisch und Pflanze, wenn ein sofortiges Verteilungsgleichgewicht des Stoffes in den Kompartimenten angenommen wird.

Ausgegeben wird eine Tabelle mit folgenden Angaben :

| Beschreibung | Einheit | Bezeichnung |
|---|---|---|
| Konzentration der Substanz im jeweiligen Kompartiment | $kg/m^3$ | $c[1..7]$ |
| Masse der Substanz im jeweiligen Kompartiment | $kg$ | $m[1..7]$ |

Die Eingabeparameter sind am Ende des Abschnitts → Level 2 [Seite 227] beschrieben.

Das Modell führt folgende Berechnungen durch:

$i = 0$
WENN Kompartiment Wasser ausgewählt DANN
   $i = i + 1$
   $K[i] = 1$
   $V[i] = Water.Area \cdot Water.Depth$
ENDE

WENN Kompartiment Luft ausgewählt DANN
   $i = i + 1$
   $K[i] = K_{AW}$
   $V[i] = 0$
   WENN Kompartiment Wasser ausgewählt DANN
     $V[i] = Water.Area$
   ENDE
   WENN Kompartiment Boden ausgewählt DANN
     $V[i] = V[i] + Soil.Area$
   ENDE
   $V[i] = V[i] \cdot Air.Height$
ENDE

WENN Kompartiment Boden ausgewählt DANN
   $i = i + 1$
   $K[i] = Soil.K_{BW}/K[1]$
   $V[i] = Soil.Area \cdot Soil.Depth$
ENDE

WENN Kompartiment Sediment ausgewählt DANN
   $i = i + 1$
   $K[i] = Sediment.K_{SW}/K[1]$
   $V[i] = Sediment.Area \cdot Sediment.Depth$
ENDE

WENN Kompartiment Schwebstoffe ausgewählt DANN
   $i = i + 1$
   $K[i] = Suspend.K_d \cdot (Suspend.rho/1000)/K[1]$

$$V[i] = \frac{(Water.Depth \cdot Water.Area \cdot Suspend.Content)}{Suspend.rho}$$

ENDE

WENN Kompartiment Fisch ausgewählt DANN
   $i = i + 1$
   $K[i] = BCF \cdot (Fish.rho/1000)/K[1]$

$$V[i] = \frac{Water.Depth \cdot Water.Area \cdot Fish.Content}{Fish.rho}$$

ENDE

WENN Kompartiment Pflanze ausgewählt DANN
$\quad$ $i = i + 1$
$\quad$ $K[i] = Plant.K_{PW}/K[1]$

$$V[i] = \frac{Soil.Area \cdot Plant.Vegetation}{Plant.rho}$$
ENDE

$max = i$

$$c[1] = \frac{Gen.Input}{V[1] + K[2] \cdot V[2] + ... + K[max] \cdot V[max]}$$
$m[1] = V[1] \cdot c[1]$

FÜR $i=2$ BIS $max$ TUE
$\quad$ $c[i] = K[i] \cdot c[1]$
$\quad$ $m[i] = V[i] \cdot c[i]$
ENDE

dabei bedeuten

| Bezeichnung | Beschreibung | Einheit |
|---|---|---|
| $K[1..7]$ | Verteilungskoeffizient bzgl. Wasser oder Luft | – |
| $V[1..7]$ | Volumen des jeweiligen Kompartiments | $m^3$ |
| $max$ | Anzahl ausgewählter Kompartimente | – |
| $i$ | Hilfsvariable | – |

Für die Werte $K_{AW}$ , $BCF$ siehe → Substanzdaten [Seite 212].


## 10.5
## Level2

Das Modell Level2 ist nach dem Fugazitätskonzept von Mackay implementiert worden. Nur finden hier anstelle der Fugazitäten Verteilungskoeffizienten Verwendung. Level2 berechnet die Gleichgewichtsverteilung eines Stoffes in den Kompartimenten Wasser, Luft, Boden, Sediment, Schwebstoff, Fisch und Pflanze dynamisch für einen einzugebenen Zeitraum und im stationären Fall. Dazu können Abbauraten und Durchflußmengen eingegeben werden.

Ausgegeben werden die Konzentrationen, die Massen, die Mobilität und die prozentuale Verteilung der Substanz in den einzelnen Kompartimenten (Massenbilanz) nach der gewählten Simulationsdauer und im stationären Fall. Weiterhin werden folgende Werte berechnet:

| Beschreibung | Einheit | Bezeichnung |
|---|---|---|
| Konzentration der Substanz im jeweiligen Kompartiment | $kg/m^3$ | $c[1..7]$ |
| Masse der Substanz im jeweiligen Kompartiment | $kg$ | $m[1..7]$ |
| Mobilität der Substanz | $kg/s$ | $Mob[1..7]$ |
| Zeit nach der 95% Stationarität erreicht sind | $s$ | $tsteady$ |
| Mittlere Systemabbaurate | $1/a$ | $SystemDecomposition$ |
| Halbwertszeit der Substanz | $a$ | $HalfTime$ |

Die Eingabeparameter sind am Ende dieses Abschnittes beschrieben.

Das Modell führt folgende Berechnungen durch:

$j=0$
WENN Kompartiment Wasser ausgewählt DANN
    $j = j + 1$
    $K[j] = 1$
    $V[j] = Water.Area \cdot Water.Depth$
    $Q_{in}[j] = Water.Q$
    $lambda[j] = Deg_{Water}$
    $C_{in}[j] = Water.C_{in}$
ENDE

WENN Kompartiment Luft ausgewählt DANN
    $j = j + 1$
    $K[j] = K_{AW}$
    $V[j] = 0$
    WENN Kompartiment Wasser ausgewählt DANN
      $V[j] = Water.Area$
    ENDE

    WENN Kompartiment Boden ausgewählt DANN
      $V[j] = V[j] + Soil.Area$
    ENDE
    $V[j] = V[j] \cdot Air.Height$
    $Q_{in}[j] = Air.Q$
    $lambda[j] = Deg_{Air}$
    $C_{in}[j] = Air.C_{in}$
ENDE

WENN Kompartiment Boden ausgewählt DANN
    $j = j + 1$
    $K[j] = Soil.K_{BW}/K[1]$
    $V[j] = Soil.Area \cdot Soil.Depth$
    $Q_{in}[j] = 0$
    $lambda[j] = Deg_{Soil}$
    $C_i[j] = 0$
ENDE

WENN Kompartiment Sediment ausgewählt DANN
   $j = j + 1$
   $K[j] = Sediment.K_{SW}/K[1]$
   $V[j] = Sediment.Area \cdot Sediment.Depth$
   $Q_{in}[j] = 0$
   $lambda[j] = Sediment.degra$
   $C_{in}[j] = 0$
ENDE

WENN Kompartiment Schwebstoffe ausgewählt DANN
   $j = j + 1$
   $K[j] = Suspend.K_d \cdot (Suspend.rho/1000)/K[1]$

$$V[j] = \frac{(Water.Depth \cdot Water.Area \cdot Suspend.Content)}{Suspend.rho}$$

   $Q_{in}[j] = Water.Q \cdot Suspend.Content$
   $lambda[j] = Deg_{Water}$
   $C_{in}[j] = Suspend.C_{in}$
ENDE

WENN Kompartiment Fisch ausgewählt DANN
   $j = j + 1$
   $K[j] = BCF \cdot (Fish.rho/1000)/K[1]$

$$V[j] = \frac{Water.Depth \cdot Water.Area \cdot Fish.Content}{Fish.rho}$$

   $Q_{in}[j] = 0$
   $lambda[j] = Fish.degra$
   $C_{in}[j] = 0$
ENDE

WENN Kompartiment Pflanze ausgewählt DANN
   $j = j + 1$
   $K[j] = Plant.K_{PW}/K[1]$

$$V[j] = \frac{Soil.Area \cdot Plant.Vegetation}{Plant.rho}$$

   $Q_{in}[j] = 0$
   $lambda[j] = Deg_{Plant}$
   $C_{in}[j] = 0$
ENDE

$max = j$

$Input = Gen.Input$ ;Beginn der eigentlichen Level2 Rechnung

$$help1 = V[1] + \sum_{j=2}^{max} K[j] \cdot V[j]$$

$$C_{01} = \frac{Gen.InitialMass}{help1} \quad ;\text{Anfangswert t=0 berechnen}$$

$$help2 = \sum_{j=1}^{max} \left( \frac{lambada[j] \cdot V[j] \cdot K[j]}{86400} + Q_{in}[j] \cdot K[j] \right)$$

$$a = help2/help1$$

$$help2 = Input/31{,}536 \cdot 10^6 \quad ;\text{Gesamter Jahreseintrag}$$

$$help2 = help2 + \sum_{j=1}^{max} (Q_{in}[j] \cdot C_{in}[j])$$

$$b = help2/help1$$

*ExistsSteadyState* = WAHR
WENN ($a \leq 0$) UND ($b \leq 0$) DANN
   *tsteady* = 0 ;kein Abbau und kein Eintrag
SONST
   WENN ($a \leq 0$) ODER ($b \leq 0$) DANN
     *tsteady* = $\infty$;
     kein Abbau oder kein Eintrag
     *ExistsSteadyState* = FALSCH
   SONST
     *tsteady* = $ln(20)/a$ ;Zeitpunkt, bei dem 95 % Stationarität erreicht sind
   ENDE
ENDE

WENN NICHT *Gen.Time* = *unbekannt* DANN
   $t = 0$
   SOLANGE $t \leq$ *Gen.Time* $\cdot$ 31,536 $\cdot$ $10^6$ TUE
   WENN $a \leq 0$ DANN
        WENN $b \leq 0$ DANN
      $c[1] = C_{01}$
      SONST
       $c[1] = C_{01} + b \cdot t$
      ENDE
    SONST

$$c[1] = C_{01} \cdot e^{-a \cdot t} + \frac{b}{a} \cdot (1 - e^{-a \cdot t}) \quad ;\text{Analytische Lösung von } y' = b + ya$$

    ENDE
    $t = t + Gen.Step \cdot 31{,}536 \cdot 10^6$
    $m[1] = V[1] \cdot c[1]$ ;Masse in Kompartiment 1
    $Mob[1] = c[1] \cdot Q_{in}[1]$
    FÜR $j$ = 2 BIS *max* TUE
      $c[j] = K[j] \cdot c[1]$ ;Konzentration zum Zeitpunkt $t$
      $m[j] = V[j] \cdot c[j]$
      $Mob[j] = c[j] \cdot Q_{in}[j]$
    ENDE
   ENDE
ENDE

WENN *ExistsSteadyState* DANN ;falls stationärer Fall existent
  WENN tsteady > 0 DANN
    $c[1] = b/a$
  SONST
    $c[1] = C_{01}$ ;kein Abbau und kein Eintrag
  ENDE
  $m[1] = V[1] \cdot c[1]$
  $Mob[1] = c[1] \cdot Q_{in}[1]$
  FÜR $j$ = 2 BIS *max* TUE
    $c[j] = K[j] \cdot c[1]$ ;Konzentration für Kompartiment j
    $m[j] = V[j] \cdot c[j]$
    $Mob[j] = c[j] \cdot Q_{in}[j]$
  ENDE


$$MassSum = \sum_{j=1}^{max} m[j]$$


WENN *Input* = 0 DANN
  *SystemDecomposition* = 0
SONST
  WENN *MassSum* = 0 DANN
    *SystemDecomposition* = 0
  ENDE
SONST
  *SystemDecomposition* = *Input*/*MassSum* ;Systemabbaurate berechnen
ENDE
WENN *SystemDecomposition* = 0 DANN
  *HalfTime* = 0
SONST
  *HalfTime* = (*ln* (2)/(*Input*/*MassSum*)) ;Halbwertzeit berechnen
ENDE


mit

| Bezeichnung | Beschreibung | Einheit |
| --- | --- | --- |
| $K[1..7]$ | Verteilungskoeffizient bzgl. Wasser oder Luft | – |
| $V[1..7]$ | Volumen des jeweiligen Kompartiments | $m^3$ |
| $lambda[1..7]$ | Abbaurate des jeweiligen Kompartiments | $1/d$ |
| $Q_{in}[1..7]$ | Durchfluß im jeweiligen Kompartiment | $m^3/s$ |
| $C_{in}[1..7]$ | Konzentration der Substanz im Zufluß | $kg/m^3$ |
| $C_{01}$ | Anfangskonzentration mit Level1 bestimmt | $kg/m^3$ |
| *Input* | jährlicher Eintrag | $kg/a$ |
| *MassSum* | Gesamtmasse in allen Kompartimenten | $kg$ |
| *max* | Anzahl ausgewählter Kompartimente | – |
| *a,b* | aggregierter Eintrag bzw. Abbau | – |
| *ExistsSteadyState* | =WAHR wenn stationärer Fall existent | – |

| $t$ | Berechnungszeitschritt | $s$ |
| $j, help1, help2$ | Hilfsvariable | – |

Für die Substanzdaten $BCF$, $K_{AW}$, $Deg_{Water}$, $Deg_{Air}$, $Deg_{Plant}$ und $Deg_{Soil}$ siehe Abschnitt → Substanzdaten [Seite 212].

Fehlermeldungen:

| **Bedingung** | **Begründung** |
| $Gen.Step > Gen.Time$ | Keine sinnvolle Rechnung möglich. |

Folgende Kombinationen sind vorgeschrieben (Zeile mit Spalte kombinieren):

|            | Wasser | Luft | Boden | Sediment | Schwebstoff | Fisch | Pflanze |
|------------|--------|------|-------|----------|-------------|-------|---------|
| Wasser     |        |      |       |          |             |       |         |
| Luft       | °      |      | °     |          |             |       |         |
| Boden      | °      | °    |       |          |             |       |         |
| Sediment   | *      |      |       |          |             |       |         |
| Schwebstoff| *      |      |       |          |             |       |         |
| Fisch      | *      |      |       |          |             |       |         |
| Pflanze    |        | *    | *     |          |             |       |         |

° = muß mit mind. einem der markierten Kompartimente kombiniert werden
* = muß mit allen der markierten Kompartimenten kombiniert werden

Beschreibung der Eingabeparameter:

| **Bezeichnung** | **Einheit** | **Vorgabe** | **Warnung außerhalb** | **Fehler außerhalb** |
|-----------------|-------------|-------------|-----------------------|----------------------|
| **Gen.InitialMass** | kg | unbekannt | $[0;1\cdot10^9]$ | $[0;\infty[$ |

Vorbelastung im System.

| **Bezeichnung** | **Einheit** | **Vorgabe** | **Warnung außerhalb** | **Fehler außerhalb** |
|-----------------|-------------|-------------|-----------------------|----------------------|
| **Gen.Input** | $kg/a$ | unbekannt | $[0;1\cdot10^9]$ | $[0;\infty[$ |

Jährlicher Eintrag in das gesamte System.

| **Bezeichnung** | **Einheit** | **Vorgabe** | **Warnung außerhalb** | **Fehler außerhalb** |
|-----------------|-------------|-------------|-----------------------|----------------------|
| **Gen.Time** | $a$ | 1 | $[1/365;1\cdot10^9]$ | $[1/365;1\cdot10^9]$ |

Zeitspanne für die Simulation; wenn *unbekannt*, wird nur der stationäre Fall berechnet.

| **Bezeichnung** | **Einheit** | **Vorgabe** | **Warnung außerhalb** | **Fehler außerhalb** |
|-----------------|-------------|-------------|-----------------------|----------------------|
| **Gen.Step** | $a$ | 0,05 | $[1/365;70]$ | $[1/365;1\cdot10^4]$ |

Schrittweite für die Ausgabe.

| **Bezeichnung** | **Einheit** | **Vorgabe** | **Warnung außerhalb** | **Fehler außerhalb** |
|-----------------|-------------|-------------|-----------------------|----------------------|
| **Water.Area** | $m^2$ | $3,56963\cdot10^9$ | $[0;1\cdot10^{10}]$ | $[0;3,5\cdot10^{14}]$ |

Summe aller Wasseroberflächen des Systems.

| Bezeichnung | Einheit | Vorgabe | Warnung außerhalb | Fehler außerhalb |
| --- | --- | --- | --- | --- |
| **Water.Depth** | m | 2 | [0;10000] | [0;10000] |

Durchschnittliche Tiefe aller Gewässer im System.

| **Water.pH** | – | 6 | [2;12] | [0;14] |

pH Wert des Wassers; geht nur in die Standard pH-Korrektur ein.

| **Water.Q** | $m^3/s$ | $1 \cdot 10^4$ | [0;30000] | $[0; \infty [$ |

Wasserzufluß.

| **Water.Cin** | $kg/m^3$ | 0 | [0;500] | [0;1300] |

Konzentration des Schadstoffes im Zufluß.

| **Air.Height** | $m$ | 6000 | $[0; 20 \cdot 10^3]$ | $[0; 20 \cdot 10^3]$ |

Höhe des Kompartiments Luft.

| **Air.Q** | $m^3/s$ | $6 \cdot 10^9$ | $[0; \infty [$ | $[0; \infty [$ |

Zustrom evtl. schadstoffbelasteter Luft.

| **Air.Cin** | $kg/m^3$ | 0 | [0; 0,5] | [0; 2] |

Konzentration des Schadstoffes im Zustrom.

| **Soil.Area** | $m^2$ | $3,56963 \cdot 10^{11}$ | $[0; 510 \cdot 10^{12}]$ | $[0; 1,6 \cdot 10^{14}]$ |

Bodenfläche des Systems.

| **Soil.Depth** | $m$ | 0,2 | [0; 3] | $[0; 6300 \cdot 10^3]$ |

Durchschnittliche Bodentiefe des Systems.

| **Soil.Density** | $kg/m^3$ | 1500 | [0; 5000] | [0; 20000] |

Dichte des Bodens. Geht nur in die Abschätzung des $K_{BW}$ ein.

| **Soil.K$_d$** | $cm^3/g$ | unbekannt | $[0; 1 \cdot 10^6]$ | $[0; \infty [$ |

Verteilungskoeffizient Bodenmatrix / Wasser; geht nur in die Abschätzung des $K_{BW}$ ein. Abschätzung: Siehe → $K_d$-Abschätzung [Seite 258].

| **Soil.K$_{BW}$** | – | unbekannt | $[0; 1 \cdot 10^6]$ | $[0; \infty [$ |

Verteilungskoeffizient Gesamtboden / Wasser. Abschätzung: Siehe → $K_{BW}$-Abschätzung [Seite 265].

| Bezeichnung | Einheit | Vorgabe | Warnung außerhalb | Fehler außerhalb |
|---|---|---|---|---|
| **Soil.theta** | $m^3/m^3$ | 0,3 | [0; 1] | [0; 1] |
| Volumetrischer Wassergehalt in Bodenporen; geht nur in die $K_{BW}$ Abschätzung ein. | | | | |
| **Soil.Epsilon** | $m^3/m^3$ | 0,5 | [0; 1] | [0; 1] |
| Gesamtporenanteil an Bodentrockenmasse; geht nur in die $K_{BW}$ Abschätzung ein. | | | | |
| **Soil.OC** | $kg/kg$ | 0,02 | [0; 1] | [0; 1] |
| Gehalt an organischem Kohlenstoff im Boden. | | | | |
| **Soil.pH** | – | 6 | [2;12] | [0;14] |
| pH Wert des Bodens; geht nur in die Standard pH-Korrektur ein. | | | | |
| **Sediment.Area** | $m^2$ | $2,498741 \cdot 10^9$ | $[0;510 \cdot 10^{12}]$ | $[0;510 \cdot 10^{12}]$ |
| Größe der Sedimentfläche. | | | | |
| **Sediment.Depth** | $m$ | 0,05 | [0; 1] | $[0; 6300 \cdot 10^3]$ |
| Durchschnittliche Tiefe des Sediments. | | | | |
| **Sediment. Density** | $kg/m^3$ | 1000 | [0; 5000] | [0; 20000] |
| Trockendichte des Sediments; geht nur in Abschätzung von $K_{SW}$ ein. | | | | |
| **Sediment.Degra** | $1/d$ | unbekannt | [0; 36] | [0; ∞ [ |
| Abbaurate im Sediment. | | | | |
| **Sediment.K$_d$** | $cm^3/g$ | unbekannt | $[0; 1 \cdot 10^6]$ | [0; ∞ [ |
| Verteilungskoeffizient Sedimentmatrix / Wasser. Abschätzung: Siehe → $K_d$-Abschätzung [Seite 258]. | | | | |
| **Sediment.K$_{SW}$** | – | unbekannt | $[0; 1 \cdot 10^6]$ | [0; ∞ [ |
| Verteilungskoeffizient Gesamtsediment / Wasser. Abschätzung: Siehe → $K_{SW}$-Abschätzung [Seite 265]. | | | | |
| **Sediment.Theta** | $m^3/m^3$ | 0,5 | [0; 1] | [0; 1] |
| Volumetrischer Wassergehalt im Sediment; geht nur in Standard Korrektur des $K_d$ ein. | | | | |

| Bezeichnung | Einheit | Vorgabe | Warnung außerhalb | Fehler außerhalb |
|---|---|---|---|---|
| Sediment.OC | $kg/kg$ | 0,05 | [0; 1] | [0; 1] |

Gehalt an organischem Kohlenstoff im Boden; geht nur in die $K_d$ Abschätzung ein.

| Bezeichnung | Einheit | Vorgabe | Warnung außerhalb | Fehler außerhalb |
|---|---|---|---|---|
| Sediment.pH | – | 6 | [2;12] | [0;14] |

pH Wert des Sediments; wird nur zur pH Korrektur verwendet.

| Bezeichnung | Einheit | Vorgabe | Warnung außerhalb | Fehler außerhalb |
|---|---|---|---|---|
| Suspend.Content | $kg/m^3$ | 0,05 | [0; 3] | [0; 25000] |

Durchschnittlicher Gehalt an Schwebstoffen im Wasser.

| Bezeichnung | Einheit | Vorgabe | Warnung außerhalb | Fehler außerhalb |
|---|---|---|---|---|
| Suspend.Cin | $kg/m^3$ | 0 | [0; 500] | [0; 25000] |

Konzentration des Schadstoffes im Schwebstoff des Zuflusses.

| Bezeichnung | Einheit | Vorgabe | Warnung außerhalb | Fehler außerhalb |
|---|---|---|---|---|
| Suspend.Rho | $kg/m^3$ | 1500 | [0; 5000] | [0; 25000] |

Trockendichte des Schwebstoffes.

| Bezeichnung | Einheit | Vorgabe | Warnung außerhalb | Fehler außerhalb |
|---|---|---|---|---|
| Suspend.$K_d$ | $cm^3/g$ | unbekannt | [0; 1· 10^6] | [0; $\infty$ [ |

Verteilungskoeffizient Schwebstoffmatrix / Wasser. Abschätzung: Siehe → $K_d$-Abschätzung [Seite 258].

| Bezeichnung | Einheit | Vorgabe | Warnung außerhalb | Fehler außerhalb |
|---|---|---|---|---|
| Suspend.OC | $kg/kg$ | 0,1 | [0; 1] | [0; 1] |

Gehalt an organischem Kohlenstoff im Schwebstoff; geht nur in die Abschätzung des $K_d$ ein.

| Bezeichnung | Einheit | Vorgabe | Warnung außerhalb | Fehler außerhalb |
|---|---|---|---|---|
| Fisch.Content | $kg/m^3$ | 0,5 | [0; 10] | [0; 3569,63] |

Fischgehalt im Wasser.

| Bezeichnung | Einheit | Vorgabe | Warnung außerhalb | Fehler außerhalb |
|---|---|---|---|---|
| Fisch.Rho | $kg/m^3$ | 1000 | [0; 1300] | [0; 5000] |

Durchschnittliche Dichte der Fische.

| Bezeichnung | Einheit | Vorgabe | Warnung außerhalb | Fehler außerhalb |
|---|---|---|---|---|
| Fisch.Degra | $1/d$ | unbekannt | [0; 36] | [0; $\infty$ [ |

Durschnittlicher Abbau im Fisch.

| Bezeichnung | Einheit | Vorgabe | Warnung außerhalb | Fehler außerhalb |
|---|---|---|---|---|
| Plant.Vegetation | $kg/m^2$ | 1 | [0;50] | [0;500] |

Durchschnittliche Bewuchsdichte des Bodens.

| Bezeichnung | Einheit | Vorgabe | Warnung außerhalb | Fehler außerhalb |
|---|---|---|---|---|
| Plant.K$_{PW}$ | – | unbekannt | $[0; 1 \cdot 10^6]$ | $[0; \infty[$ |

Verteilungskoeffizient Gesamtpflanze/Wasser. Abschätzung: Siehe → $K_{PW}$-Abschätzung [Seite 265].

| Bezeichnung | Einheit | Vorgabe | Warnung außerhalb | Fehler außerhalb |
|---|---|---|---|---|
| Plant.Rho | kg/$m^3$ | 1000 | $[0; 2500]$ | $[0; 25000]$ |

Frischdichte der Pflanzen.

| Bezeichnung | Einheit | Vorgabe | Warnung außerhalb | Fehler außerhalb |
|---|---|---|---|---|
| Plant.Wp | $kg/kg$ | 0,8 | $[0; 1]$ | $[0; 1]$ |

Wassergehalt der Pflanzen; geht nur in die Abschätzung für $K_{PW}$ ein.

| Bezeichnung | Einheit | Vorgabe | Warnung außerhalb | Fehler außerhalb |
|---|---|---|---|---|
| Plant.Lp | $kg/kg$ | 0,02 | $[0; 1]$ | $[0; 1]$ |

Lipidgehalt der Pflanze; geht nur in die $K_{PW}$ Abschätzung ein.

## 10.6
## Plant

Das Modell Plant berechnet die Aufnahme von Schadstoffen aus Boden und Luft in Pflanzen (Trapp und McFarlane, 1995). Für die Konzentration in Wurzeln wird Gleichgewichtsverteilung mit dem Boden angenommen. Die Konzentration in oberirdischen Teilen (im wesentlichen Blätter) kann mit oder ohne Partikeldeposition berechnet werden. Die Massenbilanzgleichung wird analytisch gelöst.

Ausgegeben wird die Entwicklung der Gesamtkonzentration in der Zeit, eine Tabelle mit der Entwicklung der Teilkonzentrationen sowie folgende Einzelergebnisse:

| Beschreibung | Einheit | Bezeichnung |
|---|---|---|
| Gleichgewichtskonzentration der Wurzel | kg/$m^3$ | $C_r$ |
| Gesamtleitwert | m/s | G |
| absolute Verlustrate duch Ausgasung | 1/d | $a1_d$ |
| Verlust durch Ausgasung | % | $a_{vol}$ |
| absolute Abbaurate Pflanze | 1/d | $a2_d$ |
| Verlust durch Abbau | % | $a_{deg}$ |
| Gesamt-Verlustrate | 1/d | $a_d$ |
| Aufnahme aus Boden | kg/($m^3$ d) | $b1_d$ |
| Aufnahme Boden | % | $b_{asoil}$ |
| Aufnahme aus Luft | kg/($m^3$ d) | $b2_d$ |
| Aufnahme Luft | % | $b_{aair}$ |
| Gesamt-Aufnahme | kg/($m^3$ d) | $b_d$ |
| Fließgleichgewichtskonzentration | kg/$m^3$ | ssConc |
| Zeit bis 95% Fließgleichgewicht | d | tss95 |

Das Modell führt die folgenden Berechnungen durch:

$$C_r = K_{RW} \cdot C_{SW}$$

Falls eingestellt, wird der Gesamtleitwert wie folgt berechnet:

$$Gk = \frac{10^{0,704 \cdot \log K_{OW} - 11,2}}{K_{AW}}$$

$$Ga = 0,005 \cdot \sqrt{\frac{300}{Mol}}$$

$$Gc = \frac{1}{\dfrac{1}{Gk} + \dfrac{1}{Ga}}$$

$$Ew = 610,7 \cdot 10^{\frac{7,5 \cdot (temp - 273,15)}{237 + (temp - 273,15)}}$$

$$d_{ws} = \frac{Ew}{461 \cdot temp}$$

$$Gw = \frac{1000 \cdot Transpirationsstream}{(d_{ws} - d_{ws} \cdot humid) \cdot 86400}$$

$$Gs = Gw \cdot \sqrt{\frac{18}{Mol}} \cdot \frac{1}{Area_L}$$

$$G = Gc + Gs$$

Je nach Einstellung des Schalters „Gesamtleitwert?" im Dialog „Leitwert/Partikel", ist an dieser Stelle der errechnete bzw. der eingegebene Leitwert als G bekannt.

$$a1 = \frac{Area_L \cdot G}{K_{LA} \cdot Volume_L}$$

$$a2 = \frac{Deg_{Plant}}{86400}$$

$$a = a1 + a2$$

$$b1 = \frac{Transpirationstream \cdot TSCF \cdot C_{solu}}{Volume_L \cdot 86400}$$

$$V_{gw} = \frac{rain}{K_{AW} \cdot 8,64 \cdot 10^7}$$

$$b2 = \frac{(G + 0,5 \cdot V_{gw}) \cdot (1 - f_p) \cdot Area_L \cdot C_{air}}{Volume_L}$$

$$b = b1 + b2$$

Ausgegeben werden die Ergebnisse von a1, a2, a, b1, b2 und b in $1/d$ , werden also mit dem Faktor 86400 multipliziert, über welchen sich die entsprechenden Werte $a1_d$, $a2_d$, $b1_d$, $b2_d$ und $b_d$ ergeben.

$$a_{vol} = \frac{a1 \cdot 100}{a}$$

$$a_{deg} = \frac{a2 \cdot 100}{a}$$

$$b_{asoil} = \frac{b1 \cdot 100}{b}$$

$$b_{aair} = \frac{b2 \cdot 100}{b}$$

$$ssConc = \frac{b}{a}$$

$$tss95 = \frac{ln(20)}{a} \cdot \frac{1}{86400}$$

Bei der Berechnung mit Berücksichtigung der Partikel:

$$v_{pw} = \frac{washoutRatio \cdot rain}{8{,}64 \cdot 10^7}$$

$$bp = (0{,}5 \cdot V_{pd} + 0{,}5 \cdot V_{pw}) \cdot f_p \cdot Area_L \cdot \frac{C_{air}}{Volume_L}$$

Folgende Rechnung berechnet die jeweiligen Konzentrationswerte zur Zeit $Calc_t$.

$$C_{L,t} = C_{L,0} \cdot e^{-a \cdot Calc_t \cdot 86400} + \frac{b}{a} \cdot (1 - e^{-a \cdot Calc_t \cdot 86400})$$

bei der Berechnung mit Berücksichtigung der Partikel:

$$C_{P,t} = C_{P,0} \cdot e^{-weathering_r \cdot Calc_t} + \frac{bp \cdot 86400}{weathering_r} \cdot (1 - e^{-weathering_r \cdot Calc_t})$$

$$C_t = C_{L,t} + C_{P,t}$$

mit

| Bezeichnung | Beschreibung | Einheit |
| --- | --- | --- |
| $Calc_t$ | Berechnungszeitpunkt | d |
| $C_t$ | Gesamtkonzentration zum Zeitpunkt $Calc_t$ | kg/m$^3$ |
| $C_{Pt}$ | Konzentration an Partikel zum Zeitpunkt $Calc_t$ | kg/m$^3$ |
| $C_{Lt}$ | Konzentration in Blättern zum Zeitpunkt $Calc_t$ | kg/m$^3$ |
| a,a1,a2,b,b1,b2 | interne Raten | 1/s |
| bp | interne Rate für Partikel | 1/s |

| | | |
|---|---|---|
| $Gc$ | Leitwert bei Aufnahme über Kutikula | m/s |
| $Gs$ | Leitwert bei Aufnahme über Stomata | m/s |
| $Gk$ | Leitwert Kutikula | m/s |
| $Ga$ | Leitwert atmosphärische Grenzschicht | m/s |
| $Gw$ | Leitwert für Wasser in Gesamtpflanze | m/s |
| $d_{ws}$ | Dampfdichte | kg/m³ |
| $Ew$ | Sättigungsdampfdruck von Wasser | Pa |
| $V_{gw}$ | Gas-Depositionsgeschwindigkeit, naß | m/s |
| $V_{pw}$ | Partikel Depositionsgeschwindigkeit, naß | m/s |
| $washoutRatio$ | Auswaschungseffizienz des Niederschlags (hier konstant = $2 \cdot 10^5$) | (kg/m³ Regen)/ (kg/m³ Luft) |

Die Werte $log\,K_{OW}$, $K_{AW}$, Mol und $Deg_{Plant}$ sind → Substanzdaten [Seite 212].

Hinweise:

| **Bedingung** | **Begründung** |
|---|---|
| nach Rechnung $b = 0$ | Es gibt keine Aufnahme. |

Fehlermeldungen:

| **Bedingung** | **Begründung** |
|---|---|
| $Volume_L$ ist 0. | Eine Anwendung des Modells ist nicht möglich. |
| Bei Berechnung des Gesamtleitwertes ist der $K_{AW}$ 0. | Eine Berechnung des Gesamtleitwertes ist für einen $K_{AW}$ von 0 nicht möglich. |
| nach Rechnung ist $a = 0$. | Es gibt keine Verlustrate und das Modell ist somit nicht anwendbar. |

Mit Hilfe des Schalters „Rechnung" wird die Art der Rechnung eingestellt. Je nach Stellung wird die Konzentration der Partikel mitberechnet oder nicht beachtet.

 Der Schalter „Gesamtleitwert?" entscheidet über die mögliche Berechnung des Gesamtleitwertes. Je nach Stellung wird der Teil des Modells, das den Gesamtleitwert berechnet, ausgeführt oder der direkt eingegebene Leitwert verwendet.

Beschreibung der Eingabeparameter:

| **Bezeichnung** | **Einheit** | **Vorgabe** | **Warnung außerhalb** | **Fehler außerhalb** |
|---|---|---|---|---|
| **start$_t$** | d | 0 | [0;180[ | [0; ∞ [ |
| Startzeit der Simulation. | | | | |
| **duration$_t$** | d | 60 | ]0;180[ | ]0; ∞ [ |
| Simulationsdauer. | | | | |
| **step$_t$** | d | 1 | ]0;180[ | ]0; ∞ [ |
| Berechnungsschrittweite der Simulation. | | | | |

| Bezeichnung | Einheit | Vorgabe | Warnung außerhalb | Fehler außerhalb |
|---|---|---|---|---|
| $C_{L,0}$ | kg/$m^3$ | 0 | [0;500] | [0;25000] |
| Startkonzentration im Blatt. | | | | |
| $Area_L$ | $m^2$ | 4 | ]0;$1 \cdot 10^6$[ | ]0;$\infty$[ |
| Gesamtoberfläche der Blätter. | | | | |
| $Volume_L$ | $m^3$ | 0,002 | ]0;5000[ | ]0;$\infty$[ |
| Volumen der oberirdischen Pflanzenteile. | | | | |
| Transpiration-stream | $m^3/d$ | 0,001 | [0;2500[ | [0;$\infty$[ |
| Transpirationsstrom. | | | | |
| $C_{Air}$ | $kg/m^3$ | unbekannt | [0;0,5] | [0;2] |
| Gesamtkonzentration in der Luft. | | | | |
| rain | $mm/d$ | 3 | [0;2000] | [0;$\infty$[ |
| Niederschlagsintensität. | | | | |
| TSCF | – | unbekannt | [0;1[ | [0;$\infty$[ |
| Konzentrationsfaktor für den Transpirationsstrom. Abschätzung: Siehe → Abschätzung des TSCF [Seite 262]. | | | | |
| $f_P$ | – | unbekannt | [0;1] | [0;1] |
| Partikulärer Anteil. Abschätzung: Siehe → Abschätzung des partikulären Anteils [Seite 262]. | | | | |
| $C_{P,0}$ | $kg/m^3$ | 0 | [0;500] | [0;25000] |
| Startkonzentration der Partikel auf Blättern. | | | | |
| $V_{pd}$ | $m/s$ | $5 \cdot 10^{-4}$ | [$1 \cdot 10^{-5}$;1] | [0;$3 \cdot 10^8$] |
| Partikel-Depositionsgeschwindigkeit. | | | | |
| $Weathering_r$ | $1/d$ | 0,05 | ]0;36] | ]0;$\infty$[ |
| Abwetterungsrate der Partikel. | | | | |
| G | $m/s$ | unbekannt | ]0;$1 \cdot 10^{-2}$] | ]0;$\infty$[ |
| Gesamtleitwert Blatt / Luft. | | | | |

| Bezeichnung | Einheit | Vorgabe | Warnung außerhalb | Fehler außerhalb |
|---|---|---|---|---|
| $C_{SW}$ | $kg/m^3$ | unbekannt | [0;500] | [0;25000] |

Konzentration im Bodenwasser. Abschätzung: Siehe → Abschätzung der Konzentration im Bodenwasser [Seite 263].

| Bezeichnung | Einheit | Vorgabe | Warnung außerhalb | Fehler außerhalb |
|---|---|---|---|---|
| $K_{RW}$ | $m^3/m^3$ | unbekannt | $[0;1\cdot 10^6]$ | $[0;\infty$ [ |

Verteilungskoeffizient Wurzel / Wasser. Abschätzung: Siehe → Abschätzungen des Verteilungskoeffizienten Wurzel / Wasser [Seite 263].

| Bezeichnung | Einheit | Vorgabe | Warnung außerhalb | Fehler außerhalb |
|---|---|---|---|---|
| $l_{roots}$ | $kg/kg$ | 0,01 | ]0;1] | [0;1] |

Lipidgehalt der Wurzeln (Frischgewicht).

| Bezeichnung | Einheit | Vorgabe | Warnung außerhalb | Fehler außerhalb |
|---|---|---|---|---|
| $Water_{roots}$ | $kg/kg$ | 0,8 | ]0;1] | [0;1] |

Wassergehalt der Wurzeln (Frischgewicht).

| Bezeichnung | Einheit | Vorgabe | Warnung außerhalb | Fehler außerhalb |
|---|---|---|---|---|
| $D_{roots}$ | $kg/m^3$ | 1000 | [100;2000] | [0;25000] |

Dichte der Wurzeln (Frischgewicht).

| Bezeichnung | Einheit | Vorgabe | Warnung außerhalb | Fehler außerhalb |
|---|---|---|---|---|
| $K_{LA}$ | - | unbekannt | $]0;1\cdot 10^{12}[$ | $]0;\infty$ [ |

Verteilungskoeffizient Blätter / Atmosphäre. Abschätzung: Siehe → Abschätzungen des Verteilungskoeffizienten Blatt / Atmosphäre [Seite 264].

| Bezeichnung | Einheit | Vorgabe | Warnung außerhalb | Fehler außerhalb |
|---|---|---|---|---|
| $D_{plant}$ | $kg/m^3$ | 500 | [100;2000] | [0;25000] |

Dichte der oberirdischen Pflanzenteile (Frischgewicht).

| Bezeichnung | Einheit | Vorgabe | Warnung außerhalb | Fehler außerhalb |
|---|---|---|---|---|
| $l_{plant}$ | $kg/kg$ | 0,03 | ]0;1] | [0;1] |

Lipidgehalt der oberirdischen Pflanzenteile (Frischgewicht).

| Bezeichnung | Einheit | Vorgabe | Warnung außerhalb | Fehler außerhalb |
|---|---|---|---|---|
| $Water_{plant}$ | $kg/kg$ | 0,8 | ]0;1] | [0;1] |

Wassergehalt der Blätter (Frischgewicht).

| Bezeichnung | Einheit | Vorgabe | Warnung außerhalb | Fehler außerhalb |
|---|---|---|---|---|
| **humid** | - | 0,5 | [0;0,9] | [0;1[ |

Relative Luftfeuchtigkeit.

| Bezeichnung | Einheit | Vorgabe | Warnung außerhalb | Fehler außerhalb |
|---|---|---|---|---|
| **temp** | $K$ | 293,15 | [273,15;293,15] | ]0;10000[ |

Temperatur.

| Bezeichnung | Einheit | Vorgabe | Warnung außerhalb | Fehler außerhalb |
|---|---|---|---|---|
| **Porosity** | - | 0,5 | ]0;1] | ]0;1] |

Bodenporosität.

| Bezeichnung | Einheit | Vorgabe | Warnung außerhalb | Fehler außerhalb |
|---|---|---|---|---|
| $D_{soil}$ | $kg/m^3$ | 1300 | [500;3000] | [0;25000] |

Dichte des Bodens.

| pore | – | 0,3 | ]0;1] | ]0;1] |
|---|---|---|---|---|

Anteil wassergefüllter Poren.

| $C_{soil}$ | $kg/m^3$ | unbekannt | [0;500] | [0;25000] |
|---|---|---|---|---|

Konzentration im Boden.

| $K_d$ | $cm^3/g$ | unbekannt | [0;1· 10^6] | [0; ∞ [ |
|---|---|---|---|---|

Verteilungskoeffizient Feststoff/Wasser. Abschätzung: Siehe → $K_d$-Abschätzung [Seite 258].

| OC | $kg/kg$ | 0,04 | [0;1] | [0;1] |
|---|---|---|---|---|

Organischer Kohlenstoffanteil des Bodens. Wird nur für die Abschätzung des $K_d$ verwendet.

| pH | – | 6 | [2;12] | [0;14] |
|---|---|---|---|---|

pH-Wert des Bodenwassers zur Abschätzung des $K_d$ . Wird auch von der $K_{AW}$ -Standardkorrektur verwendet.

## 10.7
## Plume

Dieses Modell berechnet den atmosphärischen Transport nach Punktemission unter der Annahme konstanter atmosphärischer und meteorologischer Eigenschaften. Dazu wird ein Fahnenmodell verwendet, welches die Verdünnung durch atmosphärische Dispersion berücksichtigt (Gauß-Modell). Das Fahnenmodell leitet sich aus der Dispersions-Advektionsgleichung ab.

Weiterhin werden Depositionen aus stationären Konzentrationen und Depositionsraten berechnet sowie potentielle Dosisraten aus durchschnittlichen Inhalationsraten.

Mit Hilfe des Modells kann man die mögliche Konzentration entweder an einem speziellen Punkt oder entlang der Hauptwindrichtung berechnen. Bei letzterem werden auch die Tabellen Abstand/Deposition und Abstand/Konzentration ausgegeben, bei der Berechnung eines Punktes nur die folgenden Ergebnisse:

| Beschreibung | Einheit | Bezeichnung |
|---|---|---|
| Konzentration am Punkt | $kg/m^3$ | $C_{x,y,z}$ |
| Gesamte Deposition am Punkt | $kg/(m^2{\cdot}a)$ | $dep_{x,y,0}$ |
| Jährliche Inhalationsdosis am Punkt | $kg/a$ | $inhal_{dose}$ |
| Abstand zum Punkt der max. Konzentration | $m$ | $point_{max}$ |
| Maximale Konzentration | $kg/m^3$ | $C_{max}$ |
| Maximale Depositionsrate | $kg/(m^2{\cdot}a)$ | $dep_{max}$ |
| Maximale jährliche Inhalationsdosis | $kg/a$ | $InhalDose_{max}$ |

Das Modell führt folgende Berechnungen durch:

$$v_{dep,dry} = (1 - f_p) \cdot VdGasDry + f_p \cdot VdParDry$$

$$v_{dep,wet} = \left( \frac{1 - f_p}{K_{AW}} + f_p \cdot washoutRatio \right) \cdot \frac{rain}{8{,}64 \cdot 10^7}$$

$$v_{dep} = v_{dep,dry} + v_{dep,wet}$$

Für die Punktberechnung werden jetzt folgende Berechnungen durchgeführt:

$$\sigma_y = a \cdot x^p$$
$$\sigma_z = b \cdot x^q$$

$$C_{x,y,z} = \frac{input}{(2 \cdot \pi \cdot \sigma_y \cdot \sigma_z \cdot v_{Wind} \cdot 86400)} \cdot e^{\frac{-y^2}{2 \cdot \sigma_y^2}}$$

$$\cdot \left( e^{\frac{-(z - release_{height})^2}{2 \cdot \sigma_z^2}} + e^{\frac{-(z + release_{height})^2}{2 \cdot \sigma_z^2}} \right)$$

Bei Punkten am Boden (mit z=0) zusätzlich:

$$dep_{x,y,0} = v_{dep} \cdot C_{x,y,z} \cdot 86400 \cdot 365$$
$$inhalDose = inhal \cdot 365 \cdot C_{x,y,z}$$

Für die Berechnung an der Hauptwindachse:

$$point_{max} = \left( \frac{(q + p) \cdot b^2}{release^2_{height} \cdot q} \right)^{-0{,}5/q}$$

$$\sigma_y = a \cdot point_{max}^{\,p}$$
$$\sigma_z = b \cdot point_{max}^{\,q}$$

$$C_{max} = \frac{input}{(\pi \cdot \sigma_y \cdot \sigma_z \cdot v_{Wind} \cdot 86400)} \cdot e^{\frac{-release_{height}^2}{2 \cdot \sigma_z^2}}$$

$$dep_{max} = v_{dep} \cdot 86400 \cdot 365 \cdot C_{max}$$
$$inhalDose_{max} = inhal \cdot 365 \cdot C_{max}$$

Jeweils für die entsprechenden Punkte x auf der Hauptwindachse spezifiziert durch Start, Ende und Schrittweite:

$$\sigma_y = a \cdot x^p$$
$$\sigma_z = b \cdot x^q$$

$$C_x = \frac{input}{(\pi \cdot \sigma_y \cdot \sigma_z \cdot v_{Wind} \cdot 86400)} \cdot e^{\frac{-\,release_{height}^2}{2 \cdot \sigma_z^2}}$$

$$dep_x = v_{dep} \cdot 86400 \cdot 365 \cdot C_x$$

mit

| Bezeichnung | Beschreibung | Einheit |
|---|---|---|
| $v_{dep,dry}$ | Gesamt-Trocken-Depositionsgeschwindigkeit | $m/s$ |
| $v_{dep,wet}$ | Gesamt-Feucht-Depositionsgeschwindigkeit | $m/s$ |
| $v_{dep}$ | Gesamt-Depositionsgeschwindigkeit | $m/s$ |
| washoutRatio | Auswaschungseffizienz des Niederschlags (hier konstant $= 2 \cdot 10^5$) | $(kg/m^3$ Regen$)/$ $(kg/m^3$ Luft$)$ |
| $\sigma_y$ | Gesamt-lateraler Dispersionskoeffizient | – |
| $\sigma_z$ | Gesamt-vertikaler Dispersionskoeffizient | – |

$K_{AW}$ gehört zu den → Substanzdaten [Seite 212].

Fehlermeldungen:

| Bedingung | Begründung |
|---|---|
| $K_{AW}$ der Substanz ist 0. | Für eine Substanz mit $K_{AW}=0$ ist das Modell nicht anwendbar. |
| Bei Punktberechnung: X=0 | Eine Berechnung für Punkte in der y-z Ebene (X=0) ist nicht möglich. |
| Bei $start_x > end_x$ oder $step_x > (start_x - end_x)$ (im Eingabedialog geprüft) | Eine sinnvolle Berechnung ist nicht möglich. |

Mit Hilfe des Schalters „Berechnung" wird die Art der Berechnung eingestellt. Es kann entweder die Konzentration an einem Punkt im Raum oder entlang der Hauptwindrichtung erfolgen.

Beschreibung der Eingabeparameter:

| Bezeichnung | Einheit | Vorgabe | Warnung außerhalb | Fehler außerhalb |
|---|---|---|---|---|
| **input** | kg/$d$ | 1 | $[0; \infty\,[$ | $[0; \infty\,[$ |

Freisetzungsrate der Substanz.

| Bezeichnung | Einheit | Vorgabe | Warnung außerhalb | Fehler außerhalb |
|---|---|---|---|---|
| **inhal** | $m^3/d$ | 20 | $[2;40]$ | $[0; \infty\,[$ |

Durchschnittliche Inhalationsrate.

| Bezeichnung | Einheit | Vorgabe | Warnung außerhalb | Fehler außerhalb |
|---|---|---|---|---|
| **release**$_{height}$ | $m$ | 50 | $[0;50]$ | $[0;2200]$ |

Effektive Freisetzungshöhe.

| Bezeichnung | Einheit | Vorgabe | Warnung außerhalb | Fehler außerhalb |
|---|---|---|---|---|
| $\mathbf{f_p}$ | – | unbekannt | $[0;1]$ | $[0;1]$ |

Partikulärer Anteil. Abschätzung: Siehe → Abschätzung des partikulären Anteils [Seite 262].

| Bezeichnung | Einheit | Vorgabe | Warnung außerhalb | Fehler außerhalb |
|---|---|---|---|---|
| $v_{Wind}$ | $m/s$ | 5 | [0;20] | $[0;3 \cdot 10^8]$ |

Windgeschwindigkeit in effektiver Freisetzungshöhe.

| Bezeichnung | Einheit | Vorgabe | Warnung außerhalb | Fehler außerhalb |
|---|---|---|---|---|
| rain | $mm/d$ | 2,1 | [0;2000] | $[0; \infty$ [ |

Durchschnittliche Niederschlagsrate.

| Bezeichnung | Einheit | Vorgabe | Warnung außerhalb | Fehler außerhalb |
|---|---|---|---|---|
| VdParDry | $m/s$ | 0,01 | [0;1] | $[0;3 \cdot 10^8]$ |

Trockene Partikeldepositionsgeschwindigkeit.

| Bezeichnung | Einheit | Vorgabe | Warnung außerhalb | Fehler außerhalb |
|---|---|---|---|---|
| VdGasDry | $m/s$ | unbekannt | [0;1] | $[0;3 \cdot 10^8]$ |

Trockene Gasdepositionsgeschwindigkeit. Abschätzung: Siehe → VdGas-Abschätzung [Seite 258].

| Bezeichnung | Einheit | Vorgabe | Warnung außerhalb | Fehler außerhalb |
|---|---|---|---|---|
| a | – | 0,64 | [0,170;1,503] | ]0;10] |

Lateraler Dispersionskoeffizient a; Vorgabewert für effektive Freisetzungshöhe $h \leq 50$ m und neutrale Ausbreitungsklasse III / 1 nach TA-Luft; Anhang C.

| Bezeichnung | Einheit | Vorgabe | Warnung außerhalb | Fehler außerhalb |
|---|---|---|---|---|
| p | – | 0,784 | [0,710;1,296] | ]0;10] |

Lateraler Dispersionsexponent p; Vorgabewert für effektive Freisetzungshöhe $h \leq 50$ m und neutrale Ausbreitungsklasse III / 1 nach TA-Luft; Anhang C.

| Bezeichnung | Einheit | Vorgabe | Warnung außerhalb | Fehler außerhalb |
|---|---|---|---|---|
| b | – | 0,215 | [0,051;0,717] | ]0;10] |

Vertikaler Dispersionskoeffizient b; Vorgabewert für effektive Freisetzungshöhe $h \leq 50$ m und neutrale Ausbreitungsklasse III / 1 nach TA-Luft; Anhang C.

| Bezeichnung | Einheit | Vorgabe | Warnung außerhalb | Fehler außerhalb |
|---|---|---|---|---|
| q | – | 0,885 | [0,486;1,317] | ]0;10] |

Vertikaler Dispersionsexponent q; Vorgabewert für effektive Freisetzungshöhe $h \leq 50$ m und neutrale Ausbreitungsklasse III / 1 nach TA-Luft; Anhang C.

| Bezeichnung | Einheit | Vorgabe | Warnung außerhalb | Fehler außerhalb |
|---|---|---|---|---|
| $start_x$ | $m$ | 0 | $[0;50 \cdot 10^3[$ | $[0;40 \cdot 10^6[$ |

Anfangspunkt der vektoriellen Berechnung.

| Bezeichnung | Einheit | Vorgabe | Warnung außerhalb | Fehler außerhalb |
|---|---|---|---|---|
| $end_x$ | $m$ | 10000 | $]0;50 \cdot 10^3]$ | $]0;40 \cdot 10^6]$ |

Endpunkt der vektoriellen Berechnung.

| Bezeichnung | Einheit | Vorgabe | Warnung außerhalb | Fehler außerhalb |
|---|---|---|---|---|
| $step_x$ | m | 100 | $]0;10\cdot 10^3]$ | $]0;10\cdot 10^6]$ |
| Schrittweite der vektoriellen Berechnung. | | | | |
| x | m | 1000 | $[-50\cdot 10^3;50\cdot 10^3]$ | $[-40\cdot 10^6;40\cdot 10^6]$ |
| X-Koordinate bei Punktberechnung. | | | | |
| y | m | 10 | $[-50\cdot 10^3;50\cdot 10^3]$ | $[-40\cdot 10^6;40\cdot 10^6]$ |
| Y-Koordinate bei Punktberechnung. | | | | |
| z | m | 0 | $[-1100;2000]$ | $[-20\cdot 10^3;20\cdot 10^3]$ |
| Z-Koordinate bei Punktberechnung. | | | | |

## 10.8
## Soil

Soil beschreibt den Transport und Verbleib von Schadstoffen im Boden und beinhaltet drei analytische Lösungen, mit denen ein einmaliger Eintrag der Schadstoffe an der Bodenoberfläche, eine belastete Bodenschicht und eine kontinuierliche Injektion modelliert werden. Darüberhinaus wird für die kontinuierliche Injektion die stationäre Lösung berechnet.

Wanderungsgeschwindigkeit und gesamter Diffusions-/Dispersionskoeffizient können abgeschätzt oder explizit angegeben werden. Dadurch läßt sich Soil auch für Transportprozesse außerhalb des Bodens anwenden.

Als Ausgabe erhält man die berechnete Konzentration, die Anteile des Stoffes im Bodenwasser, in der Bodenluft und in der Bodenmatrix. Ferner die vertikale Wanderungsgeschwindigkeit des Stoffes und den gesamten Diffusions-/Dispersionskoeffizienten im Boden unter Gewichtung der Stoffanteile im Bodenwasser und in der Bodenluft.

| Beschreibung | Einheit | Bezeichnung |
|---|---|---|
| Konzentration | $kg/m^3$ | $C_1$ |
| Konzentration (stationär) | $kg/m^3$ | $C_2$ |
| Anteil im Bodenwasser | – | $f_W$ |
| Anteil in der Bodenluft | – | $f_G$ |
| Anteil in der Bodenmatrix | – | $f_M$ |
| Wanderungsgeschwindigkeit des Stoffes | $m/d$ | u |
| Dispersionskoeffizient | $m^2/d$ | D |

Die folgenden Berechnungen werden durchgeführt. Bei diesem Modell wird vorher automatisch die $\rightarrow K_{AW}$ Standardkorrektur durchgeführt [Seite 266].

$$OM = 1{,}724 \cdot OC$$
$$Density = (1 - Porosity) \cdot (OM \cdot 1400 + (1 - OM) \cdot 2650)$$
$$K_{MW} = K_d \cdot Density \cdot 10^{-3}$$

$$f_W = \frac{pore}{K_{MW} + pore + (Porosity - pore) \cdot K_{AW}}$$

$$f_G = \frac{(Porosity - pore) \cdot K_{AW}}{K_{MW} + pore + (Porosity - pore) \cdot K_{AW}}$$

$$f_M = \frac{K_{MW}}{K_{MW} + pore + (Porosity - pore) \cdot K_{AW}}$$

Soil 1 (Einmaliger Eintrag an der Bodenoberfläche):

$$C_1 = \frac{m}{\sqrt{4 \cdot \pi \cdot D \cdot t}} \cdot e^{-\frac{(z - u \cdot t)^2}{4 \cdot D \cdot t}} \cdot e^{-DegSoil \cdot t}$$

Soil 2 (Belastete Bodenschicht):

$$C_1 = 0{,}5 \cdot C_0 \cdot \left( erf \frac{z - ut + h}{\sqrt{4 \cdot D \cdot t}} - erf \frac{z - ut - h}{\sqrt{4 \cdot D \cdot t}} \right) \cdot e^{-DegSoil \cdot t}$$

Soil 3 (Kontinuierliche Injektion):

$$\beta = \sqrt{\frac{u^2}{4 \cdot D^2} + \frac{Deg_{Soil}}{D}}$$

$$C_1 = \frac{C_0}{2} \cdot e^{\frac{u \cdot z}{2 \cdot D}} \cdot \left( e^{-z \cdot \beta} \cdot erfc \frac{z - t \cdot \sqrt{u^2 + 4 \cdot Deg_{Soil} \cdot D}}{\sqrt{4 \cdot D \cdot t}} \right.$$

$$\left. + e^{z \cdot \beta} \cdot erfc \frac{z + t \cdot \sqrt{u^2 + 4 \cdot Deg_{Soil} \cdot D}}{\sqrt{4 \cdot D \cdot t}} \right)$$

$$C_2 = C_0 \cdot e^{\frac{u \cdot z}{2 \cdot D} - z \cdot \beta}$$

mit

| Bezeichnung | Beschreibung | Einheit |
| --- | --- | --- |
| $K_{MW}$ | Verteilungskoeffizient Matrix/Wasser | – |
| $D_{W,eff}$ | Eff. Diffusionskoeffizient Wasser | $m^2/d$ |
| $D_{G,eff}$ | Eff. Diffusionskoeffizient Luft | $m^2/d$ |
| $D_{W,a}$ | scheinbarer Dispersions-/Diffusionskoeffizient | $m^2/d$ |
| $OM$ | Gehalt an organischer Substanz | – |
| $Density$ | Bodendichte | $kg/m^3$ |

Die übrigen Bezeichnungen sind $\rightarrow$ Substanzdaten [Seite 212].

Beschreibung der Eingabeparameter:

| Bezeichnung | Einheit | Vorgabe | Warnung außerhalb | Fehler außerhalb |
| --- | --- | --- | --- | --- |
| **Niederschlag** | mm / d | 2,1 | [0;2000] | [0; ∞ [ |

Niederschlagsmenge pro Tag.

| **Evaporation** | mm / d | 1,6 | [0;1999] | [0; ∞ [ |
| --- | --- | --- | --- | --- |

Evaporation pro Tag.

| **Abfluß** | mm / d | 0,2 | [0;1999] | [0; ∞ [ |
| --- | --- | --- | --- | --- |

Wasserabfluß an der Bodenoberfläche pro Tag.

| **u** | m / d | unbekannt | [0;1] | [0;3· 10^8] |
| --- | --- | --- | --- | --- |

Wanderungsgeschwindigkeit der Chemikalie in vertikaler Richtung. Abschätzung: Siehe → Abschätzung der Wanderungsgeschwindigkeit [Seite 261].

| **pore** | $m^3/m^3$ | 0,3 | ]0;1] | ]0;1] |
| --- | --- | --- | --- | --- |

Anteil wassergefüllter Poren.

| **Porosity** | $m^3/m^3$ | 0,5 | ]0;1] | ]0;1] |
| --- | --- | --- | --- | --- |

Bodenporosität.

| **$L_{disp}$** | $m$ | 0,05 | [0;100] | [0; ∞ [ |
| --- | --- | --- | --- | --- |

Dispersionslänge.

| **D** | $m^2/d$ | unbekannt | ]0;100] | ]0; ∞ [ |
| --- | --- | --- | --- | --- |

Gesamter Dispersions-/Diffusionskoeffizient des Bodens unter Gewichtung der Stoffanteile in Bodenwasser und Bodenluft. Abschätzung: Siehe → Abschätzung des gesamten Dispersionskoeffizienten [Seite 261].

| **$K_d$** | $cm^3/g$ | unbekannt | [0;1· 10^6] | [0; ∞ [ |
| --- | --- | --- | --- | --- |

Verteilungskoeffizient Bodenmatrix/Bodenwasser. Abschätzung: Siehe → $K_d$-Abschätzung [Seite 258].

| **OC** | $kg/kg$ | 0,02 | [0;1] | [0;1] |
| --- | --- | --- | --- | --- |

Organischer Kohlenstoffanteil des Bodens.

| **pH** | – | 6 | [2;12] | [0;14] |
| --- | --- | --- | --- | --- |

$pH$ -Wert des Bodenwassers.

| Bezeichnung | Einheit | Vorgabe | Warnung außerhalb | Fehler außerhalb |
|---|---|---|---|---|
| **Inputfunktion** | – | Soil 1 | – | – |
| Art des Modells (Soil 1, Soil 2, Soil 3). | | | | |
| **m** | $kg/m^2$ | 0,001 | [0;500] | [0;1300] |
| Menge der eingetragenen Substanz (nur für Soil 1). | | | | |
| $C_0$ | $kg/m^3$ | 0,1 | [0;500] | [0;1300] |
| Anfangskonzentration (nur für Soil 2 und 3). | | | | |
| z | $m$ | 2 | ]0;50] | ]0;6300 \cdot 10^3] |
| Tiefe der zu betrachtenden Bodenschicht. | | | | |
| h | $m$ | 0,25 | ]0;50] | ]0;6300 \cdot 10^3] |
| Dicke der belasteten Bodenschicht (nur Soil 3). | | | | |
| t | $d$ | 160 | ]0;36500] | ]0; $\infty$ [ |
| Zu berechnender Zeitraum in Tagen. | | | | |

## 10.9
## Water

Das Modell Water beschreibt den kontinuierlichen Eintrag aus einem Einleiter in ein Fließgewässer. Es werden stationäre Bedingungen für Wasser- und Stofffluß angenommen. Die Bindung an Schwebstoffe und Sediment wird durch Verteilungskoeffizienten berechnet. Alle Eliminationsprozesse werden durch 1. Ordnung beschrieben.

Ausgegeben werden drei Wertegruppen, die allgemeinen Ergebnisse, die Massenbilanz und das Konzentrationsprofil:

| Beschreibung | Einheit | Bezeichnung |
|---|---|---|
| Gesamtmenge im Wasser | kg | $mass_{total}$ |
| Täglicher Eintrag des Stoffes | $kg/d$ | $mass_{input}$ |
| Konzentration Fisch in der ersten Box | $kg/m^3$ | $C_{fish,max}$ |
| Konzentration Fisch in der letzten Box | $kg/m^3$ | $C_{fish,min}$ |
| Konzentration Sediment in der ersten Box | $kg/m^3$ | $C_{sedi,max}$ |
| Konzentration Sediment in der letzten Box | $kg/m^3$ | $C_{sedi,min}$ |
| Gesamteliminationsrate | $1/d$ | $elim_{rate}$ |
| Sedimentationsrate | $1/d$ | $sed_{rate}$ |

| | | |
|---|---|---|
| Volatilitätsrate | $1/d$ | volat |
| Verdünnungsfaktor | – | dilution |
| Anfangskonzentration | $kg/m^3$ | $C_0$ |
| Konzentration am Ende des Wasserkörpers | $kg/m^3$ | $C_{end}$ |
| Volatilität | $kg/d$ | $mass_{volat}$ |
| Sedimentation | $kg/d$ | $mass_{sedim}$ |
| Abbau | $kg/d$ | $mass_{degra}$ |
| Advektion | $kg/d$ | $mass_{advec}$ |

Die folgenden Berechnungen werden durchgeführt. Bei diesem Modell wird vorher automatisch die $\rightarrow K_{AW}$ Standardkorrektur durchgeführt [Seite 266].

$$cross_{section} = width \cdot depth$$

$$flow_{river} = vFlow \cdot cross_{section}$$

$$dilution = \frac{flow_{river}}{flowSew}$$

$$C_0 = \frac{conc_{sew}}{dilution}$$

$$frac_{partic} = \frac{suspM \cdot 10^{-3} \cdot K_d}{1 + suspM \cdot 10^{-3} \cdot K_d}$$

$$frac_{water} = \frac{1}{1 + suspM \cdot 10^{-3} \cdot K_d}$$

$$sed_{rate} = \frac{frac_{partic} \cdot 10^{-3} \cdot sedRat \cdot sedDen \cdot (1 - sedPor)}{365 \cdot depth \cdot suspM}$$

$$elim_{rate} = Deg_{Water} + volat + sed_{rate}$$

$$C_{end} = C_0 \cdot e^{\frac{- elim_{rate} \cdot length}{vFlow \cdot 86400}}$$

$$K_{SW} = \frac{K_d \cdot sedDen}{1000} + sedPor$$

$$mass_{total} = \frac{flow_{river} \cdot 86400 \cdot C_0 \cdot (1 - e^{-\frac{elim_{rate} \cdot length}{vFlow \cdot 86400}})}{elim_{rate}}$$

$$mass_{input} = 86400 \cdot C_0 \cdot flow_{river}$$

$$C_{fish,max} = BCF \cdot C_0 \cdot frac_{water}$$

$$C_{fish,min} = BCF \cdot C_{end} \cdot frac_{water}$$

$$C_{sedi,max} = C_0 \cdot frac_{water} \cdot K_{SW}$$

$$C_{sedi,min} = C_{end} \cdot frac_{water} \cdot K_{SW}$$

$$mass_{volat} = volat \cdot mass_{total}$$

$$mass_{sedim} = sed_{rate} \cdot mass_{total}$$

$$mass_{degra} = Deg_{Water} \cdot mass_{total}$$

$$mass_{advec} = C_{end} \cdot flow_{river} \cdot 86400$$

mit

| Bezeichnung | Beschreibung | Einheit |
|---|---|---|
| $\text{cross}_{\text{section}}$ | Durchschnittlicher Querschnitt | $m^2$ |
| $\text{flow}_{\text{river}}$ | Durchschnittlicher Abfluß des Wasserkörpers | $m^3/s$ |
| $\text{frac}_{\text{water}}$ | Konzentrationverhältnis Wasser/gesamt | – |
| $\text{frac}_{\text{partic}}$ | Konzentrationverhältnis sorbiert/gesamt | – |
| $K_{\text{SW}}$ | Konzentrationverhältnis Sediment/Wasser | – |

Protolyse, $pH$, $pKa$, $K_{AW}$, $Deg_{Water}$ und BCF sind $\rightarrow$ Substanzdaten [Seite 212]. Die ersten drei Daten werden dabei lediglich für die $\rightarrow$ $K_{AW}$ Standardkorrektur benötigt [Seite 266].

Beschreibung der Eingabeparameter:

| Bezeichnung | Einheit | Vorgabe | Warnung außerhalb | Fehler außerhalb |
|---|---|---|---|---|
| **depth** | m | 3 | $[0,1;1000]$ | $[1 \cdot 10^{-3};11000]$ |

Durchschnittliche Wassertiefe.

| **width** | m | 330 | $[2;20 \cdot 10^3]$ | $[1 \cdot 10^{-3};40 \cdot 10^6]$ |
|---|---|---|---|---|

Durchschnittliche Breite.

| **length** | m | $200 \cdot 10^3$ | $[1 \cdot 10^3;6300 \cdot 10^3]$ | $[10;40 \cdot 10^6]$ |
|---|---|---|---|---|

Länge des Wasserkörpers (maximal die Länge des Amazonas = 6300 km).

| **OC** | $kg/kg$ | 0,04 | $[0;1]$ | $[0;1]$ |
|---|---|---|---|---|

Organischer Kohlenstoffgehalt des Sediments der Partikel im Wasser.

| $K_d$ | $cm^3/g$ | unbekannt | $[0;1 \cdot 10^6]$ | $[0; \infty[$ |
|---|---|---|---|---|

Verteilungskoeffizient Sedimentmatrix/Sedimentwasser. Abschätzung: Siehe $\rightarrow$ $K_d$-Abschätzung [Seite 258].

| **pH** | – | 6 | $[2;12]$ | $[0;14]$ |
|---|---|---|---|---|

$pH$ -Wert des Gewässers.

| **vFlow** | $m/s$ | 1 | $[1 \cdot 10^{-3};100]$ | $[1 \cdot 10^{-3};3 \cdot 10^8]$ |
|---|---|---|---|---|

Fließgeschwindigkeit des Gewässers.

| **vWind10** | $m/s$ | 1 | $[0;20]$ | $[0;3 \cdot 10^8]$ |
|---|---|---|---|---|

Durchschnittliche Windgeschwindigkeit in 10 m Höhe.

| Bezeichnung | Einheit | Vorgabe | Warnung außerhalb | Fehler außerhalb |
| --- | --- | --- | --- | --- |
| **flowSew** | $m^3/s$ | 0,1 | $[1\cdot10^{-5};126\cdot10^{12}]$ | $]0;\infty[$ |

Durchschnittliche Abwasseremissionsmenge.

| | | | | |
| --- | --- | --- | --- | --- |
| **conSew** | $kg/m^3$ | $10\cdot10^{-3}$ | $]0;500]$ | $]0;25000]$ |

Durchschnittliche Konzentration im Abwasser.

| | | | | |
| --- | --- | --- | --- | --- |
| **sedPor** | $m^3/m^3$ | 0,6 | $[0;1]$ | $[0;1]$ |

Porosität des Sediments.

| | | | | |
| --- | --- | --- | --- | --- |
| **sedDen** | $kg/m^3$ | 2000 | $[0;500]$ | $[0;25000]$ |

Dichte des trockenen Sediments.

| | | | | |
| --- | --- | --- | --- | --- |
| **sedRat** | $mm/a$ | 10 | $[0;50]$ | $[0;11000\cdot10^3]$ |

Sedimentation der gebundenen Materie.

| | | | | |
| --- | --- | --- | --- | --- |
| **suspM** | $kg/m^3$ | 0,1 | $]0;3]$ | $]0;25000]$ |

Partikelgehalt im Wasser.

| | | | | |
| --- | --- | --- | --- | --- |
| **segNum** | – | 50 | $[10;500]$ | $[1;500]$ |

Anzahl der Schritte für grafische Ausgabe.

| | | | | |
| --- | --- | --- | --- | --- |
| **volat** | $1/d$ | unbekannt | $[0;36]$ | $[0;\infty[$ |

Volatilitäts(=Ausgasungs)-rate. Abschätzung: Siehe → Volatilitätsabschätzungen [Seite 258].

# 11
# Abschätzfunktionen

Hier werden alle implementierten Abschätzfunktionen kurz beschrieben und allgemeine Anmerkungen zur Verwendung von Abschätzungen gemacht. Abschätzfunktionen können einfache Regressionen aber auch (vor allem bei Modellparametern) komplexe Prozesse sein.

Die Verwendung von Abschätzungen ist vor allem nützlich, falls nicht alle benötigten Parameter bekannt sind. Allerdings bringt die Verwendung abgeschätzter Werte Fehler mit sich. Deshalb sollten, wenn möglich, aus abgeschätzten Werten keine weiteren abgeschätzt werden. CemoS verweigert eine gegenseitige Abschätzung von Parametern, bzw. allgemeiner alle *Ringabschätzungen*.
Im allgemeinen geben die Abschätzfunktionen bei sehr ungenauen Werten Warnungen bzw. Hinweise aus. Die Bereiche und Einheiten werden hier nicht weiter erwähnt, wenn es sich um an anderer Stelle bereits erklärte Modellparameter oder Substanzdaten handelt. Wurde ein Wert aus anderen Parametern abgeschätzt, so wird bei jeder Änderung dieser Parameter die Berechnung automatisch wiederholt.

## 11.1
## Abschätzungen für Substanzdaten

Für eine Beschreibung der praktischen Durchführung von Abschätzungen und automatischen Abschätzungen siehe → Eingabedaten abschätzen [Seite 201].

### 11.1.1 Abschätzung der Molmasse aus der Summenformel

Die molare Masse $[g/mol]$ wird aus der Summenformel abgeschätzt. In der Summenformel dürfen keine Leerzeichen vor den stöchiometrischen Koeffizienten enthalten sein. Weiterhin ist es möglich, mit Hilfe von Klammern Elementgruppen zusammenzufassen. Der stöchiometrische Koeffizient der Elementgruppen steht direkt hinter der schließenden Klammer und darf nicht über 10000 liegen; jedoch können Klammern auch geschachtelt werden.

Folgende Werte werden für das Abschätzen des Molekulargewichtes aus der Summenformel verwendet:

| | | | | |
|---|---|---|---|---|
| Ac 227 | Cr 51,9961 | K 39,0983 | Pd 106,42 | Tc 98 |
| Ag 107,8682 | Cs 132,9054 | Kr 83,80 | Pm 145 | Te 127,60 |
| Al 26,98154 | Cu 63,546 | La 138,9055 | Po 209 | Th 232,0381 |
| Am 243 | Dy 162,50 | Li 6,941 | Pr 140,9077 | Ti 47,88 |
| Ar 39,948 | Er 167,26 | Lr 260 | Pt 195,08 | Tl 204,383 |
| As 74,9216 | Es 252 | Lu 174,967 | Pu 244 | Tm 168,9342 |
| At 210 | Eu 151,96 | Md 258 | Ra 226 | U 238,0289 |
| Au 196,9665 | F 18,998403 | Mg 24,305 | Rb 85,4678 | Unh 263 |
| B 10,811 | Fe 55,847 | Mn 54,9380 | Re 186,207 | Unp 262 |
| Ba 137,33 | Fm 257 | Mo 95,94 | Rh 102,9055 | Unq 261 |
| Be 9,01218 | Fr 223 | N 14,0067 | Rn 222 | Uns 262 |
| Bi 208,9804 | Ga 69,723 | Na 22,98977 | Ru 101,07 | V 50,9415 |
| Bk 247 | Gd 157,25 | Nb 92,9064 | S 32,066 | W 183,85 |
| Br 79,904 | Ge 72,59 | Nd 144,24 | Sb 121,75 | Xe 131,29 |
| C 12,011 | H 1,00794 | Ne 20,179 | Sc 44,95591 | Y 88,9059 |
| Ca 40,078 | He 4,00260 | Ni 58,69 | Se 78,96 | Yb 173,04 |
| Cd 112,41 | Hf 178,49 | No 259 | Si 28,0855 | Zn 65,38 |
| Ce 140,12 | Hg 200,59 | O 15,9994 | Sm 150,36 | Zr 91,224 |
| Cf 251 | Ho 164,9304 | Os 190,2 | Sn 118,710 | |
| Cl 35,453 | I 126,9045 | P 30,97376 | Sr 87,62 | |
| Cm 247 | In 114,82 | Pa 231,0359 | Ta 180,9479 | |
| Co 58,9332 | Ir 192,22 | Pb 207,2 | Tb 158,9254 | |

### 11.1.2 Abschätzung des Verteilungskoeffizienten Luft/Wasser aus Molmasse, Wasserlöslichkeit und Dampfdruck

Der Verteilungskoeffizient zwischen Luft und Wasser, $K_{AW}$, wird aus der Wasserlöslichkeit, *ws*, und dem Dampfdruck, *vp*, abgeschätzt. Die Gleichung ist gültig, wenn das Verhältnis der Wasserlöslichkeit zur Molmasse, *M*, kleiner als 1 *[mol/l]* ist.

Sollte der Dampfdruck nicht bekannt sein, so wird, sofern der Siedepunkt unter der angenommen Umgebungstemperatur von 20 Grad Celsius liegt, ein Atmosphärendruck von 1013 *hPa* als Dampfdruck angenommen:

$$K_{AW} = \frac{M \cdot vp}{ws \cdot 1000 \cdot R \cdot 293{,}15}$$

mit *R*: allgemeine Gaskonstante $= 8{,}314 \; \dfrac{J}{mol \cdot K}$

Molmasse, Dampfdruck und Wasserlöslichkeit sind → Substanzdaten [Seite 212].

Der $K_{AW}$ wird bei einigen Modellen korrigiert durch die → $K_{AW}$ Standardkorrektur [Seite 266].

### 11.1.3 Abschätzungen des Verteilungskoeffizienten organischer Kohlenstoff/Wasser

**nach Karickhoff (1981)**

Der Verteilungskoeffizient von organischem Kohlenstoff zu Wasser, $K_{OC}$, wird mit Hilfe des $log\,K_{OW}$ abgeschätzt. Die Gleichung gilt nur für nichtdissoziierende organische Substanzen; sie wurde aufgestellt für fünf polyzyklische aromatische Kohlenwasserstoffe und mehrere Sedimente ($r^2 = 0{,}994$), deren $log\,K_{OW}$ zwischen 1,0 und 6,72 lag.

$$K_{OC} = 0{,}411 \cdot 10^{log\,K_{OW}}$$

Der $log\,K_{OW}$ gehört zu den → Substanzdaten [Seite 212]. Die Umkehrung dieser Abschätzung ist die → Abschätzung des Verteilungskoeffizienten Oktanol/Wasser nach Karickhoff [Seite 256].

**nach Schwarzenbach und Westall (1981)**

Der Verteilungskoeffizient von organischem Kohlenstoff zu Wasser, $K_{OC}$, wird mit Hilfe des $log\,K_{OW}$ abgeschätzt. Die Gleichung gilt nur für nichtdissoziierende organische Chemikalien; sie wurde vorwiegend anhand einer Serie alkylierter und halogenierter Benzole und verschiedener Böden aufgestellt.

$$K_{OC} = 10^{(0{,}72 \cdot log\,K_{OW} + 0{,}49)}$$

Der $log\,K_{OW}$ gehört zu den → Substanzdaten [Seite 212]. Die Umkehrung dieser Abschätzung ist die → Abschätzung des Verteilungskoeffizienten Oktanol/Wasser nach Schwarzenbach und Westall [Seite 256].

**aus Wasserlöslichkeit; nach Kenaga und Goring (1980)**

Der Verteilungskoeffizient von organischem Kohlenstoff zu Wasser, $K_{OC}$, wird mit Hilfe der Wasserlöslichkeit, $ws$, abgeschätzt. Es wird ein Hinweis gegeben, falls die Wasserlöslichkeit nicht im Gültigkeitsbereich $[0{,}5 \cdot 10^{-6};1000]$ $[kg/m^3]$ liegt:

$$K_{OC} = 10^{(3{,}64 - 0{,}55 \cdot log(ws \cdot 1000))}$$

Die Wasserlöslichkeit gehört zu den → Substanzdaten [Seite 212].

**aus Wasserlöslichkeit; nach Chiou (1979)**

Der Verteilungskoeffizient von organischem Kohlenstoff zu Wasser, $K_{OC}$, wird mit Hilfe der Wasserlöslichkeit, $ws$, abgeschätzt.

$$K_{OC} = 10^{(4{,}273 - 0{,}686 \cdot log(ws \cdot 1000))}$$

Die Wasserlöslichkeit gehört zu den → Substanzdaten [Seite 212].

### 11.1.4 Abschätzungen des Verteilungskoeffizienten Oktanol/Wasser

**aus Wasserlöslichkeit, Schmelzpunkt und Molmasse; nach Yalkowski und Valvani (1980)**

Der Verteilungskoeffizient von Oktanol zu Wasser, $log\,K_{OW}$, wird aus der Wasserlöslichkeit, $ws$, dem Schmelzpunkt, $mp$, und der Molmasse, $M$, abgeschätzt. Das ist möglich, weil der $log\,K_{OW}$ negativ mit der Wasserlöslichkeit korreliert ist.

$$\log K_{OW} = 0{,}95 \cdot \log \left( \frac{ws}{M} \right) + 0{,}83 - 0{,}0114 \cdot f(mp - 273{,}15)$$

$$f(x) = \begin{cases} x & \text{falls } x > 25 \\ 25 & \text{sonst} \end{cases}$$

Wasserlöslichkeit, Schmelzpunkt und Molmasse sind → Substanzdaten [Seite 212].

**nach Karickhoff (1981)**

Der Verteilungskoeffizient von Oktanol zu Wasser, $log\,K_{OW}$, wird aus dem $K_{OC}$ abgeschätzt. Diese Formel ist die Umkehrung der → Abschätzung des $K_{OC}$ nach Karickhoff [Seite 00]. Es wird ein Hinweis ausgegeben, falls der $K_{OC}$ nicht innerhalb [4,11;2156958] liegt.

$$\log K_{OW} = \log \frac{K_{OC}}{0{,}411}$$

Der $K_{OC}$ gehört zu den → Substanzdaten [Seite 212].

**nach Schwarzenbach und Westall (1981)**

Der Verteilungskoeffizient von Oktanol zu Wasser, $log\,K_{OW}$, wird aus dem $K_{OC}$ abgeschätzt. Diese Formel ist die Umkehrung der → Abschätzung des $K_{OC}$ nach Schwarzenbach und Westall [Seite 255].

$$\log K_{OW} = \frac{\log(K_{OC}) - 0{,}49}{0{,}72}$$

Der $K_{OC}$ gehört zu den → Substanzdaten [Seite 212].

## 11.1.5 Abschätzungen des BCF

**nach Veith**

Der Biokonzentrationsfaktor für Biota, BCF, wird aus dem $log\,K_{OW}$ abgeschätzt. Die Beziehung ( N=84; $r^2 = 0{,}82$) stammt von Veith und gilt vorwiegend für chlorierte Kohlenwasserstoffe. Die Abschätzfunktion gibt einen Hinweis, wenn der $log\,K_{OW}$ nicht innerhalb [0,89;6,90] liegt.

$$BCF = 10^{0{,}76 \cdot \log K_{OW} - 0{,}23}$$

Der $log\,K_{OW}$ gehört zu den → Substanzdaten [Seite 212].

**nach Isnard und Lambert (1988)**

Der Biokonzentrationsfaktor für Biota, BCF, wird aus dem $log\,K_{OW}$ abgeschätzt. Isnard und Lambert (1988) gelangten aufgrund umfangreicher Literaturdaten zu dieser Beziehung ( N=107; $r^2 = 0{,}82$). Liegt der $log\,K_{OW}$ außerhalb [0,98;6,89], dann sollte die Beziehung nicht angewendet werden und die Abschätzfunktion gibt eine Warnung aus. Die gleiche Beziehung nur auf Wasserlöslichkeit bezogen beinhaltet die Abschätzfunktion → des BCF aus Wasserlöslichkeit nach Isnard und Lambert [Seite 257].

$$BCF = 10^{0{,}8 \cdot \log K_{OW} - 0{,}52}$$

Der $log\,K_{OW}$ gehört zu den → Substanzdaten [Seite 212].

**aus Wasserlöslichkeit; nach Isnard und Lambert (1988)**
Der Biokonzentrationsfaktor für Biota, *BCF*, wird aus der Wasserlöslichkeit, *ws*, abgeschätzt. Isnard und Lambert gelangten aufgrund umfangreicher Literaturdaten zu dieser Beziehung ( N=107; $r^2 = 0,75$). Liegt die Wasserlöslichkeit außerhalb *[2 · 10⁻⁷;36,308]*, dann sollte die Beziehung nicht angewendet werden und die Abschätzfunktion gibt eine Warnung aus. Die gleiche Beziehung nur auf $log\,K_{OW}$ bezogen beinhaltet die Abschätzfunktion → des BCF nach Isnard und Lambert [Seite 256].

$$BCF = 10^{3,13 - 0,51 \cdot log(ws \cdot 1000)}$$

Die Wasserlöslichkeit gehört zu den → Substanzdaten [Seite 212].


### 11.1.6 Abschätzung des Diffusionskoeffizienten für Luft aus Molmasse mit Wasserdampf als Referenz

Der molekulare Diffusionskoeffizient mit Wasserdampf als Referenz, $D_a$, wird aus der Molmasse, $M$, und den Daten für Wasserdampf abgeschätzt.

$$D_a = 2,22 \cdot \sqrt{\frac{18}{M}}$$

Die Molmasse gehört zu den → Substanzdaten [Seite 212].


### 11.1.7 Abschätzung des Diffusionskoeffizienten für Wasser aus Molmasse mit Sauerstoff als Referenz

Der molekulare Diffusionskoeffizient mit Sauerstoff als Referenz, $D_w$, wird aus der Molmasse, $M$, und den Daten für Sauerstoff abgeschätzt.

$$D_w = 1,728 \cdot 10^{-4} \cdot \sqrt{\frac{32}{M}}$$

Die Molmasse gehört zu den → Substanzdaten [Seite 212].


### 11.1.8 Abschätzung der Wasserlöslichkeit nach Yalkowski und Valvani (1980)

Die Wasserlöslichkeit, *ws*, wird aus dem $log\,K_{OW}$, dem Schmelzpunkt, *mp*, und der Molmasse, $M$, abgeschätzt. Dies ist möglich, weil die Wasserlöslichkeit negativ mit dem $log\,K_{OW}$ korreliert. Die Umkehrung dieser Abschätzung ist → die Abschätzung des Verteilungskoeffizienten Oktanol/Wasser nach Yalkowski und Valvani [Seite 255].

$$ws = 10^{-1,05 \cdot log\,K_{OW} + 0,87 - 0,012 \cdot f(mp - 273,15)} \cdot M$$

$$f(x) = \begin{cases} x & \text{falls } x > 25 \\ 25 & \text{sonst} \end{cases}$$

Schmelzpunkt, $log\,K_{OW}$ und Molmasse sind → Substanzdaten [Seite 212].

## 11.2
## Abschätzungen für Modellparameter

Für eine Beschreibung der praktischen Durchführung von Abschätzungen und automatischen Abschätzungen siehe → Eingabedaten abschätzen [Seite 201].

Vor allem bei den etwas aufwendigeren Abschätzfunktionen sind nicht alle Parameter erklärt. Diese können jedoch schnell über den Verweis zu den entsprechenden Modellen gefunden werden.

### 11.2.1 Abschätzung des $K_d$ aus OC und $K_{OC}$

Der $K_d$ ist der Verteilungskoeffizient zwischen der Bodenmatrix und dem Bodenwasser. Nach Karickhoff (1981) ist die Sorption hydrophober organischer Chemikalien an die Bodenmatrix proportional zum Gehalt an organischem Kohlenstoff:

$$K_d = K_{OC} \cdot OC$$

Anschließend geschieht automatisch die Durchführung der → $K_d$ Standardkorrektur [Seite 266].

Diese Abschätzung kann in den Modellen → Water [Seite 249], → Plant [Seite 236], → Soil [Seite 246], → Level1 [Seite 225], → Level2 [Seite 227] und → Buckets [Seite 218] verwendet werden. Der $K_{OC}$ gehört zu den → Substanzdaten [Seite 212].

### 11.2.2 Abschätzung der Gasdepositionsgeschwindigkeit aus der Molmasse

Für die Depositionsgeschwindigkeit von Gasen wird ein Diffusionsprozess angenommmen. Sie wird aus der Molmasse, $M$, und den Daten einer Referenzsubstanz berechnet.

$$V_{d,gas} = V_{d,gas}(ref) \sqrt{\frac{M(ref)}{M}}$$

Die verwendete Referenzsubstanz besitzt die folgenden Werte (Thompson, 1983):

$$M(ref) = 300 \ g/mol$$
$$V_{d,gas}(ref) = 5 \cdot 10^{-3} \ m/s$$

Diese Abschätzung kann in den Modellen → Air [Seite 215] und → Plume [Seite 242] verwendet werden. Die Molmasse gehört zu den → Substanzdaten [Seite 212].

### 11.2.3 Abschätzung der Volatilitätsrate

Für die Volatilitätsrate des gelösten Stoffes $K_V$ gilt mit der Zweifilme-Theorie nach Whitman (1923) die Grundgleichung

$$\frac{1}{K_V} = \left( \frac{1}{k_l} + \frac{1}{K_{AW} \cdot k_g} \right) \cdot d$$

mit

$k_l$ : Transfergeschwindigkeit durch den Wasserfilm

$k_g$ : Transfergeschwindigkeit durch den Luftfilm

$d$ : Tiefe

Die effektive Volatilitätsrate errechnet sich unter Berücksichtigung der Sorption an die Partikel.

$$volat = \frac{K_V}{1 + susp_{matter} \cdot 10^{-3} \cdot K_d}$$

Bei den verschiedenen Abschätzfunktionen für die Volatilitätsrate werden $k_l$ und $k_g$ auf jeweils andere Art errechnet. Der $K_{AW}$ gehört zu den → Substanzdaten [Seite 212].

**für Fließgewässer; nach Southworth**
Diese Abschätzung von Southworth (1979) basiert auf der Methode der Reaeration (Wiederbelüftung) von Churchill sowie auf Daten von Liss. Zu Beginn wird die → $K_{AW}$ Standardkorrektur durchgeführt [Seite 266].

Die erste Gleichung rechnet die Windgeschwindigkeit in 10 m Höhe auf die Geschwindigkeit in 0,1 m Höhe um. Siehe dazu das → logarithmische Windprofil [Seite 268]. Für die Rauhigkeitshöhe der Wasseroberfläche wird dabei 1 mm angenommen.

$$v_{wind} = windprof(v_{wind10}; 10; 0,1; 0,001)$$

$$k_g = 11{,}37(v_{wind} + v_{flow}) \sqrt{\frac{18}{M}}$$

$$k_l = 0{,}2351 \cdot v_{flow}^{0,969} \, d^{-0,673} \sqrt{\frac{32}{M}} \cdot F$$

$$F = \begin{cases} 1 & \text{falls } v_{wind} < 1{,}9 \ m/s \\ e^{0,526(v_{wind}-1,9)} & sonst \end{cases}$$

Die Molmassse $M$ gehört zu den → Substanzdaten [Seite 212]. Die Transfergeschwindigkeiten $k_g$ und $k_l$ müssen dann nur noch eingesetzt werden in die Hauptgleichung der → Volatilitätsabschätzungen [Seite 258].

Fehler/Warnungen:

Diese Abschätzung sollte nicht angewendet werden, wenn die Windgeschwindigkeit in 10 cm Höhe 5 m/s überschreitet, die Fließgeschwindigkeit außerhalb des Bereiches [0,5;2] m/s oder die Tiefe außerhalb [3;5] m liegt. Bei zu hoher Windgeschwindigkeit wird die Abschätzung nicht durchgeführt; ansonsten wird eine Warnung ausgegeben.

Ist der $K_{AW}$ der Substanz 0, so wird eine Warnung ausgegeben und rückgefragt, ob die Volatilität auf 0 gesetzt werden oder unverändert bleiben soll.

Diese Abschätzung kann im Modell → Water [Seite 249] verwendet werden.

### für Ozeane; nach Liss und Slater

Dieses Volatilitätsmodell basiert darauf, daß die Verdunstung von Wasser luftseitig und die von Kohlendioxid wasserseitig kontrolliert wird. Die beiden Autoren geben für den offenen Ozean als Durchschnittswerte an: Für Wasser $k_g(H_2O) = 30\ m/h$ und für Kohlendioxid $k_l(CO_2) = 0{,}2\ m/h$. Zu Beginn wird die → $K_{AW}$ Standardkorrektur durchgeführt [Seite 266].

Für Stoffe mit abweichendem Molekulargewicht müssen $k_g$ und $k_l$ mit dem Quotienten aus den Wurzeln der Molekulargewichte multipliziert werden, so daß gilt:

$$k_g = k_g(H_2O)\ \sqrt{\frac{18}{M}}$$

$$k_l = k_l(CO_2)\ \sqrt{\frac{44}{M}}$$

Die Molmassse $M$ gehört zu den → Substanzdaten [Seite 00]. Diese Transfergeschwindigkeiten müssen dann nur noch eingesetzt werden in die Hauptgleichung der → Volatilitätsabschätzungen [Seite 258].

Fehler/Warnungen:

Ist der $K_{AW}$ der Substanz 0, so wird eine Warnung ausgegeben und rückgefragt, ob die Volatilität auf 0 gesetzt werden oder unverändert bleiben soll.

Diese Abschätzung kann im Modell → Water [Seite 249] verwendet werden.

### für Seen; nach Mackay und Yeun

Mackay und Yeun entwickelten eine Beziehung zwischen der Schmidt-Zahl, der Schubspannungsgeschwindigkeit des Windes und den Transfergeschwindigkeiten $k_g$ und $k_l$. Zu Beginn wird die → $K_{AW}$ Standardkorrektur durchgeführt [Seite 266].

$$k_g = 3{,}6 + 166{,}32 \cdot u \cdot SC_g^{-0{,}67}$$

$$k_l = \begin{cases} 3{,}6 \cdot 10^{-3} + 51{,}84 \cdot u^{2{,}2} \cdot SC_w^{-0{,}5} & \text{falls } u < 0{,}3 \\ 3{,}6 \cdot 10^{-3} + 12{,}27 \cdot u \cdot SC_w^{-0{,}5} & \text{falls } 0{,}3 \le u \le 1 \end{cases}$$

Die Schmidt-Zahlen sind definiert durch:

$$SC_w = \frac{V_w}{D_w}\ , SC_g = \frac{V_g}{D_g}$$

mit

$V_w = 1{,}0 \cdot 10^{-6}\ m^2/s$ (Viskosität von Wasser bei ca. $18°C$ nach Weast und Astle (1983))

$V_g = 14 \cdot 10^{-6}\ m^2/s$ (Viskosität von Luft bei $18°C$ nach Weast und Astle (1983))

sowie den Diffusionskoeffizienten für Wasser und Luft ($D_w$ und $D_g$) aus den → Substanzdaten [Seite 212].

Die Schubspannungsgeschwindigkeit u wird nach einer Regressionsgleichung von Monin und Yaglom berechnet:

$$u = 0{,}0359 \cdot v_{Wind10}{}^{0{,}93}$$

Die Transfergeschwindigkeiten $k_g$ und $k_l$ müssen jetzt noch eingesetzt werden in die Hauptgleichung der → Volatilitätsabschätzungen [Seite 258].

Fehler/Warnungen:

Ist der $K_{AW}$ der Substanz 0, so wird eine Warnung ausgegeben und rückgefragt, ob die Volatilität auf 0 gesetzt werden oder unverändert bleiben soll.

Diese Abschätzung kann im Modell → Water [Seite 249] verwendet werden.

### 11.2.4 Abschätzung der Wanderungsgeschwindigkeit im Boden

Diese Funktion schätzt die Wanderungsgeschwindigkeit eines Stoffes in vertikaler Richtung für das Modell → Soil [Seite 246] ab. Im Modell Soil sind auch die vorkommenden Bezeichner erklärt. Zu Beginn wird die → $K_{AW}$ Standardkorrektur durchgeführt [Seite 266].

$$u = (Niederschlag - Evaporation - Abfluß) \cdot 10^{-3}/pore$$
$$OM = 1{,}724 \cdot OC$$
$$Density = (1 - Porosity) \cdot (OM \cdot 1400 + (1 - OM) \cdot 2650)$$
$$K_{MW} = K_d \cdot Density \cdot 10^{-3}$$

$$f_W = \frac{pore}{K_{MW} + pore + (Porosity - pore) \cdot K_{AW}}$$

$$u = u \cdot f_W$$

Der $K_{AW}$ gehört zu den → Substanzdaten [Seite 212].

### 11.2.5 Abschätzung des gesamten Dispersionskoeffizienten im Boden

Diese Funktion schätzt den gesamten Diffusions-/Dispersionskoeffizienten der Substanz unter Gewichtung der Stoffanteile im Bodenwasser und in der Bodenluft ab und wird im Modell → Soil [Seite 246] verwendet. Im Modell Soil sind auch die vorkommenden Bezeichner erklärt. Zu Beginn wird hier die → $K_{AW}$ Standardkorrektur durchgeführt [Seite 266].

$$q = (Niederschlag - Evaporation - Abfluß) \cdot 10^{-3}$$
$$D_{disp} = L_{disp} \cdot q$$

$$D_{W,eff} = D_w \cdot \frac{pore^{\frac{10}{3}}}{Porosity^2}$$

$$D_{G,eff} = \frac{D_a \cdot (Porosity - pore)^{\frac{10}{3}}}{pore^2}$$

$$D_{W,a} = D_{disp} + D_{W,eff}$$
$$OM = 1{,}724 \cdot OC$$
$$Density = (1 - Porosity) \cdot (OM \cdot 1400 + (1 - OM) \cdot 2650)$$
$$K_{MW} = K_d \cdot Density \cdot 10^{-3}$$

$$f_W = \frac{pore}{K_{MW} + pore + (Porosity - pore) \cdot K_{AW}}$$

$$f_G = \frac{(Porosity - pore) \cdot K_{AW}}{K_{MW} + pore + (Porosity - pore) \cdot K_{AW}}$$

$$D = D_{W,a} \cdot f_w + D_{G,eff} \cdot f_g$$

*Der* $K_{AW}$, $D_w$ und $D_a$ gehören zu den → Substanzdaten [Seite 212].

## 11.2.6 Abschätzung des TSCF

Diese Funktion schätzt den *TSCF* (Transpiration Stream Concentration Factor) ab, nach → Briggs (1982). Verwendet wird der *log* $K_{OW}$ aus den → Substanzdaten [Seite 212].

$$TSCF = 0{,}784 \cdot e^{\frac{-(\log K_{OW} - 1{,}78)^2}{2{,}44}}$$

Diese Abschätzung wird im Modell → Plant [Seite 236] verwendet.

## 11.2.7 Abschätzung des partikulären Anteils

Die Abschätzung des partikulären Anteils ($f_p$ ) erfolgt nach → Junge (1975).

$$K_{gp} = \frac{VP}{c \cdot S}$$

$$f_p = \frac{1}{1 + K_{gp}}$$

$VP$ : Dampfdruck der Substanz [Pa]

$c$ : Konstante 17 [Pa cm]

$S$ : gemittelte Oberfläche der Aerosole ( $= 1{,}5 \cdot 10^{-6}$ *[cm²/cm³]*; entspricht dem durchschnittlichen Hintergrundwert der USA)

$K_{gp}$ : Verteilungskoeffizient Gas/Partikel

Diese Abschätzung kann in den Modellen → Air [Seite 215], → Plant [Seite 236] und → Plume [Seite 242] verwendet werden. Der Dampfdruck gehört zu den → Substanzdaten [Seite 212].

### 11.2.8 Abschätzung der Konzentration im Bodenwasser

Die Konzentration im Bodenwasser ($C_{sw}$) wird mit Hilfe von Bodendichte ($D_{soil}$), Konzentration im Boden ($C_{soil}$), der Bodenporosität (Porosity) und dem Anteil wassergefüllter Poren (pore), sowie dem $K_d$-Wert im Modell → Plant [Seite 236] abgeschätzt. Die Dichte des Wassers ($D_{water}$) wird mit 1000 $kg/m^3$ angenommen. Zu Beginn wird hier die → $K_{AW}$ Standardkorrektur durchgeführt [Seite 266].

$$C_{sw} = \frac{C_{soil}}{K_d \cdot \frac{D_{soil}}{D_{water}} + pore + (Porosity - pore) \cdot K_{AW}}$$

Diese Abschätzung wird im Modell → Plant [Seite 236] verwendet. Der $K_{AW}$ gehört zu den → Substanzdaten [Seite 212].

### 11.2.9 Abschätzungen des Verteilungskoeffizienten Wurzeln/Wasser

**aus Lipid-, Wassergehalt und Dichte Wurzel, sowie logKow**

Der Verteilungskoeffizient Wurzeln/Wasser ($K_{RW}$) wird unter Verwendung des Lipid- und Wasserhehalts, sowie der Dichte der Wurzeln ($L_{roots}$, $Water_{roots}$ und $D_{roots}$) bestimmt. Die Dichte des Wassers ($D_{water}$) wird mit 1 000 kg/$m^3$ und die Dichte von Oktanol ($D_{octanol}$) mit 822 kg/$m^3$ angenommen. a ist ein Korrekturfaktor.

$$K_{RW} = (Water_{roots} + L_{roots} \cdot a \cdot (10^{logKow})^{0,77}) \cdot \frac{D_{roots}}{D_{water}}$$

$$a = \frac{D_{water}}{D_{octanol}} \cdot 1$$

Der log $K_{ow}$ gehört zu den → Substanzdaten [Seite 212]. Diese Abschätzung kann im Modell → Plant [Seite 236] verwendet werden.

**aus Dichte Wurzel und logKow; nach Briggs et al. (1982)**

Der Verteilungskoeffizient Wurzeln/Wasser ($K_{RW}$) wird unter Verwendung der Dichte der Wurzeln ($D_{roots}$) bestimmt. Die Dichte des Wassers ($D_{water}$) wird mit 1 000 kg/$m^3$ angenommen. Die Gleichung stammt von Briggs et al. (1982). Sie wurde bestimmt mit mazerierten Gerstenkeimlingen (n = 7; $r^2$ = 0,96) und gilt vorwiegend für Phenylharnstoffe, im Bereich $-0,7 <= logK_{ow} <= 4,3$. Bei einem $logK_{ow}$ außerhalb dieses Bereiches, wird eine Warnung ausgegeben.

$$K_{RW} = (0,82 + 0,03 \cdot (10^{logKow})^{0,77}) \cdot \frac{D_{roots}}{D_{water}}$$

Der $logK_{ow}$ gehört zu den → Substanzdaten [Seite 212]. Diese Abschätzung kann im Modell → Plant [Seite 236] verwendet werden.

**aus Dichte Wurzel und logKow; nach Trapp und Pussemier (1991)**

Der Verteilungskoeffizient Wurzeln/Wasser ($K_{RW}$) wird unter Verwendung der Dichte der Wurzeln ($D_{roots}$) bestimmt. Die Dichte des Wassers ($D_{water}$) wird mit 1 000 kg/m$^3$ angenommen. Bestimmt für Carbamate (n = 12; r$^2$ = 0,92) mit geschnittenen Bohnenwurzeln und -stengeln. Liegt der logK$_{ow}$ außerhalb von] 1, 16; 3, 21 [gibt die Abschätzfunktionen eine Warnung aus. Weiterhin wird auch der logK$_{ow}$ verwendet (siehe → Substanzdaten [Seite 212]).

$$K_{RW} = (0{,}85 + 0{,}046 \cdot (10^{logKow})^{0{,}557}) \cdot \frac{D_{roots}}{D_{water}}$$

Diese Abschätzung kann im Modell → Plant [Seite 236] verwendet werden.


### 11.2.10 Abschätzungen des Verteilungskoeffizienten Blätter/Atmosphäre

**aus Lipid-, Wassergehalt und Dichte der Pflanze; sowie logKow und Kaw**

Der Verteilungskoeffizient Blätter/Atmosphäre ($K_{LA}$) wird mit Hilfe von Lipid- und Wassergehalt sowie Dichte der oberirdischen Pflanzenteile ($L_{plant}$, Water$_{plant}$ und $D_{plant}$) aus dem Modell → Plant [Seite 236] abgeschätzt. Die Dichte des Wassers ($D_{water}$) wird mit 1 000 kg/m$^3$ und die Dichte von Oktanol ($D_{octanol}$) mit 822 kg/m$^3$ angenommen. a ist ein Korrekturfaktor. Bekannt sein müssen ebenfalls der logK$_{ow}$ und der $K_{AW}$ (siehe → Substanzdaten [Seite 212]).

$$K_{LW} = (Water_{plant} + L_{plant} \cdot a \cdot (10^{logKow})^{0{,}95}) \cdot \frac{D_{plant}}{D_{water}}$$

$$a = \frac{D_{water}}{D_{octanol}} \cdot 1$$

$$K_{LA} = \frac{K_{LW}}{K_{AW}}$$

Wobei $K_{LW}$ den Verteilungskoeffizienten Blatt/Wasser darstellt. Die Abschätzfunktion läßt sich nur dann ausführen, wenn der $K_{AW}$ ungleich null ist, anderenfalls gibt sie eine Fehlermeldung.


**aus Dichte der Pflanze, logKow und Kaw; nach Briggs et al. (1983)**

Der Verteilungskoeffizient Blätter/Atmosphäre ($K_{LA}$) wird mit Hilfe der Dichte der oberirdischen Pflanzenteile ($D_{plant}$) aus dem Modell → Plant [Seite 236] abgeschätzt. Die Dichte von Wasser ($D_{water}$) wird mit 1 000 kg/m$^3$ angenommen. Die Abschätzung des SXCF (stem sylem concentration factor) von Briggs et al. (1983) ist in dieser Abschätzfunktion enthalten. Sie wurde bestimmt mit mazerierten Gerstenkeimlingen (n = 7; r$^2$ = 0,96) und gilt vorwiegend für Phenylharnstoffe, im Bereich –0,7 < = logK$_{ow}$ < = 4,3. Bei einem logK$_{ow}$ außerhalb dieses Bereiches, wird eine Warnung ausgegeben. Bekannt sein müssen ebenfalls der logK$_{ow}$ und der $K_{AW}$ (siehe → Substanzdaten [Seite 212]).

$$K_{LW} = (0{,}82 + 0{,}0089 \cdot (10^{\log Eow})^{0,95}) \cdot \frac{D_{plant}}{D_{water}}$$

$$K_{LA} = \frac{K_{LW}}{K_{AW}}$$

Wobei $K_{LW}$ den Verteilungskoeffizienten Blatt/Wasser darstellt. Die Abschätzfunktion läßt sich nur dann ausführen, wenn der $K_{AW}$ ungleich Null ist, anderenfalls gibt sie eine Fehlermeldung.

### 11.2.11 Abschätzung des Verteilungskoeffizienten Gesamtpflanze/Wasser

Der Verteilungskoeffizient Gesamtpflanze/Wasser ($K_{PW}$) wird mit Hilfe von Lipid- (*Plant.L$_p$*) und Wassergehalt (*Plant.W$_p$*) sowie Dichte (*Plant.Density*) der oberirdischen Pflanzenmasse berechnet. Die Dichte des Wassers wird mit 1000 $kg/m^3$ und die des Oktanols mit 822 $kg/m^3$ angenommen.

$$a = \frac{1000}{822}$$

$$K_{PW} = (Plant.Wp + Plant.Lp \cdot a \; (10^{\log Kow})^{0,95}) \cdot \frac{Plant.Density}{1000}$$

Der $\log K_{OW}$ gehört zu den → Substanzdaten [Seite 212]. Diese Abschätzung wird in den Modellen → Level1 [Seite 225] und → Level2 [Seite 227] verwendet.

### 11.2.12 Abschätzung des Verteilungskoeffizienten Gesamtsediment/Wasser

Der Verteilungskoeffizient Gesamtsediment/Wasser ($K_{SW}$) wird aus dem $K_d$ , der Sedimentdichte und dem Wasseranteil (*Sediment.theta*) im Sediment berechnet.

$$K_{SW} = \frac{Sediment.Density}{1000} \cdot Sediment.K_d + Sediment.theta$$

Diese Abschätzung wird in den Modellen → Level1 [Seite 225] und → Level2 [Seite 227] verwendet.

### 11.2.13 Abschätzung des Verteilungskoeffizienten Gesamtboden/Wasser

Der Verteilungskoeffizient Gesamtboden/Wasser ($K_{BW}$) wird aus dem $K_d$, der Bodendichte, dem in den Bodenporen gespeicherten Wasseranteil (*Soil.theta*) und dem Gesamtporenanteil an der Bodentrockenmasse (*Soil.epsilon*) berechnet.

$$K_{BW} = \frac{Soil.Density}{1000} \cdot Soil.K_d + Soil.theta + (Soil.epsilon - Soil.theta) \cdot K_{AW}$$

Der $K_{AW}$ gehört zu den → Substanzdaten [Seite 212]. Diese Abschätzung wird in den Modellen → Level1 [Seite 225] und → Level2 [Seite 227] verwendet.

# 12
# Standardfunktionen

Hier werden alle Standardfunktionen kurz erläutert. Das sind solche, die automatisch in Abschätzfunktionen oder Modellen aufgerufen werden. Diese Funktionen sind abgeschlossene und meist mehrfach verwendete Untereinheiten.

## 12.1
## Standardkorrektur des $K_{AW}$

Der in Expositionsmodellen häufig verwendete Verteilungskoeffizient zwischen Luft und Wasser $K_{AW}$ ist $pH$-abhängig, wenn die entsprechende Substanz dissoziiert. In diesem Fall wird der $K_{AW}$ für den Anteil neutraler Moleküle korrigiert. Durchgeführt wird die folgende Korrektur des $K_{AW}$ immer dann, wenn ein $pH$ im Modell vorkommt. Es handelt sich dabei um die Henderson-Hasselbalch-Gleichung.

WENN $pH$ existiert und $K_{AW}$ abgeschätzt und $pKa$ bekannt und Protolyse der Substanz nicht Neutral, DANN

$$a = \begin{cases} 1 & \text{falls Protolyse} = \text{sauer} \\ -1 & \text{falls Protolyse} = \text{alkalisch} \end{cases}$$

$$K_{AW} = \frac{K_{AW}}{1 + 10^{a(pH - pKa)}}$$

Für eine nähere Beschreibung der → Substanzdaten [Seite 212] siehe dort.

## 12.2
## Standardkorrektur des $K_d$

Der in Expositionsmodellen häufig verwendete Verteilungskoeffizient zwischen Bodenmatrix und Bodenwasser $K_d$ ist $pH$ -abhängig, wenn die entsprechende Substanz dissoziiert. In diesem Fall wird der $K_d$ für den Anteil neutraler Moleküle korrigiert. Durchgeführt wird die folgende Korrektur bei jeder Abschätzung des $K_d$, wenn ein korrespondierender $pH$ im Modell vorkommt. Es handelt sich dabei um die Henderson-Hasselbalch-Gleichung.

*WENN $pH$ existiert und $pKa$ bekannt und Protolyse der Substanz nicht Neutral, DANN*

$$a = \begin{cases} 1 & \text{falls Protolyse = sauer} \\ -1 & \text{falls Protolyse = alkalisch} \end{cases}$$

$$K_d = \frac{K_d}{1 + 10^{a(pH - pKa)}}$$

Für eine nähere Beschreibung der → Substanzdaten [Seite 212] siehe dort.

## 12.3
## Fehlerfunktionen erf und erfc

Für die Fehlerfunktion *erf* (error function) wurde eine Näherungslösung nach Abramowitz und Stegun (1972) implementiert:

$p := 0,47047$

$a_1 := 0,3480242$

$a_2 := -0,0958798$

$a_3 := 0,7478556$

$z = |x|$

$$b = \frac{1}{1 + p \cdot z}$$

$$erf(z) = \begin{cases} 1 & \text{falls } z \geq 5 \\ 1 - (a_1 \cdot b + a_2 \cdot b^2 + a_3 \cdot b^3) \cdot e^{-z^2} & \text{falls } z < 5 \end{cases}$$

$$erf(x) = \begin{cases} -erf(z) & \text{falls } x < 0 \\ erf(z) & \text{sonst} \end{cases}$$

Die Komplementäre Fehlerfunktion *erfc* errechnet sich aus *erf*:

$$erfc(x) = 1 - erf(x)$$

Diese Fehlerfunktionen werden in → Soil [Seite 246] verwendet.

## 12.4
## Exponentialfunktion und Logarithmus

Da der Rechengenauigkeit von Computern Grenzen gesetzt sind, werden an dieser Stelle die Funktionen $e^x$, $x^y$ und $log(x)$ gemäß ihrer Implementation beschrieben. Dies soll vor allem bei Vergleichen mit anderen Modellrechnungen oder Teilen davon die Fehlerquelle der Exponentialfunktionen überprüfbar machen. Die Funktionen sind wie folgt implementiert ($exp(x)$ und $ln(x)$ sind dabei die internen Funktionen von Borland Pascal 7.0):

$$e^x = \begin{cases} exp(x) & \text{falls } -11356 \leq x \leq 11356 \\ 0 & \text{sonst} \end{cases}$$

$$x^y = \begin{cases} 1 & \text{falls } y = 0 \\ x^y & \text{falls } x < 0 \text{ und } y > 0 \text{ und } y \text{ ganzzahlig} \\ \dfrac{1}{x^{|y|}} & \text{falls } x < 0 \text{ und } y < 0 \text{ und } y \text{ ganzzahlig} \\ \text{undefiniert} & \text{falls } x < 0 \text{ und } y \text{ nicht ganzzahlig} \\ exp(y \cdot ln(x)) & \text{falls } x > 0 \end{cases}$$

$$\log x = \begin{cases} \dfrac{\ln x}{\ln 10} & \text{falls } x > 0 \\ \text{undefiniert} & \text{sonst} \end{cases}$$

## 12.5
## Logarithmisches Windprofil

Üblicherweise werden Windgeschwindigkeiten in einer Höhe von 10 m gemessen. Für Prozesse, die die Windgeschwindigekeit in einer anderen Höhe benötigen, läßt sich diese über das logarithmische Windprofil wie folgt berechnen:

$$windprof(x,h_x,h,z) = x \cdot \frac{\log(h/z)}{\log(h_x/z)}$$

mit

$x$: gegebene Windgeschwindigkeit

$h_x$: Höhe der gegebenen Windgeschwindigkeit

$h$: Höhe für die gesuchte Windgeschwindigkeit

$z$: Rauhigkeitshöhe der Luft an der Grenzschicht, Vorgabe = 0,001 m

Diese Funktion wird verwendet in der → Abschätzung für Fließgewässer [Seite 259].

# 13
# Technische Anmerkungen

## 13.1
## Hard- und Softwareanforderungen

Erforderlich ist ein IBM-PC oder kompatibler Rechner mit Betriebssystem MS-DOS Version 3.1 oder höher. Für die MIF-Verarbeitung mit Hilfe der Batch-Dateien und für die Demo wird MS-DOS Version 5.0 oder höher benötigt, da MORE, PAUSE und Pipelines verwendet werden. Ein numerische Koprozessor wird, falls vorhanden, unterstützt. CemoS läßt sich über ein Diskettenlaufwerk starten, aus Geschwindigkeitsgründen sollte CemoS aber besser auf einer Festplatte installiert werden.

Alle gebräuchlichen Grafikkarten lassen sich verwenden. Eine VGA-Grafikkarte wird empfohlen. Für die hochauflösenden Grafiken (Siehe → Menübefehl Grafik anzeigen [Seite 192]) muß eine EGA/VGA-Grafikkarte vorhanden sein. Ist sie es nicht, sollte ein entsprechender BGI-Grafiktreiber in das CemoS-Verzeichnis kopiert werden. CemoS benutzt die Codepage 850. Ist diese Codepage nicht geladen, werden einige Sonderzeichen nicht korrekt dargestellt. Um diese Codepage zu aktivieren siehe Datei README.TXT. Eine Maus wird empfohlen.

CemoS.EXE arbeitet im Protected-Mode (ab 286er aufwärts) und nutzt den gesamten installierten Speicher (auch oberhalb 640K). CemoSRM.EXE benutzt die CPU im sog. Real-Mode, dem XT Kompatibilitätsmodus. Dabei verwendet es den konventionellen Speicher und arbeitet mit Overlays, die, falls vorhanden, im expanded memory abgelegt werden. Entfernen oder verlagern Sie, wenn Sie CemoSRM verwenden, nicht benötigte Programme (z. B. Treiber für ein Netzwerk) aus diesem Speicherbereich, um eine optimale Leistung zu erreichen. Informationen über die Belegung des konventionellen Speichers erhalten Sie durch den Aufruf *mem* /c auf der DOS-Kommandozeile.

## 13.2
## Anmerkungen zu benutzter Software

In diesem Abschnitt wollen die Autoren auf markante Vor- und Nachteile der zur Entwicklung von CemoS verwendeten Softwareprodukte eingehen. Dies soll solchen Leuten, die ebenfalls Programme für Forschung und Lehre entwickeln, ein paar Informationen und Anregungen geben.

Viele der von uns verwendeten Programme lagen uns als Implementationen im Sinne des GNU Projektes der FSF (Free Software Foundation) vor. Dieses Projekt sichert die

freie Weitergabe und Verwendung einer Vielzahl von sehr guten Programmen. Damit
trägt sie entscheidend zu einer hochwertigen Lehre und Forschung bei. Unsere Ent-
wicklungsarbeit profitierte direkt von den verwendeten Werkzeugen.

*awk*: ist ein inzwischen auf allen Plattformen gängiges Werkzeug zur Bearbeitung von
ASCII-Dateien (Aho, Kernighan, Weinberger, 1988). In diesem Projekt dienten kleine
awk-Skripte als Konverter und Präprozessoren. Diese im allgemeinen sehr kurzen
und übersichtlichen Skripte sind unserer Meinung nach die in jeder Hinsicht effektiv-
ste Möglichkeit der Bearbeitung von ASCII-Quellen. Wir haben den Mawk von Mi-
cheal D. Brennan in der Version 1.1.4 verwendet. Er ist (in einer leicht modifizierten
Version) dem CemoS-Paket beigelegt, da die Weiterverarbeitung der MIF-Dateien
über awk-Skripte realisiert ist.

*gnuplot*: ist ein wissenschaftliches Plot-Programm. Es erlaubt das Plotten von Funktionen und Daten auf vielfältige Weise. Wir verwenden gnuplot zum Beispiel, um
Tabellen aus MIF-Dateien zu betrachten und diese Plots in Postscript-Format zu
konvertieren. Wir haben gnuplot in der Version 3.5.1.17 für MS-DOS und Unix installiert.

*RCS*: steht für Revision Control System. Arbeitet an einem Softwareprojekt mehr als
ein Entwickler, sollte dieses oder ein ähnliches Werkzeug auf jeden Fall verwendet
werden, da verhindert wird, daß derselbe Quelltext, der von verschiedenen Autoren
geändert wurde, plötzlich in vielfacher, inkompatibler Ausführung vorliegt. Außerdem läßt sich jeder beliebige Stand der Software rekonstruieren. Dies ist auch ein
Argument für nur einen Programmierer, RCS zu nutzen. RCS erfordert eine gewisse
Disziplin, die sich unserer Meinung nach jedoch auf jeden Fall lohnt. Wir haben RCS
von Walter Tichy in der Version 4.2 verwendet.

$T_EX$, *texinfo, makeinfo*: ist ein Textsatzsystem, mit dem die Vorabversionen des
Handbuches zu CemoS erstellt wurde. Zur Erstellung der Protokolle wurde ebenfalls
$T_EX$ verwendet, was Vorteile gegenüber üblichen „bildschirmorientierten" Textverar-
beitungsprogrammen hat. Die typografische Qualität ist meist größer. $T_EX$ funktio-
niert wie eine Programmiersprache; man schreibt sein Dokument also als ASCII-
Quelltext und hat dabei diverse Formatier-Kommandos zur Verfügung. Auf diese
Weise lassen sich dann auch ganze Makropakete für verschiedenste Aufgaben erstel-
len. Eines dieser Pakete heißt texinfo, welches aus einer einzigen Quelle sowohl ein
Handbuch, als auch (über makeinfo) eine gnuinfo-Datei erzeugt. Für CemoS haben
wir schließlich noch mit einem awk-Skript das gnuinfo-Format in das Borland-Hilfe-
Format umgewandelt. Dabei mußten allerdings sowohl beim Borland-Hilfecompiler
als auch bei makeinfo kleinere Korrekturen durchgeführt und texinfo an unsere
Bedürfnisse angepaßt werden. Wir haben $emT_EX$ in der Version 3.1415 [3c-beta9],
GNU makeinfo in der Version 1.55 und texinfo in der Version 2.108 verwendet.

*vim*: ist ein vi-clone, der gegenüber seinem Urahn um etliche sinnvolle Punkte erweitert wurde. Es handelt sich bei diesem Programm um einen reinen Texterfasser bzw.
Textbearbeiter. Seine Bedienung mag zwar zunächst ein wenig ungewohnt erscheinen,
die mächtigen Kommandos erlauben es aber schon nach kurzer Einarbeitungszeit

effektiver als mit herkömmlichen Texterfassern zu arbeiten. Wir haben VIM von Bram Moolenaar in der Version 3.0 verwendet.

Gnuplot, emT$_E$X, Makeinfo, Mawk, RCS, texinfo, und VIM sind (im wesentlichen) frei erhältliche Programme.

## 13.3
## History

Da CemoS zur Zeit nur in der Version 1.0 existiert, gibt es auch noch keinen Rückblick auf Verbesserungen oder Änderungen.

## 13.4
## Bekannte Fehler

Wir sind für jeden noch so nebensächlich erscheinenden Hinweis auf Fehler, Verbesserungen, usw. dankbar. Jeder Kommentar wird von uns eingehend beantwortet werden. Unsere E-Mail-Adresse lautet:

cemos@aphrodite.mathematik.Uni-Osnabrueck.DE

Wenn Sie als „Subject" der E-Mail das Stichwort „Erbitte automatische Informationen" angeben, werden Ihnen umgehend aktuelle Informationen über CemoS zurückgeschickt.

Einheiten: Zur Zeit kontrolliert CemoS, beim Importieren, die in einer MIF-Datei zu bestimmten Werten angegebenen Einheiten nicht. Es wird angenommen, daß die Werte die auch in CemoS verwendete Einheit haben.

# Sachverzeichnis

# Springer-Verlag und Umwelt

Als internationaler wissenschaftlicher Verlag sind wir uns unserer besonderen Verpflichtung der Umwelt gegenüber bewußt und beziehen umweltorientierte Grundsätze in Unternehmensentscheidungen mit ein.

Von unseren Geschäftspartnern (Druckereien, Papierfabriken, Verpackungsherstellern usw.) verlangen wir, daß sie sowohl beim Herstellungsprozeß selbst als auch beim Einsatz der zur Verwendung kommenden Materialien ökologische Gesichtspunkte berücksichtigen.

Das für dieses Buch verwendete Papier ist aus chlorfrei bzw. chlorarm hergestelltem Zellstoff gefertigt und im pH-Wert neutral.